U0295332

应用型本科精品规划教材

Excellent Electrical
& Mechanical Engineer

卓越机电工程师

数控加工工艺学

（数控加工工艺与操作方法）

NUMERICALLY CONTROLLED MACHINING TECHNOLOGY
TECHNOLOGICAL PROCESS AND PRACTICAL OPERATION

编　著　汤胜常

审　校　陆　勤

上海交通大学出版社
SHANGHAI JIAO TONG UNIVERSITY PRESS

内容提要

本书以机械制造工艺学为基础,根据企业的生产条件、技术水平和工艺能力,介绍数控加工工艺与操作方法。内容包括:数控加工在机加工领域中的地位、作用与发展概况;数控加工中的基本工艺问题;数控车削加工;数控铣削加工;加工中心的加工工艺与操作方法;数控脉冲电火花切割加工工艺与操作方法等。书中每章的学习都包括4个环节:教学内容;应用实例;习题和思考题;实验。重在培养学生的自学能力和良好习惯,并逐步向培养创新意识方向发展。本书与《数控加工工艺学实验指导书和习题详解》配套使用。

图书在版编目(CIP)数据

数控加工工艺学(数控加工工艺与操作方法) / 汤胜
常编著.—上海:上海交通大学出版社,2016
ISBN 978 - 7 - 313 - 14498 - 0

Ⅰ.①数… Ⅱ.①汤… Ⅲ.①数控机床-加工-高等
职业教育-教材 Ⅳ.①TG659

中国版本图书馆 CIP 数据核字(2016)第 022818 号

数控加工工艺学
(数控加工工艺与操作方法)

编 著:汤胜常
出版发行 上海交通大学出版社   地 址:上海市番禺路 951 号
邮政编码:200030   电 话:021 - 64071208
出 版 人:韩建民
印 制:常熟市文化印刷有限公司   经 销:全国新华书店
开 本:787 mm×1092 mm 1/16   印 张:15.75
字 数:354 千字
版 次:2016 年 3 月第 1 版   印 次:2016 年 3 月第 1 次印刷
书 号:ISBN 978 - 7 - 313 - 14498 - 0/TG
定 价:48.00 元

《卓越机电工程师》系列教材

编写指导委员会成员

（排名不分先后）

总　序

随着制造业将再次成为全球经济稳定发展的引擎,世界各主要工业国家都加快了工业发展的步伐。从美国的"制造业复兴"计划到德国的"工业 4.0"战略,从日本的"智能制造"到中国的《中国制造 2025》发布,制造业正逐步成为世界各国经济发展的重中之重。我国在不久的未来,将从"制造业大国"走向"制造业强国",社会和企业对工程技术应用型人才的需求也将越来越大,从而也大大推进了应用型本科教育的改革。

本套"卓越机电工程师系列教材"的编辑和出版就是为了迎接制造业的迅猛发展对工程技术应用型人才培养所提出的挑战。同时,我们也希望它能够积极地抓住当前世界范围内工程教育改革和发展的机遇。

参加编写这套教材的教师无不在高等职业教育领域工作多年,尤其在工程实践和教学中饶有心得体会。首先,我们将教材的编写内容聚焦在"机电"工程领域。传统意义上讲,这似乎是两大机电类工程技术领域,但从今天"工业 4.0"意义上来讲,其内涵将会在机械制造理论与技术、机电一体化技术、电子与微电子技术、传感器与测量技术、高端装备制造与应用、智能制造技术、控制通讯与网络、计算机与软件及"云"服务技术等各个方面将融为一体。因此,这套"卓越机电工程师系列教材"将对于现在和未来从事于制造业的工程型、技术型人才来说是不可或缺的重要参考资料之一。

其次,我们要求教材的编写内容做到"必要、前沿、实用"。应用型人才也必须掌握相应领域的基础理论知识。因此,在这套教材中,我们要求涉及必要的基础理论,但以"够用"为度,重"叙述"少"推导";为了适应时代发展的需要,应用型人才还必须掌握本领域的最新技术。在这套教材中,我们还要求介绍最前沿的发展技术和最新颖的机电产品,让学生了解现代制造业的发展态势;为了突出本科工程教育的应用型特点,我们要求本套教材内容的选择要面向工程、面向技术、面向实际、面向地区经济发展的需求。能让学生缩短上岗工作时间、快速适应以及胜任工作岗位的挑战应该是这套教材编写的特色和创新之所在。

本系列教材的编者们非常感谢上海交通大学出版社。感谢他们做了充分的策划和出版方面的支持。我们愿意和出版社一起,响应《关于加快发展现代职业教育的决定》号召,为"试点推动、示范引领"做出我们绵薄的贡献。鉴于编者们的学识,我们非常欢迎广大同仁们在使用后提出建议、意见和批评,我们一定会认真分析,不断提高这套教材的水平,为迎接应用型本科教育春天的到来提供正能量。

何亚飞

2015 年 12 月 6 日于上海

前　言

（课程的性质、任务和学习方法）

　　数控加工工艺学是以机械制造工艺学为基础，将数控加工过程中的工艺问题作为研究对象的一门综合性实用专业技术课。根据本企业现有的生产条件、技术水平和工艺能力，基于产品或零件的生产规模，制订出切实解决生产过程中各种工艺问题的方法和措施。这些都必然由所制订的加工工艺规程所体现，因此，数控加工工艺规程的设计工作是数控加工过程前期一项不可缺少的重要且细致的工作，要求设计人员必须具备足够的生产实践经验和扎实的机械制造工艺学基本理论知识。

　　本书系统地阐述了数控加工工艺学问题，力求将要求学生掌握的问题，由浅入深系统地讲清楚，让已学过机械制图课，具有一定程度读图能力的学生或在职职工，通过在校或自学途径，理解并掌握本课程的理论知识与实践技能，有能力完全通晓本课程所阐述的数控加工工艺过程的相关知识。书中每章的学习过程都须经过四个环节：本章的教学内容、应用实例、习题和思考题、实验。重在培养学生的自学能力和良好习惯，四个环节依次相扣。在系统讲述了每一章的加工工艺和操作方法的基础上，列举了系统应用已讲述了的工艺设计知识的实例，供学生总结性地利用已学到手的知识，再经历一遍实际应用已学内容的演习过程。每章的教学内容着重于数控加工工艺的基本知识和基本理论及其应用的阐述和分析；每章的应用实例，就是本章内容的系统性总结和实际应用；课后学生独立自主地完成本章的习题和思考题，以进一步加深对本章内容的理解和巩固记忆；最后，在教师指导下，学生自主完成本书配套教学参考书中所列的各项实验。书中每一章都循序安排这四个环节，在不同教学形式和一步步逐渐提高的要求下，阶段性地反复运用本章教学内容，加深理解，巩固记忆。讲课时，面向全班级学生，仅能以统一的教学方法，概括性地系统讲解，而独立完成练习题和自主地做好实验，就明显地具有个性化和因材施教的差异性。逐步让学生学会自主学习，培养起由自学掌握知识和技能的习惯和能力，藉以引导学生逐步向个性化自学和培养创新意识方向发展。

　　在每章完成练习题后，有选择性地或全部做完列在本书配套教学参考书中的各项相应实验，是学习本课程的一个重要环节，也是培养学生独立思考和独立工作能力的环节。通过实验，能使学生更深刻地巩固和深化前已学过的相关教学内容，培养起创新意识和创新能力，为日后的工作奠定坚实的基础；学会进行实验和研究工程实际问题的方法和技术，掌握实验数据和结果的判别鉴定方法；还可在日后工作中，模拟运用这些典型应用实例，针对其他同类型工件，编制出相应的加工工艺规程及其相关解法，起着举一反三的教学效果。实验时，学生自主地完成每项实验的全过程，指导老师仅起辅导、解惑作用。因此,学生必须预习本次所做实验的内容。进入实验室,指导老师先解答学生当堂提出的疑问;随后,由老师提问,都能正确解答后,学生开始自己做实验,指导老师按学生的要求予以帮助。学生所编的程序须经指导老师检查认可后,才输入数控系统。空运行通过后,再经指导老师复核认可,方可启动加工过程。

没有条件做实验时,必须让学生学完每章的内容后,完成好该章的习题、思考题。最后,独立完成该章相应项目的实验内容,包括工艺过程分析、节点坐标计算、刀具选择与安装、工件装夹、刀具卡、工艺过程卡编制等,依次系统完成在作业本上,交给老师批改。

本书共 6 章:第 1 章阐述了数控加工在机加工领域中的地位与作用,及其发展概况;第 2 章重点表述了数控加工中的基本工艺问题;第 3 章是数控车削加工,以零件加工工艺过程为载体,系统讲述了车削工艺过程诸方面问题的解法;第 4 章是数控铣削加工工艺与操作方法;第 5 章是加工中心的加工工艺和操作方法;第 6 章是数控脉冲电火花线切割加工工艺与操作方法。书中每章末都有实例,作为本章内容的系统总结。课后完成本章的习题与思考题,交给老师批改。另为本书各章的习题、思考题编著了《数控加工工艺学实验指导书和习题详解》,以备授课老师教学参考和学生自学自查之需,将另册发行。

对于具有实践经历的在职职工或学生,也能通过本课程的在校学习或系统自学,领会到许多过去在工作实践中碰到过的问题,如今通晓了它赖以存在的基本原理,印象深刻。如书中讲到的印花辊筒的设计特征与数控加工的技术要求;阀芯(Disc)与阀杆(Spindle)的加工工艺与设计要求;键槽数控加工时,立铣刀与键槽铣刀各自不同的加工工艺过程中进刀、退刀路径;又如数控加工中,常用瓷刀、涂层硬质合金刀具,甚至高速钢刀具,其切削用量的选用,也有深奥的学问。各种材料和不同几何参数的刀具,都有其特定的切削用量适用范围,尤其是切削速度(v_c)和进给量(f_z)的用量。当过大时,会造成高速性破损;而当选择得过小时,又会出现低速性破损。唯有选择在适当范围内时,才是最佳状态。诸如常用的奥氏体类不锈钢钢号 ZG0Cr18Ni12Mo2Ti(ASTM:CF - 8M)、1Cr18Ni9Ti(ASTM:321)等,在数控机床上加工时,不宜沿用工序集中原则将粗、精加工放在同一工序中连续完成;即使在普通机床上加工时,也不宜将粗、精加工置于同一工序中一刀落完成光坯加工。必须在完成粗加工后,安排消除残余应力(去应力)处理工序,然后,再进行下一个工序,精加工。只有这样将粗、精加工工序分开,中间插入消应力处理工序,才能加工出合格的光坯。否则,其形位误差和尺寸精度,必将因粗加工后,内应力的释放,引起变形而致超差。所以,因材料而异辩证地选用工艺方法,尤为重要。这些工艺问题,都寓有让学生学习后有豁然开朗,幡然领悟的心得与感受,回味之余,发人深省。这些内容都是源于实际的实践总结。数十年来的教学经历,深知工艺问题是学生也是实际生产上最难解决好的问题,在本书编写过程中,始终赋予应有的重视。为适应我国当前工业生产发展现状和培养高层次创新型人才之需,为进一步提高教学质量,还相应地编写了各项实验。

本书由华东理工大学汤胜常编著,由上海工程技术大学陆勤审校。书中存在的不足之处和错漏,恳请读者批评指正。

编著者

2015 年 12 月

目　　录

第1章 绪 论

1.1 数控加工技术发展概况

随着社会需求的演变,销售市场对产品多样性、多品种和多规格的要求,制造企业势必力求使自己生产的产品,更新换代快、低成本、高生产率和高质量,以便满足市场的需求。

1.1.1 数控机床的加工过程

凭借科技的迅速发展,传统加工方法与生产模式不断发展并创新,涌现出新的先进生产模式和制造工艺,数控技术和数控机床也应时而生。

所谓数控,即数字控制(Numerical Control),利用数字指令对机械运动件的动作进行控制。所以,数控机床(Numerically Controlled Machine Tools)都是由数字指令实行控制的机床,其切削运动和辅助运动,都由输入数控装置的数字信息来控制和操纵的。图 1.1为数控机床的加工工艺过程,其基本操作过程如下:

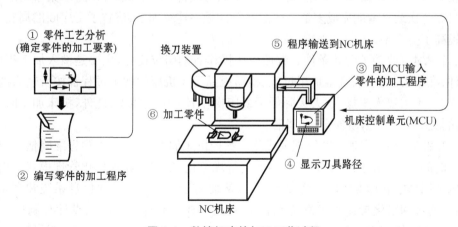

图 1.1 数控机床的加工工艺过程

1.1.1.1 读图:充分理解零件制造图的设计要求和加工特点,进行详细的逐项工艺分析,切实理解并掌握其尺寸精度、形位公差、表面粗糙度和机械性能等各方面的工艺要求。然后,确定其在现有加工条件下的具体加工方案、各项工艺参数和相应的调整数据。

1.1.1.2 编程:根据机床使用说明书规定的程序代码,即准备功能 G 指令和辅助功能 M 指令,及其相应的编程格式,手工编写该零件的加工程序单;或由自动编程软件编制零件加工程序。

1.1.1.3 程序的输入：手工编程时，可由数控机床上的操作面板手工输入加工程序；自动编程时，由编程计算机通过其串行通信接口或通过其直接数控系统（Direct Numerical Control，DNC），将编程结果经网络电缆直接传送到机床的数控装置（Control Unit Of Machine Tool，MCU）中，而节省了程序输入的工作量。

1.1.1.4 试运行：起动机床，按所输入的加工程序，进行空行程试运行，并在 CRT（Charactron Tube，字码管）显示屏上，生成刀具运行路径，必要时，作适当修正。

1.1.1.5 生产加工：按修正后的正确程序，操纵机床进行运行，完成零件加工的整个过程。

1.1.2 数控机床的加工特点

与传统的通用普通机床相比，数控机床加工具有下列特点：

1.1.2.1 可以加工形状复杂的特种曲面工件。数控机床可以完成普通机床难以完成的复杂曲面零件的加工，如整体结构的变截面大梁、船体龙骨和复杂模具等的加工，因此，在宇航、造船、模具等加工业中，普遍采用数控机床。

1.1.2.2 加工精度高，产品质量稳定。数控机床按照预定的加工程序自动进行加工，工件的加工精度全由数控机床保证，消除了操作者的人为误差；还由于数控加工都采用了工序集中方式，减少了工件经多次装夹对加工精度的影响，所以工件的加工精度高、尺寸一致性好，产品质量稳定。

1.1.2.3 生产率高。数控机床主轴转速和进给量的调节范围大，可以按工件选择最适宜的切削用量，也可采用高速切削和强力切削，从而显著缩短了加工时间；在定位和调整运动时，均可选用减速或加速，而缩短了辅助时间；由于数控加工的工序集中，在一台机床上只需一次装夹就能完成多道工序的并行或顺序连续加工，节省了工序间的周转时间，显著提高了生产率。

1.1.2.4 改善了劳动条件。数控机床操作者的岗位任务，主要是输入加工程序、装卸工件、准备刀具夹具、观察加工过程、检验成品等。机床的加工过程都按所输入的程序自动完成，不需要人工操纵，大大降低了机床操作者的劳动强度；此外，机床加工时，是在全封闭状态下工作的，既安全，又清洁。

1.1.2.5 易于实现生产管理现代化。数控机床加工工件时，可预先准确估计出所需的加工时间，且其所用刀具和夹具，都可实行规范化、标准化和现代化管理模式。由于数控机床都用数字和标准代码作为控制信息，从而易于建立起标准化信息系统和多系统共用平台，通过网络化与其他相关设备结合，构成和建立起计算机辅助设计与制造（CAD/CAM）、柔性制造系统（Flexible Manufacturing System，FMS）（见图 1.2）和计算机集成制造系统（Computer Integrated Manufacturing System，CIMS）（见图 1.3、图 1.4），企业的生产制造、经营活动全部信息都进入覆盖整个企业的计算机信息网络数据库，实现生产制造过程和经营管理过程的现代化自动管理。例如法那科（Fanuc）公司的一条柔性制造系统生产线，由 60 台数控机床、52 位机器人、两台自动搬运车、一个自动化仓库组成，每月能够生产伺服电动机 10 000 台。

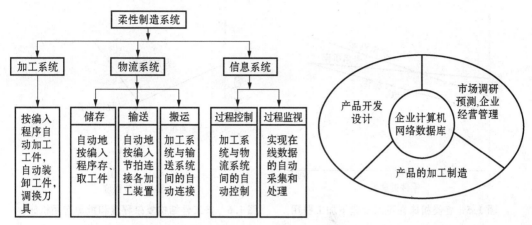

图 1.2 柔性制造系统的组成　　　　图 1.3 计算机集成制造系统的功能

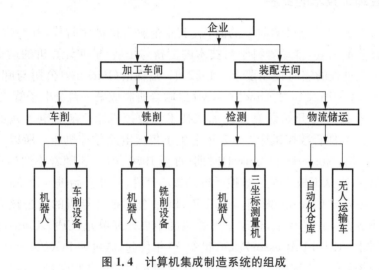

图 1.4 计算机集成制造系统的组成

1.1.3 数控机床的适用范围

数控机床是一种机电一体化的高度自动化机床,技术含量高、成本大,价格贵,日常维修保养费用高,对机床的管理者和操作者的工艺水平与技术素养,也有较高的要求。因此,应从技术经济核算的最佳方案出发,适当地选用数控机床,才能保证企业获得最佳的技术经济效益。其适用范围,大致归纳如下:

1.1.3.1 多品种、小批量、生产周期短,又需频繁改型的零件。

1.1.3.2 零件结构复杂、精度高、价格贵,又需结构一致性很高的零件。

图 1.5 为普通机床、数控机床和专用机床,加工各种批量工件时所耗费用的函数关系图。图 1.6 为加工件的结构复杂程度和批量大小,与最适宜选用的机床类别间的关系。

由此可知,数控机床与普通机床和专用机床的关系,绝非新旧交替、更新换代之意,而是各取所长、相辅相成,在不同生产条件下,可选用最适宜的关系,从而为企业获取生产上的最佳技术经济指标。

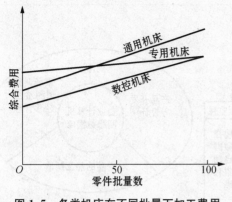 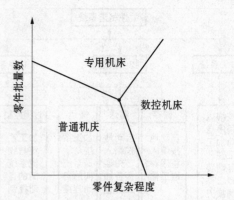

图 1.5　各类机床在不同批量下加工费用　　图 1.6　按工件结构复杂程度和批量选用机床

1.1.4　数控加工技术的发展

20 世纪中叶正是信息科学萌发的时代,工业企业由机械化时代,开始进入信息化产业的时代。任务的需要,推动着科学与技术的创新与拓展,早期计算机的运算速度低,不能适应机床加工过程的实时控制要求。1952 年,帕森斯(Parsons)公司与麻省理工学院(Massachusetts Institute of Technology,MIT)联合研制成第一台全电子管三坐标立式数控铣床。我国于 1958 年开始研究数控加工技术和数控机床。随着电子元器件的发展,1959 年出现了全晶体管数控机床,1965 年诞生了集成电路数控机床。所以,这一时期习惯上称为数控(NC,Numerical Control)时期;直至 1970 年以后,随着小型计算机的出现,运算速度大幅提高,从而成为机床数控系统的核心部件,由此开始进入计算机数控(CNC,Computer Numerical Control)时期。1971 年,Intel 公司把计算机的两个核心部件,运算器和控制器集成在一块芯片上,创制了计算机的中央处理单元(CPU,Central Processing unit)即微处理器(Micro Processor)。20 世纪 90 年代起,微机即 PC(Personal Computer)机成为机床数控系统的核心部件,即当今广泛使用着的微机数控系统。因此,这一时期,就称为计算机或电脑数控时期,即 1970 年开始的小型计算机数控机床,1974 年开始的微型计算机(微处理器)数控机床,至 1990 年开始的微机(PC 机)数控机床。

随着微电子技术和计算机科学的发展,数控技术也迅速发展,使数控加工在制造领域的重要性日益显见。数控机床是机电一体化的典型结构,数控加工是机械化和信息化的结合及其综合应用,是机械制造的先进加工技术,其广泛应用必将给机械制造业的生产方式、产品结构和产业结构,带来深刻变化,使制造业能在多品种、多规格、小批量生产条件下,实现自动化、柔性化和集成化生产,必将为制造业和国民经济创造显著的社会经济效益。

1.2　数控机床的分类和选用

数控机床种类繁多,用途各异,使用时,应按其技术经济指标正确选择。

1.2.1 按控制系统的功能特点分类

1.2.1.1 点位控制数控机床。点位控制数控机床的特点,是只要求刀具相对于工件上从一点移动到另一点精确定位,而对于该两点间的移动轨迹未作规定。各坐标轴的运动也没有要求。在移动和定位过程中,不进行加工。为了实现快速而正确的定位,通常先快速移动,当接近终点时再减速,慢慢接近以确保定位精度。

具有这种功能的机床,有数控钻床、数控冲床、数控镗床、数控点焊机、数控折边机等。其数控系统称为点位控制数控装置。

1.2.1.2 直线控制数控机床。直线控制数控机床的特点,是不仅具有精确的定位功能,还能实现平行于坐标轴方向,单轴或两轴同时移动构成斜线方向的直线切削加工,如图 1.7(b)所示为直线控制数控机床的加工方式。与点位控制数控机床相比,直线控制数控机床扩大了加工工艺范围。

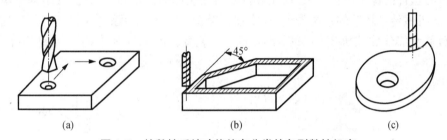

图 1.7 按数控系统功能特点分类的各型数控机床
(a) 点位控制数控机床 (b) 直线控制数控机床 (c) 轮廓控制数控机床

这类数控机床有简易数控机床、数控铣床、加工中心和数控磨床、数控镗床等。其所用数控系统称为直线控制数控装置。

1.2.1.3 轮廓控制数控机床。轮廓控制数控机床的特点,是能够对两个或两个以上的联动坐标轴,进行连续的切削加工控制。它不仅能控制机床运动部件的起始点和终点坐标,还能按需要严格控制刀具移动的轨迹,以加工出任意斜线、圆弧、抛物线及其他各种函数曲线或曲面,如图 1.7(c)所示。

属于这类数控机床的有数控车床、数控铣床、数控磨床、数控电火花线切割机床和加工中心等。其相应的数控系统,称为轮廓控制数控装置。

1.2.2 按伺服控制方式分类

1.2.2.1 开环控制数控机床。开环控制系统是指不带进给检测与反馈装置,常使用步进电机为伺服驱动电机的机床。输入的数据经过数控系统的运算,发出进给指令脉冲信号,通过脉冲分配器驱动电路,使步进电机转过相应的步距角,再经过齿轮减速装置,带动丝杆旋转,由丝杆-螺母机构转换为进给部件的直线位移。移动部件的移动速度与位移量,是由脉冲频率和脉冲数决定的(见图 1.8)。

这类机床结构简单,工作稳定,反应迅速,调试方便,维修简单,价格低廉。其精度主要取决于伺服驱动系统的性能。所以在精度和速度要求不高,驱动力矩不大的场合,应用较多。

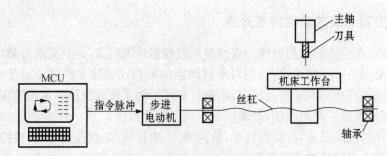

图 1.8　开环控制系统的工作原理

1.2.2.2　半闭环控制数控机床。在开环控制系统的伺服电机端部或丝杆上,装有角位移测量装置,通过检测丝杆的转角,间接地检测出进给部件的位移,然后反馈到数控装置中去,而不是检测工作台的实际位移或位置,所以机床大部分部件未包括在检测范围内,如进给丝杆的螺距累积误差、齿轮和同步带轮引起的误差等。因此,其结构简单,性能稳定。而机械传动环节的系统误差,可由误差补偿方法予以消除。因此,仍可获得满意的精度,目前大部分数控机床都采用半闭环控制装置。图 1.9 为半闭环控制系统的工作原理。

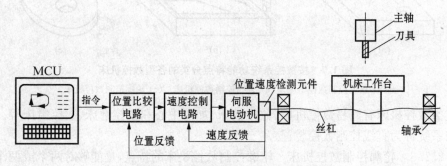

图 1.9　半闭环控制系统的工作原理

1.2.2.3　闭环控制数控机床。图 1.10 为闭环控制数控机床的控制系统工作原理,装在工作台一侧的检测装置,将加工过程中的工作台实际位移量,反馈给 CNC 装置,与位置指令进行比较并纠正,直至将误差值消除为止。由此可知,闭环控制系统可以消除机床整个传动系统的各种误差和工件加工过程中的随机误差,从而使加工精度大大提高;而速度检测装置的作用,是将伺服电机的实际转速变换成电信号,反馈给速度控制电路进行比较并纠正,以保证伺服电机的转速恒定不变。

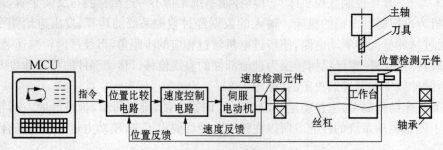

图 1.10　闭环控制系统的工作原理

闭环控制的特点,是加工精度高,移动速度快。这类数控机床采用直流或交流伺服电动机作为驱动装置,其控制电路较复杂,检测装置价格较贵,调试和维修也麻烦些,成本较高。

由上述可知,工件加工工艺的设计,首先,必须正确选用机床,除了普通机床、专用机床和数控机床的合理选用外,若选用数控机床,就还应该选用其恰当的类型,既不要求过高,耗费企业技术设备资源,降低了零件生产的技术经济指标完成额;又不应选择不当,达不到零件制造图规定的技术要求。

总之,各类机床,以及数控机床不同的功能特点和控制方式,都有其最佳适用场合,关键是使用者的正确、合理地选择之。

习　题

1. 与普通机床相比,数控机床有哪些加工上的特点?

2. 什么叫数控机床可控轴数和联动轴数? 它们在概念上有何区别? 实际使用中有何差异?

3. 试述数控机床典型的组成部分、各部分所具有的功能及其在加工过程中的作用。

4. 为什么数控机床大多采用半闭环伺服控制方式? 其原因何在? 如何达到既简化结构又控制性能稳定?

5. 数控加工工艺学是以什么为理论基础,研究什么问题的一门学科? 在生产中起着什么作用? 如何才能学好它?

6. 为什么说,要正确地安排加工工艺过程、选用机床、刀具和安排加工工艺,读懂零件图至关重要?

思　考　题

一、判断

1. 数控加工适用于加工多品种、多规格、更新换代周期短的产品 ……………(　)

2. 数字控制(Numerical Control, NC)是指利用数字指令对机床运动件的动作,实施控制 ………………………………………………………………………(　)

3. 机床的主运动、进给运动和辅助运动都由数字信息来控制和操纵的机床,称为数控机床 …………………………………………………………………(　)

4. 计算机控制(Computer Numerical Control, CNC)是指以计算机作为机床数控系统的核心部件 ………………………………………………………………(　)

5. 数控机床的辅助装置都是由 380 V 或 220 V 的强电系统操纵的 …………(　)

6. 半闭环、闭环数控机床都没有检测、反馈装置 …………………………(　)

7. 数控机床伺服系统包括主轴伺服系统和进给伺服系统 …………………(　)

8. 数控机床(Numerically Controlled Machine Tools)是由数字指令实行控制的机床 ……………………………………………………………………………（ ）

9. 开环控制数控机床的信息流是单向的,只流出,不反馈给控制系统 ……（ ）

10. 开环控制数控机床结构简单、工作稳定、反应迅速、调试方便、价廉物美,与其他控制系统相比,精度很高 ………………………………………………（ ）

11. 通过检测进给丝杆转角,再反馈给数控系统的,只监控和修正了这部分误差的机床,称为半闭环数控机床 ……………………………………………（ ）

12. 半闭环伺服控制数控机床的螺丝杆螺距误差是由其中径补偿值 f_p 来补偿的 ………………………………………………………………………………（ ）

13. 半闭环伺服控制数控机床的传动齿轮齿距误差是由其周节累积公差 F_p 控制的 ………………………………………………………………………………（ ）

14. 闭环伺服控制数控机床可以消除机床整个传动系统的各种误差,而提高了加工精度 ……………………………………………………………………………（ ）

15. 闭环伺服控制数控机床可以检测机床工作台的瞬时实际位移量 ……（ ）

16. 闭环伺服控制数控机床由于电路复杂、价格昂贵、维修、调试麻烦,所以加工成本高,应用不广 …………………………………………………………………（ ）

17. 闭环伺服控制数控机床的速度检测装置,将电动机的实际转速变成电信号,反馈给控制系统,与指令值进行比较并纠正以保证其转速经常变化 …………（ ）

二、填空

18. 不带_____的控制系统,称为_____控制系统,其进给部件的移动速度和移动量,取决于驱动_____的_____和_____。

19. 数控机床加工程序的编制方法,分为_____和_____。_____也称_____。_____的发展是_____（Computer Aided Design, CAD）、_____（Computer Aided Manufacturing, CAM）和_____（Computer Aided Test, CAT）的一体化。

三、选择

20. 数控机床上,将脉冲信号转换成机床运动部件运动的组成件,称为（ ）。
（1）控制介质; （2）数控装置; （3）伺服系统; （4）机床本体。

21. 柔性制造系统适宜用于（ ）。
（1）大量生产; （2）批量生产; （3）单件小批生产; （4）大批生产。

第2章　数控加工工艺基础

2.1　基本知识

数控机床加工工艺是以机械制造工艺学为基础,将数控机床加工过程中的工艺问题,作为研究对象的一门综合性实用专业技术课。根据现有生产条件、技术水平和工艺能力,基于产品或零件的生产规模,制订出切实解决生产过程中各种工艺问题的方法和措施,必然都由所制订的加工工艺规程所体现。因此,数控加工工艺规程的设计工作,是加工过程前期一项必不可少的重要且细致的工作,要求设计人员必须具备足够的生产实践经验和扎实的机械制造工艺学基础理论知识。

2.1.1　生产过程和工艺过程

2.1.1.1　生产过程。产品或零件的生产过程,是指从原材料开始,直至完成该产品或零件的整个过程。根据工作步骤和内容,通常由下列各项组成:

2.1.1.1.1　生产技术准备:产品投产前的市场调研、产品的研制,以及可行性分析和成品技术鉴定。

2.1.1.1.2　生产工艺过程:毛坯制造、零件加工、产品装配、调试、油漆、包装等工作。

2.1.1.1.3　辅助生产过程:为保证生产过程的正常进行所必需的辅助工作,各种工艺装备的设计、制造,如刀具,尤其是专用刀具、夹具等,以及相关设备的正常维修、调试、校正等。

2.1.1.1.4　生产服务过程:原材料采购、运输、仓储、供应、产品包装、销售等工作。

2.1.1.2　工艺过程。所谓工艺过程,是指采用各种加工方法,改变生产对象的形状、尺寸、相对位置和材料性能等,使其达到图纸规定的要求,而成为产品的过程。所以,工艺过程是生产过程的主体,主要包括机械加工工艺过程、热处理工艺过程和装配工艺过程等。所以,数控加工工艺主要论述数控机床上的机械加工工艺。

在机械加工工艺过程中,根据零件制造图上规定的结构和技术要求,采用相应的加工方法和装备,遵循规定的顺序,依次进行加工,才能完成从毛坯到零件的加工过程。因此,机械加工过程是由一个或多个顺序排列的工序组成的,而工序又由安装、工位、工步和进给所组成。

2.1.1.2.1 工序。零件在同一机床上(或在同一工作地点)所连续完成的这一部分工艺过程,就称为一道工序。工序有两个基本特征:其一,这一部分工艺过程所用的机床(或工作地点)不可变更,否则,就成为第二道工序。其二,所进行的这一部分工艺过程必须是连续的,即使数次加工都在同一机床上(或同一工作地点)进行,如果在加工中插入其他工序(如调质或时效处理),工序的连续性遭到破坏,就应把这两次加工划分为两道工序。例如坯料经粗加工后,作调质处理,然后再精加工,则粗、精加工即使在同一机床上(或同一工作地点),就应各自算作一道工序。所以,完成一个零件的加工过程,通常均需多道工序,如图 2.1 所示的转轴,就须按如表 2.1 所示的 8 道工序来完成。

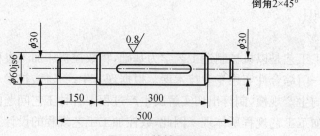

图 2.1 转轴零件图

表 2.1 转轴生产工艺过程

工序号	工 序 内 容	设 备
1	车平两端端面,打两端中心孔	普通卧式车床或钻床
2	粗车外圆柱面	普通卧式车床
3	调质	热处理
4	精车外圆柱面,倒角	普通卧式车床
5	磨 $\phi 60$ 圆柱面	外圆磨床
6	划线	钳工
7	铣平键键槽	铣床
8	修整,检验	钳工

由此可知,工序是工艺过程的基本组成内容。

2.1.1.2.2 工步。工步是工序的一部分,当被加工表面、刀具和切削用量(但背切刀量除外)三要素中其余二要素都不变的工况下,所完成的这一部分工作,就称为一个工步。图 2.2 为车削一阶梯轴的工序中,在一次安装夹紧后,加工 $\phi 85$ 和 $\phi 65$ 两个外圆柱表面,由于加工面不同,应划分为两个工步。当加工 $\phi 65$ 外圆柱面时,因余量大,可先用刚度大的粗车车刀,以切削速度 v_{c_1} 进行粗加工,然后用精车刀,以较高的切削速度 v_{c_2} 进行精加工。因所用刀具和切削速度都不同,也应把 $\phi 65$ 外圆柱面的两次车削加工划分为两个工步。如果几个加工表面的形状和尺寸都完全相同,加工时所用刀具和切削用量三要素均不变,则可认为是一个工步。图 2.3 为加工一平焊法兰上的四个螺栓孔。

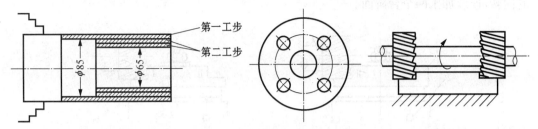

图 2.2　同一工序中的不同工步　　图 2.3　平焊法兰螺孔　　图 2.4　铣削复合工步

为了提高生产效率,将几个待加工表面用几把刀具同时进行加工,构成同一工步下的多个表面的加工,称为复合工步,如图 2.4 所示,用两把铣刀同时加工两个阶梯面,同理,也可用两把铣刀同时加工六角螺母上的两个平面,都是一个复合工步。图 2.5 为钻孔、扩孔复合工步。

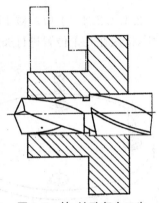

图 2.5　钻、扩孔复合工步

2.1.1.2.3　安装。也称为装夹,安装夹紧之意。它也是工序的一部分,工件在一次安装中所完成的那部分工作,称为一次安装。在完成一道工序的过程中,工件在机床上可能只需安装一次,也有可能需要多次。如图 2.6 所示,当毛坯为短料时,需要两次装夹,装夹Ⅰ加工小端;然后调头,装夹Ⅱ,加工大端。如改用长棒料为坯料,如图 2.7 所示,则只需一次装夹,当小端和大端加工完毕后,用切断刀把零件从余料上切割下来。这样,可减少一次装夹,不仅节省了装夹工件的辅助时间,提高了生产效率;还消除了多次装夹引起的工件相对于机床-刀具系统的位置误差(装夹定位误差),提高了零件的加工精度。

减少装夹次数的方法很多,采用回转夹具,一次安装后,依靠夹具的转动,改变工件加工面的位置,就可连续加工零件上的不同表面。如图 2.8 所示,在数控铣床上,依靠夹具

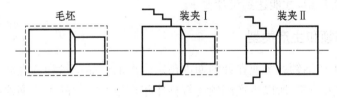

图 2.6　短坯料加工阶梯轴

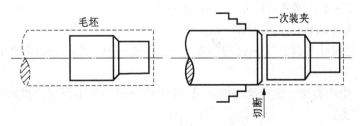

图 2.7　棒料加工阶梯轴

的回转,连续加工两个台阶面。

图 2.8 一次安装,顺序加工不同表面

1-回转夹具;2-定位销;3-工件;4-铣刀

2.1.1.2.4 工位。对于回转工作台(或夹具)、移动工作台(或夹具),工件在一次装夹中,依次在几个位置进行加工,每个位置,简称为一个工位。如图 2.9 所示,工件在点位控制数控机床上,通过一次安装,装夹在立式回转夹具上,按精确分度变换加工位置,依次顺序进行工件装卸,在实体法兰工件上钻孔、用扩孔钻扩孔,最后一道工位进行铰孔,实现了一次装卸,多工位加工,节约了辅助时间,提高了生产率。

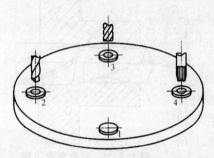

图 2.9 多工位加工

工位 1-装卸工件;工位 2-钻孔;
工位 3-扩孔;工位 4-铰孔

2.1.1.2.5 进给。刀具在工件被加工表面上切削一次所完成的工步内容,称为一次进给。因此,一个工步可包括一次或多次进给。当余量多时,不可能一次进给全部切完,则需要分几次进给,所以进给是构成机械加工工艺过程的最小单元。在图 2.2 中加工阶梯轴工件时,当车削 $\phi65$ 外圆柱表面时,若不考虑粗、精加工,不调整切削速度,仅因余量多而分成二次切削,则每次切削,就称为一次进给。

在同一工步下,多次进给的实例很多,如切削加工各类螺纹工件和各种表面的磨削加工,均需采用多次进给,才能达到设计要求。

2.1.2 生产纲领和生产类型

2.1.2.1 生产纲领。企业在计划期内预定生产的产品产量和进度计划,称为生产纲领。计划期通常为一年,所以生产纲领还常称作年产量。零件的生产纲领可按下式计算:

$$N = Qn(1+\alpha)(1+\beta)$$

式中:N 为零件的生产纲领,件/年;Q 为产品的年产量,台/年;n 为每台产品中该零件的数量,件/台;α 为备品率;β 为废品率。

生产纲领是设计和修订工艺过程的重要依据,也是加工车间设计和建设任务书的主要内容。

2.1.2.2 生产类型。生产类型的区分,随生产纲领的大小而定。机械制造业的生产类型,可分为三类:

2.1.2.2.1 单件生产。产品数量少,每年加工的产品种类、规格较多,多数产品是单件生产。大多数工作岗位的加工对象是经常变化的,很少重复。例如新产品试制、重型设备和专用设备的制造。

2.1.2.2.2 大量生产。产品数量大,产品结构和规格稳定,可以连续生产,多数工作岗位的加工对象是固定不变的,长期按一定节拍进行某个零件某道工序的加工。例如汽车、摩托车、柴油机等的生产。

2.1.2.2.3 成批生产。产品有一定数量,按一定周期分批生产结构和规格均相同的零件。各工作岗位的加工对象周期性地重复进行批量加工。例如机床、电动机等的生产。

成批生产按批量大小和产品特征,进一步分成小批生产、中批生产和大批生产三类。小批生产与单件生产相近,常统称为单件、小批生产;大批生产与大量生产相近,习惯上统称为大批大量生产,其加工工艺规程的制订也相近。因此,成批生产仅指中批生产而言。

产品的不同生产类型和生产纲领的关系,如表 2.2 所示。表中不同生产类型所选用的制造工艺、工装设备、技术措施,以及所达到的经济效益均不同。大量、大批生产时应选用高效率的工艺装备和专用机床,生产成本大人降低;单件、小批生产,通常选用通用设备和工装,生产效率低,加工成本高。数控加工主要用于单件小批生产和成批生产。各生产类型的工艺特点如表 2.3 所示。

表 2.2 生产类型和生产纲领的相关性

生产类型	生产纲领/(台/年或件/年)		
	重型零件(30 kg 以上)	中型零件(4~30 kg)	轻型零件(4 kg 以下)
单件生产	≤5	≤10	≤100
小批生产	>5~100	>10~150	>100~500
中批生产	>100~300	>150~500	>500~5 000
大批生产	>300~1 000	>500~5 000	>5 000~50 000
大量生产	>1 000	>5 000	>50 000

表 2.3 各种生产类型的工艺特点

工艺特点	单件小批生产	成批生产	大批大量生产
毛坯制造方法及加工余量	手工铸造或自由锻,精度低,余量大	部分选用金属模铸造或模锻,毛坯精度、余量适中	普遍选用金属模铸造和模锻,毛坯精度高,加工余量小
机床设备及其布置	通用机床、数控机床,按机床类别分类布置	部分为通用机床、数控机床和高效机床,分工段布置	普遍选用高效专用机床和自动机床,按生产流水线布置
工艺装备	大多选用通用夹具、刀具和量具用划线和试切法达到精度要求	大多选用可调夹具,靠找正装夹达到精度要求,大多用专用刀量具	大多选用高效夹具、刀具和量具,用调整法达到精度要求

13

续　表

工 艺 特 点	单件小批生产	成 批 生 产	大批大量生产
工人技术水平	技术熟练工人	技术比较熟练的工人	对调整工人要求高;操作工要求低
工艺文件	工艺过程卡、工序卡;数控加工工序卡、程序单	工艺过程卡、工序卡;数控加工工序卡、程序单	工艺过程卡、工序卡工序调整卡、检验卡
生产率	低	中	高
成本	高	中	低

2.2　数控加工工件的工艺分析

　　具体记载和规定着零件制造工艺过程与操作方法的工艺文件,称为零件制造工艺规程,指导和监控着零件的生产过程。数控机床加工零件时,须先将全部工艺过程、工艺参数等编制成程序,机床将按此程序自动进行加工。所以在程序编制前的工艺分析是十分重要的工作内容。就零件的加工而言,并非全部加工过程都是适合在数控机床上完成。这就需要对零件图进行详细的工艺分析,挑选出最适宜、最需要由数控加工完成的工序,结合本企业的现有技术条件,从提高企业技术经济指标和生产效率的观点出发,充分发挥数控机床、通用机床和专用机床各自的加工优势。

2.2.1　读图

　　选定用数控机床加工的零件及其加工内容时,必须先全面、仔细地读图,切实掌握该零件在产品中的功能、相互间的装配关系及其工作条件;弄明白图纸上的各项技术要求,对保证零件制造和装配质量及其使用性能上的作用;彻底弄清楚零件的设计要求,找出关键问题。

　　2.2.1.1　零件制造图上的尺寸应按规定标注。零件图上尺寸的标注,应符合国标GB 4458.4—84规定的图面上标注尺寸的方法,应完整、清晰,便于加工、测量,尽可能减少累积误差。常用三种方式:

　　链式:如图2.10(a)所示,从轴的小端设计基准开始标注,呈链式排列首尾相连,互为基准。

　　坐标式:如图2.10(b)所示,从轴的小端设计基准开始,标注各段尺寸,所有尺寸都从原点开始。

　　综合式:如图2.10(c)所示,所标注的各段尺寸既有坐标式,又有链式,是上述两种方式的综合。

　　不同标注方式适用于不同的使用要求。链式标注方式能保证各段的尺寸精度,但轴的总长度误差等于三段阶梯轴尺寸误差之和,适用于对轴总长度加工精度要求不高,而对各段阶梯轴尺寸有较高精度要求的零件上使用;坐标式标注法,保证了总长与第一段轴尺

14

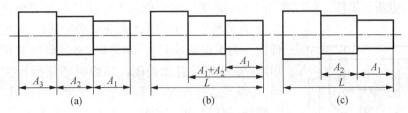

图 2.10　零件图尺寸标注

(a) 链式　(b) 坐标式　(c) 综合式

寸的位置精度,但未注尺寸的第三段尺寸误差是其余两段尺寸误差之和。坐标式的优点在于,使零件的设计基准、工艺基准、测量基准和编程原点统一,编程时,不需经数值计算,直接读出各加工面的坐标值,既便于编程,又减少了误差;而链式标注法由设计基准出发,依次连续地标注,给设计时尺寸链的计算和后面的制造、装配工艺安排都会带来方便,但就数控加工工艺过程的特点而论,对于链式标注法,则在编程前,还要将它转化成直角坐标式标注,才能编写程序,也就是须先进行数值计算,才能编程。综合式标注法兼顾了设计和工艺上的需要,所以在实际生产中用得较多。

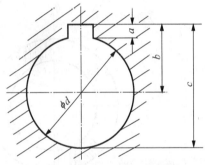

图 2.11　轮毂上的轴孔和键槽

　　数控加工零件上尺寸的注法,还应考虑到加工过程中,工序间测量和成品检验的方便,如图 2.11 所示,轮毂上的轴孔和键槽,轴孔可直接标注,如图所示;而键槽的深度应如何标注才合理呢? 图中列出的 3 种方法,其中唯有尺寸 c 的注法才是合理的,因为测量简便且准确。无论在数控机床,还是普通机床上加工时,其零件图上的标注法都应该如此。

　　2.2.1.2　零件结构的设计,应考虑到尽可能缩短机加工辅助时间。数控加工是快速、高效的加工方式,且单位时间的加工费用,远比通用机床高得多。图 2.12 为轴上的过渡圆角、退刀槽宽度和键槽结构,零件制造图上选用相同的形状和结构尺寸,就可减少加工过程中的换刀次数,大大节省了辅助时间。

　　图 2.13 为多联齿轮零件制造图,其中图 2.13(a) 各齿轮的模数各异。加工时,需要多次调换滚刀,不得不中止加工;图 2.13(b) 的多联齿轮块上,各齿轮的模数相同,可用同一把滚刀加工完整个工件,节省了辅助时间。

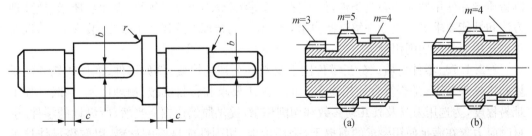

图 2.12　过渡圆角、退刀槽、键槽宽度的设计　　**图 2.13　多联齿轮的合理结构**

　　2.2.1.3　分析所设计的零件结构是否便于拆卸。机器使用过程中,应经常性地进行

维修保养,更新易损件。所以在加工时,必须仔细分析一下零件结构是否便于拆卸。图

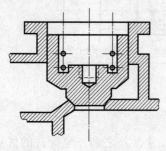

图 2.14 阀的结构设计

2.14 为各类管道上常用的截止阀关键部位、阀座与阀芯部件图。为了保证密封性,制造时,必须研磨其配合面。使用时,要经常开启和关闭。维修时还须拆卸和安装。因而,为满足这些要求,在阀芯底部增设一螺纹孔,以便装入一螺杆(阀杆),再在螺杆上装上手柄或手轮,就可既用于反复回转阀芯与阀座进行研配,又可在维修保养时提升和复位之用。如果未掌握该零件在产品上的功能和相互之间的装配关系,以及工艺上的要求,而没有这一工艺螺孔,那就难以加工和装配了。

2.2.1.4 在达到使用要求的前提下,零件的结构应具有最少的切削加工量。牙嵌离合器的结构设计要求,是齿侧面必须通过中心线。为此,所设计的结构为 4 个齿的,必须在铣削加工时,进行 8 次分度,8 次进给,才能完成;而 5 个齿的,仅需 5 次分度,5 次进给。由此可知,应设计成奇数齿,切削加工时间最少,刀具空程返回行程最短(见图 2.15)。

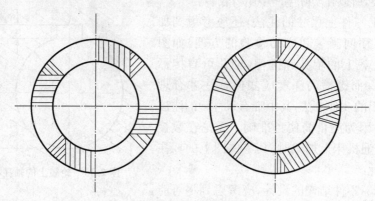

图 2.15 牙嵌离合器的合理结构

2.2.1.5 图面应完整正确。构成零件的各加工表面几何元素及其节点,是数控编程的依据。手工编程时,须按照它们计算出每一节点的坐标值;自动编程时,可根据这些已知条件,对构成零件的各几何元素作出定义。所以在编程前读图时,必须关注零件图上各几何元素的给定条件,是否完整和正确。

2.2.1.6 零件图上的技术要求。零件制造图上规定的各项技术要求,都是保证零件制造质量和使用性能的必要条件,如形位公差等级、表面粗糙度等级、表面层质量、热处理方法和性能要求等。充分理解这些要求,才能恰当、合理地选择加工方法、装夹方法,以及正确选用刀具和切削用量等。

2.2.1.7 零件材质。分析零件图上材料和毛坯的性质,例如铸件、锻件或轧件的质量和热处理状态,是否符合使用要求。根据加工要求和材料机械、物理性能,判断其加工难易程度,为选用刀具及其几何参数和切削用量,提供原始依据。当然,所设计的零件,选材时应力求在满足使用要求的前提下,采用价廉、切削性能良好的材料,以取得最佳技术经济指标。

2.2.2 适用数控机床加工的内容

2.2.2.1 通用机床无法加工或难以加工,且质量也难以保证的加工内容和工序,应优先选用数控机床进行加工。

2.2.2.2 通用机床加工效率低,手工操作劳动强度大的内容和工序,可以恰当地选择数控机床加工。

2.2.2.3 要求定位精度高,通过一次装夹,完成铣、镗、锪、铰或攻丝等多工步加工。

通常将上述加工内容采用数控机床加工,其工艺过程的技术经济效益明显提高,表现在产品的质量和生产效率的改善。相比之下,下列各加工内容,则不适宜选用数控机床加工:

- 需要较长时间进行机上调整的加工内容和工序;
- 坯料上的加工余量极不稳定,而数控机床上又不能自动调整零件坐标位置的加工内容或工序;
- 不可能在一次安装中,加工完分布在各部位加工面的零件。

此外,安排零件的加工内容时,还应考虑到其生产批量、生产周期、工序间周转期等。例如:机床类型的选择,应与工序划分原则相适应,数控机床和通用机床适用于工序集中的单件小批生产;对于大批量生产,则应选用自动化机床或多刀多轴机床。至于工序分散的批量生产,则应选用专用机床。

所选择的机床规格,必须与工件外轮廓尺寸相适应,即小工件用小规格机床加工,大工件用大规格机床加工。

机床精度级别应与工序要求的加工精度相适应,粗加工工序,应选用精度低的机床;精加工工序,应选用精度级别高的机床。机床精度过低,不能保证零件图上要求的加工精度;机床精度级别过高,会增加零件制造成本。总之,须经济、合理地选用,尤须防止把数控机床降格为普通机床使用,人为地浪费掉企业的技术经济资源。

对零件图进行工艺分析时,读懂、读通零件图的设计要求和使用功能十分重要,可为加工方法和机床类型的合理选用,提供必要的依据。现以图 2.16、图 2.17 两个零件为例进行分析。

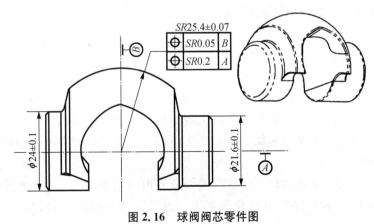

图 2.16 球阀阀芯零件图

图 2.16 为采油管道用球阀阀芯,小批量生产,材料为 CF8M(ZG0Cr18Ni12Mo2Ti),毛坯由失蜡铸造(Investment Casting),热处理后,以轴端中心线为工艺基准,切削加工球缺状外表面,要求尺寸公差与形位公差等级较高,既要保证与阀座间的密封性,又能启闭自如。传统的加工方法,是由通用仿形机床切削加工,加工精度不高,生产率低下,还增加了后续工序的工作量。随着数控机床加工的发展和应用,使加工手段日益完善。零件的工艺分析得出,如图 2.16 所示的外表面为球缺。切削刀具的刀位点在 X 轴和 Z 轴联动下,形成一过球心的正截面圆弧曲线,再绕 Z 轴回转,即形成三维的球缺面,所以可选用数控车床来加工。由于其两侧球面的对称性,只要设计与编制其二分之一部分立体曲面的加工程序,利用机床的镜像功能(Mirror Image),即可再加工好另一半。与传统加工方法相比,大大提高了生产率,又显著提高了加工精度,具有良好的技术经济指标。

图 2.17 为印刷机辊筒,为保证印刷时工作表面接触均匀一致,字迹清晰,图案分明,那就应该在工件的工艺分析时,着重注意零件图上哪些关键问题呢? 为达到上述使用性能,从零件的结构和制造工艺上,都须严格控制辊筒的圆柱度,而辊筒直径尺寸的大小,对使用性能,也就是印刷质量的影响甚微。因此,按上述分析,辊筒的直径尺寸公差和形状公差,就应采用"独立公差原则",尺寸公差和形状公差各自控制,互不补偿。零件图上给定一个较小的圆柱度公差值和较大的直径尺寸公差值。如图 2.17 所示的零件就应选择通用卧式车床进行切削加工,其尺寸公差等级介于

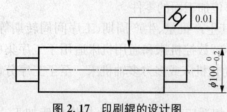

图 2.17 印刷辊的设计图

IT10~11 级已足够,但机床精度须良好,如主轴轴线与导轨的平行度、导轨的直线度误差等,必须在全长内控制在 0.005 mm 以下;当然,机床精度每年都要调整和鉴定。不应该挑选数控机床来加工。即使现场条件有困难,也只得采用车削后经表面处理,然后在高精度外圆磨床上磨削的工艺过程,以达到圆柱度公差等级要求。

总之,要正确地选用机床。而读懂、读通零件图,就至关重要。

2.3　数控加工工艺路线的设计

2.3.1　加工方法的选择

尽管工件的整体形状、结构尺寸各异,可是都由诸如平面、内外圆柱面、空间曲面和成型面等通用几何表面组成的,根据零件图上规定的尺寸公差等级、表面粗糙度要求、材料性质、几何形状和生产类型等原始数据和要求,就企业的现有设备和技术条件,经济、合理地选用相应的加工方法。

2.3.1.1　外圆柱表面的加工方法。外圆柱表面的主要加工方法是车削和磨削。当表面粗糙度要求更高时,还须进行光整加工。表 2.4 为外圆柱表面的加工方案和应用范围。

表 2.4　外圆柱表面的加工方案及其应用

加 工 方 案	经济加工精度	表面粗糙度 $Ra(\mu m)$	适 用 范 围
粗车	IT11～12	50～12.5	淬火钢以外的各种金属件
粗车-半精车	IT8～10	6.3～3.2	淬火钢以外的各种金属件
粗车-半精车-精车	IT7～8	1.6～0.8	淬火钢以外的各种金属件
粗车-半精车-精车-滚压(或抛光)	IT7～8	0.2～0.025	淬火钢以外的各种金属件
粗车-半精车-粗磨	IT7～8	1.6～0.8	不宜加工有色金属
粗车-半精车-粗磨-精磨	IT6～7	0.8～0.2	不宜加工有色金属
粗车-半精车-粗磨-精磨-高光洁度磨削(超精磨)	IT5	0.1～0.02	不宜加工有色金属
粗车-半精车-精车-金刚石车	IT5～6	0.8～0.2	宜加工有色金属高精度工件
粗车-半精车-粗磨-精磨-镜面磨削	IT5 以上	＜0.008	极高精度、极小表面粗糙度外圆柱面加工
粗车-半精车-粗磨-精磨-超级光磨	IT5 以上	0.1～0.008	极高精度、极小表面粗糙度外圆柱面加工

2.3.1.1.1　最终工序为车削的加工方案,主要用于淬火钢以外的各种金属工件。

2.3.1.1.2　最终工序为磨削的加工方案,主要用于钢和铸铁件。不宜用于有色金属件,因有色金属大多数软而韧,易堵塞砂轮。

2.3.1.1.3　最终工序为金刚石刀具车削的加工方案,用于精度要求较高的有色金属件的精加工,不宜加工黑色金属。

2.3.1.1.4　最终工序为滚压或抛光的加工方案,适用于表面粗糙度要求很高,而尺寸精度不高、形状精度也不高的工件。

2.3.1.1.5　光整加工(Finishing):工件表面经磨削后,须进一步提高其精度和减小表面粗糙度值,就须进行光整加工。常用的方法为:

2.3.1.1.5.1　高光洁度磨削(超精磨或超精加工):使工件表面粗糙度值 $Ra<$ $0.1\mu m$ 的磨削加工方法,称为高光洁度磨削,其与精磨的主要区别,是用很小的进给量和背吃刀量,砂轮经精细修整,保证磨粒微刃在砂轮表面的等高性。

2.3.1.1.5.2　镜面磨削:表面粗糙度值 $Ra<0.008\mu m$ 的磨削加工方法,称为镜面磨削。采用粒度为 W14～W10、硬度为超软、组织较紧密的树脂结合剂砂轮,弹性好,微刃不易碎裂,磨钝后较平滑,在润滑液配合作用下,主要藉摩擦擦光作用进行加工。

2.3.1.1.5.3　滚压加工:利用滚压工具在常温下对工件表层施压,产生塑性变形,不仅降低了表面粗糙度值,还使表面上形成冷硬层和残余应力,提高了表面层抗疲劳应力的能力,延长了使用寿命,滚压加工常在精车后进行,以替代磨削。

2.3.1.1.5.4 研磨：将研磨剂置于工件和研具之间，在一定压力下，研具与工件作复杂的相对运动，从工件上切除极薄一层磨屑，达到光整加工的目的。

2.3.1.1.5.5 超级光磨（Supper Finishing）：采用 W20 或更细的油石，以较低的压力（5～20 MPa），在复杂的相对运动下，对工件表面进行光整加工。

图 2.18 为外圆柱表面的超级光磨（Lapping），加工时，工件低速旋转，0.16～0.25 m/s；油石沿工件轴向作高速而短促的往复运动，每秒往复次数 6～25 次，行程长度 2～6 mm。磨头沿轴向进给量 0.1～0.15 mm/r，由 80%～90% 煤油与 10%～20% 锭子油组成的切削液，在工件表面上形成一层油膜，被工件表面微观不平度的尖峰所破坏，从而使油石切去尖峰［见图 2.19(b)］。随着尖峰高度的降低，油石与工件的接触面积便渐渐扩大，比压减小，直至磨头压力不能将油膜破坏［见图 2.19(c)］，从而停止切削作用。超级光磨的加工余量很小，0.005～0.02 mm，光磨后的表面粗糙度值 $Ra0.1～0.008\ \mu m$，但不能提高工件的尺寸精度和几何形状精度，工件精度必须由上道工序保证。

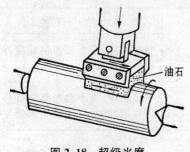

图 2.18 超级光磨

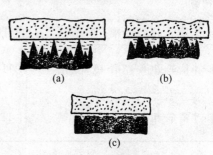

图 2.19 超级光磨原理

2.3.1.2 实体材料上孔的加工方法（如表 2.5 所示）。

表 2.5 实体材料上孔的加工方案及其应用

加 工 方 案	经济精度	表面粗糙度 $Ra/\mu m$	适 用 范 围
钻孔	IT11～12	50～12.5	未淬硬钢、铸铁、有色金属实体材料毛坯的孔加工
钻-铰	IT8～9	3.2～1.6	
钻-铰-精铰	IT7～8	1.6～0.8	
钻-扩	IT10～9	6.3～3.2	孔径 $\phi > 15～20$ mm 未淬硬钢、铸铁、有色金属实体材料毛坯的孔加工
钻-扩-铰	IT8～9	3.2～1.6	
钻-扩-粗铰-精铰	IT7～8	1.6～0.8	
钻-扩-机铰-手铰	IT6～7	0.4～0.1	
钻-扩-拉孔	IT7～9	1.6～0.1	大批量生产类型，精度由拉刀而定
粗镗（或扩孔）	IT10～11	12.5～6.3	除淬硬钢外的各种材料，带铸出孔或锻出孔毛坯
粗镗（粗扩）-半精镗（精扩）	IT8～9	3.2～1.6	
粗镗（粗扩）-半精镗（精扩）-精镗（铰）	IT7～8	1.6～0.8	

加 工 方 案	经济精度	表面粗糙度 $Ra/\mu m$	适 用 范 围
粗镗(粗扩)半精镗(精扩)-精镗-浮动镗刀精镗	IT6~7	0.8~0.4	除淬硬钢外的各种材料,带铸出孔或锻出孔毛坯
粗镗(粗扩)-半精镗-磨孔	IT7~8	0.8~0.2	不宜用于有色金属件
粗镗(粗扩)-半精镗-粗磨-精磨	IT6~7	0.2~0.1	不宜用于有色金属件
粗镗-半精镗-精镗-金刚石镗	IT6~7	0.4~0.05	宜用于高精度有色金属件
钻-(扩孔)-粗铰-精铰-珩磨	IT6~7	0.2~0.025	孔径较小的未淬硬孔
钻-(扩孔)-拉孔-珩磨	IT6~7	0.2~0.025	$\phi > 8$ mm,未淬硬孔成批生产
粗镗-半精镗-精镗-珩磨	IT6~7	0.2~0.025	孔径较大的未淬硬孔
用研磨替代上述三方案中的珩磨	IT6 以上	0.1~0.005	高精度孔,如阀孔

2.3.1.2.1 尺寸公差等级 IT9 级的孔,孔径<10 mm 时,可采用钻-铰加工方案;孔径<30 mm 时,可采用钻-扩加工方案;孔径>30 mm 时,可采用钻-镗加工方案。且适用于淬硬钢以外的各种材料。

2.3.1.2.2 尺寸公差等级 IT8 级的孔,孔径<20 mm 时,可采用钻-铰加工方案;孔径>20 mm 时,可采用钻-扩-铰加工方案;孔径较大时,也可采用精镗;淬硬钢工件可采用磨削加工。

2.3.1.2.3 尺寸公差等级 IT7 级的孔,孔径<12 mm 时,可采用钻-粗铰-精铰加工方案;孔径在 12~60 mm 范围时,可采用钻-扩-粗铰-精铰加工方案,批量大时,也可采用钻-扩-拉加工方案;毛坯带有铸出孔或锻出孔时,可采用粗镗-半精镗-精镗加工方案。最终工序为磨孔的加工方案,适用于加工除了软而韧的有色金属以外的淬硬钢、未淬硬钢和铸铁件。图 2.20 为浮动镗刀片。

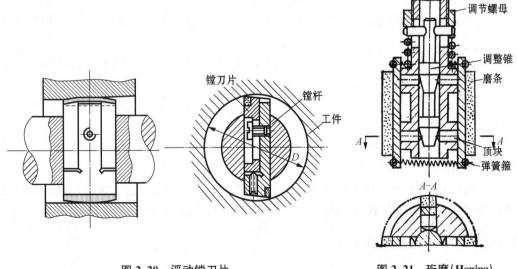

图 2.20 浮动镗刀片 　　　　　　 图 2.21 珩磨(Honing)

21

2.3.1.2.4 尺寸公差等级 IT6 级的孔,最终工序可选用手铰、精细镗、研磨或珩磨,均可达到,视企业设备与技术条件而定。软而韧的有色金属,不宜选择珩磨,应采用研磨或精细镗。研磨可用于各种孔径。珩磨仅适用于大直径孔的精细加工,图 2.21 为珩磨头。

2.3.1.3 平面的加工方法及其应用如表 2.6 所示。

表 2.6 平面的加工方案及其应用

加 工 方 案	经济加工精度	表面粗糙度 $Ra/\mu m$	应 用 范 围
粗车-半精车	IT9	6.3～3.2	未淬硬钢低精度端面或为精加工准备工序
粗车-半精车-精车	IT7～8	1.6～0.8	端面、中等精度
粗车-半精车-磨削	IT7～8	0.8～0.2	对表面粗糙度要求较高的端面
粗刨(粗铣)-精刨(精铣)	IT7～8	6.3～1.6	未淬硬钢,表面粗糙度要求较高的平面
粗刨(粗铣)-精刨(精铣)-研刮	IT5～6	0.8～0.1	尺寸公差等级和表面粗糙度都要求较高的平面;批量大时,可用宽刀精刨
以宽刀精刨替代上述方案的研刮	IT6～7	0.8～0.2	
粗刨(粗铣)-精刨(精铣)-磨削	IT6～7	0.8～0.2	精度和表面粗糙度都要求较高的平面
粗刨(粗铣)-精刨(精铣)-粗磨-精磨	IT5～6	0.4～0.02	精度和表面粗糙度都要求较高的平面
粗铣-拉	IT6～8	0.8～0.2	大量生产较小平面,加工精度由拉刀而定
粗铣-精铣-磨削-研磨	IT1～4	0.1～0.008	高精度平面

2.3.1.3.1 最终工序为研磨的加工方案,多用于单件小批生产,未淬硬且配合要求较高的平面;批量大时可用宽刀精刨替代研刮,尤其适用于导轨面等狭长平面,以提高生产率。

2.3.1.3.2 磨削适用于直线度、表面粗糙度均要求较高的淬硬工件和厚度较薄的工件,以及未淬硬平面工件的精加工,但不宜用于软而韧的有色金属件。

2.3.1.3.3 车削主要用于回转体工件端面的加工,以保证端面与轴线的垂直度要求。

2.3.1.3.4 拉削加工适用于大批量生产,尺寸公差等级和表面粗糙度都要求较高的,且面积较小的平面。

2.3.1.3.5 最终工序为研磨的加工方案,适用于尺寸公差等级和表面粗糙度都要求很高的小型零件的精密平面,如量规(Gauge)、量块(Gauge Block)等高精度量具的平面。

2.3.2 加工方法的选择举例

图 2.22 为孔加工零件制造图,须加工孔 $\phi40H7$ 和阶梯孔 $\phi13$、$\phi22$,材料为 HT200。

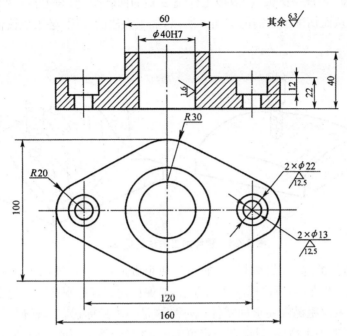

图 2.22 零件加工方法的选择之一

孔 $\phi40$ 的公差带代号为 H7，其公差较小，$\phi40H7(^{0.025}_{0})$，精度较高，表面粗糙度要求较高，Ra1.6 μm。从表 2.5 所列的孔加工方案及其应用中，可选用钻孔-粗镗（或扩孔）-半精镗-精镗加工方案。

阶梯孔 $\phi13$、$\phi22$ 均未注公差，属自由尺寸，应按 IT11－12 级尺寸公差等级处理之，表面粗糙度也要求不高，为 Ra12.5 μm。从表 2.5 中，可选择钻孔-粗镗（或扩孔）加工方案。

图 2.23(a)所示零件为内腔表面的加工，当内腔转角处曲率半径较小时，应选择数控线切割方法加工；如果仍然采用小直径立铣刀加工，则受内腔曲率半径的限制，铣刀直径过细，刚性不足，会出现较大的加工误差；图 2.23（b）为外轮廓表面的加工，一般也常用数控线切割方法加工；对于较高尺寸公差等级和表面粗糙度要求的外轮廓表面，可选用粗铣-精铣-磨削加工方案。当然，对于要求不高的表面，也可直接选用粗铣-精铣加工方案，视企业现有设备和技术条件而定。

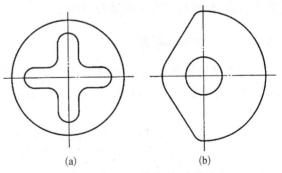

图 2.23 零件加工方法的选择之二
(a) 内腔表面 (b) 外轮廓表面

图 2.24 为空间曲面的加工，通常采用数控铣削，大多选用球头铣刀或模具立铣刀，以图中所示的行切法顺序加工出完整表面。根据曲面形状的复杂程度，选用二轴半、三轴或多轴联动的数控铣床进行加工。又如图 2.16 所示的球阀阀芯的加工表面，是一规范的曲面，且以两轴端中心线为球面回转中心，对于这一空间曲面，就可选用数控车床，车刀沿

X、Z轴方向联动,形成一圆弧,相应地工件绕Z轴的回转运动,与刀位点的圆弧素线形成运动相互配合,从而切削出所需的球面。所以,加工方法的选用,必须以读懂、读通零件制造图为基础。

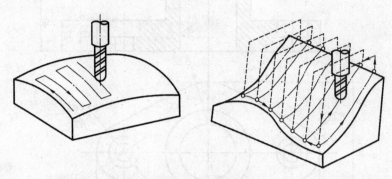

图 2.24　零件加工方法的选择之三

零件加工方法的选择,归纳起来,不外是两个方面:其一,是加工质量,基于毛坯种类、材料性能和生产类型,所选择的加工方法,要保证达到零件制造图上规定的结构形状、尺寸公差等级、表面粗糙度要求的零件,显然,这是技术指标;其二,任何一种加工方法和加工方案所获得的加工精度,只能在一定范围内,才是经济合理的,这一加工精度,就称为经济精度,也就是在经济、合理和适用的加工设备上由相应技术等级的工人,在额定工时内完成加工定额,所能达到的加工精度,其相应的表面粗糙度,就称为经济粗糙度,这些是经济指标。因此,在选择加工方法时,应根据零件制造图上的要求,正确地选择与经济精度相应的加工方法。例如外圆车削时,要把尺寸公差等级由IT7级提高到IT6级,就必须使用粗车-半精车-精车-金刚石车加工方案,不仅刀具价格昂贵,且背吃刀量a_p和进给量f都须很小,延长了加工时间,成本显著提高。对于同一加工表面,采用的加工方法不同,加工成本也不一样。例如尺寸公差等级为IT7级,表面粗糙度$Ra0.4\ \mu m$的外圆柱面,选择精车,就不如选择磨削更经济合理些。

2.3.3　加工阶段的划分

当零件结构复杂且要求较高时,常不能用单道工序来满足其加工要求,为保证加工要求和合理使用各种工艺设备与加工方法,通常将上述加工方案,按零件的加工过程,划分为下列四个阶段:

2.3.3.1　粗加工阶段。这一阶段的任务,是尽可能多地切除加工余量,提高生产率,使毛坯在形状、尺寸上趋近成品。

2.3.3.2　半精加工阶段。改善已粗加工后的表面质量和加工精度,为进一步精加工作准备,并留下精加工余量外,切除所有加工余量。同时,完成零件上其他相应表面的加工。如法兰螺栓孔、铣键槽等。

2.3.3.3　精加工阶段。保证零件加工表面达到零件制造图规定的尺寸公差等级和表面粗糙度要求,达到所需的零件技术要求。

2.3.3.4　光整加工阶段(Finishing Stage)。当零件制造图上规定的尺寸公差等级和表面粗糙度要求很高,IT6级以上,表面粗糙度$Ra<0.2\ \mu m$时,就需要按上述加工方案,

进行光整加工(Finishing),以提高其尺寸公差等级和表面粗糙度。

由于精加工阶段的加工机床大多是精密设备,常在恒温恒湿和无尘条件下使用和经常维护保养,所以,零件加工阶段的划分,不仅是管理上的需要,还可达到下列要求:

保证零件的加工质量。粗加工时,保持较高的金属切除率,切削用量很大,在切削力、夹紧力和高切削温度的综合作用下,工件变形大,切削表面的变质层较厚,按加工阶段划分,粗加工时引起的加工误差,通过半精加工和精加工予以消除,从而保证了零件的质量要求;

合理使用加工设备。粗加工时,可选用功率大,刚度好、生产效率高,但精度低的机床;精加工时,可采用高精度机床。不同阶段的加工要求,充分发挥加工设备各自的特点,既提高了生产率,又延长了精密设备的精度寿命;

及时处理毛坯缺陷。毛坯缺陷如铸件的气孔、夹渣、浇不足等,粗加工后,即可发现,及时进行修补或报废,避免进入下道工序,造成更大浪费;

有利于安排热处理工序。机械零件用材料,以中碳钢居多。无论是型材、锻件,经粗加工后,一般要进行工序间热处理(调质),以改善其机械性能,充分发挥材料潜力;在精加工前,安排最终热处理工序(淬火后中温回火等),其温差变形,将由精加工(磨削等)予以消除。

当然,加工阶段的划分,应辩证处理,不要绝对化。根据零件图上的要求,及其结构大小、生产批量等不同而灵活掌握。诸如加工质量要求不高,批量小,加工余量小的工件,就可在同一机床上完成全部加工任务。又如重型工件搬运、安装不易,也常在一次装夹下完成全部粗、精加工任务。

2.3.4　工序的划分

零件的加工方法和加工方案,在加工阶段确定后,应划分好工序,才能正确制订工序卡和加工工艺规程等指导生产工艺过程的文件。划分工序的原始依据是生产纲领、所选用的机床设备和所加工零件的结构等,以及图面技术要求等。当批量不大,又选用了加工中心进行加工时,通常就采用工序集中原则划分工序,在每道工序中做完尽可能多的加工内容,大大减少零件加工过程的工序总数,缩短工艺路线,简化生产计划,减少所用机床数量,提高了生产效率,减少了工序间搬运等辅助时间。所以在数控机床和加工中心上加工的工件,一般都按工序集中原则,按下列方法划分工序:

2.3.4.1　按加工用的刀具来划分。用同一种类同一规格的刀具,完成的该部分工艺过程,称为一道工序。这样的划分方法,尤其适用于工件的加工表面多,机床连续加工时间长,程序编制复杂的场合,如在加工中心上。

2.3.4.2　按装夹来划分。每次装夹后完成的该部分工艺过程,称为一道工序。这样的划分方法,适用于工件的加工表面不多,程序简单的场合,如数控车床上。

2.3.4.3　按粗、精加工来划分。分别把粗加工和精加工中完成的该部分工艺过程,称为一道工序。这样的划分方法,适用于粗加工时切削余量大,在切削热和切削力双重作用下,易引起变形的工件,必须把粗、精加工分开的场合,例如采用铸件、锻件或焊件为毛坯或特种钢加工时使用。

2.3.4.4 按工件的加工部位来划分。以完成同一类型表面的该部分工艺过程,称为一道工序。这样的划分方法,适用于加工表面多而复杂的零件,可按其结构形状如内腔表面、外形轮廓表面、特形曲面和平面等,划分成各道工序。

对于由通用机床或专用机床组成的自动线上加工时,通常就须按工序分散原则,划分零件的加工工序。例如汽车的总装配线,每道工序都十分专一,职责明确,分工细致。又如轿车车门装配自动生产线,也是按工序分散原则划分其装配加工工序,每道工序完成单一工作,操作简单,调整、维修方便。发生故障时,检查起来也容易。每道工序所用设备结构简单,动作单一。但台数较多,工艺路线较长,占地面积大。

尤其重要的是,工序的划分,应视所加工零件的具体情况而定。如结构尺寸和重量都很大的重型件,应采用工序集中原则,以减少装夹次数和工序间搬运量;对于零件本身刚性差、精度高的,就应按工序分散原则划分,把粗、精加工工序分开。

2.3.5 工序顺序的安排

选定加工方法、划分工序后,必须合理安排这些工序的顺序,安排得合理与否,直接影响到零件的加工质量、生产效率和加工成本。

2.3.5.1 切削加工工序:

2.3.5.1.1 基面先行原则。优先加工用作精基准的表面。因为定位基准面越精确,定位安装误差就越小。轴类零件加工时,必须先加工中心孔,然后,以中心孔为精基准,再加工外圆柱表面和端面;箱体类零件加工时,应先加工定位用的平面和两个定位孔,然后以平面和定位孔为精基准,再加工其他平面和箱体上的孔系。

2.3.5.1.2 先粗后精原则。各表面的加工顺序,必须按照上述各加工方案所列的粗加工-半精加工-精加工-光整加工的顺序依次进行,逐步提高表面的加工精度和表面粗糙度等级。

2.3.5.1.3 先主后次原则。零件的主要工作表面和装配基准面必须先加工,以便及早发现毛坯内的位于重要部位处的缺陷。零件上的次要表面可安排在主要表面最终精加工之前进行。

2.3.5.1.4 先面后孔原则。箱体、支架类型的零件,通常先加工支承平面,然后,再加工孔和其他尺寸。这样安排,可利用已加工过的平面定位装夹,稳定可靠。而且在已加工过的平面上加工孔,比较方便,能提高孔的精度,尤其是在实体材料上钻孔,孔的轴线不易偏斜。

2.3.5.2 热处理工序。热处理工序在零件加工工艺路线中的安排,取决于不同材料进行某种热处理的要求而定。

2.3.5.2.1 预先热处理。铸件、锻件、轧件和焊件等热处理毛坯,不仅内部存在残余应力,而且组织粗大不均匀,成分也有偏析,硬度偏高或偏低且不均匀,严重影响切削加工,最终热处理时,还会引起变形和开裂。所以,必须在粗加工切削之前,进行适当的退火(完全退火、球化退火、去应力退火)或正火处理,以细化组织,消除内应力,成分均匀化,硬度适中且均匀一致,显著改善了材料的切削加工性。

2.3.5.2.2 工序间热处理。切削加工,特别是粗加工过程中会产生较大的残余应力,引起工件变形,影响后续工序和零件质量。因此,要安排工序间热处理,以消除该工序造成的内应力。这通常都安排在粗加工与精加工工序之间,进行人工时效处理,也称去应力退火或低温退火。

重要的机械零件,如机床主轴、压缩机连杆螺栓和汽车后轿半轴以及工模具等,必须在粗加工后精加工前进行调质处理,即淬火后高温回火,以获得良好的综合机械性能,强度和韧性兼顾,为后续精加工工序显著改善了切削性能,有利于提高零件的加工精度和表面粗糙度;同时,还能给最终热处理提供了良好的组织准备。

2.3.5.2.3　最终热处理。为达到零件制造图上规定的力学性能指标和提高零件的使用性能,充分发挥材料固有的潜力,通常在工件精加工工序,如磨削加工之前,要进行最终热处理,常用的有淬火、回火、表面淬火和化学热处理等。例如常用的冷作模具,冲孔落料模的凸模和凹模均要求具有高硬度 58~60 HRC 和高的耐磨性,以及足够的强度和韧性,并要求淬火时热变形小,材料常选用 Cr2MoV 钢。为了达到零件制造图的要求,毛坯经预先热处理,等温退火后进行机加工。因硬度已降低,组织已均匀化,改善了切削性能,也为最终热处理奠定了良好的组织基础。机械加工后进行淬火和低温回火,然后进行精磨而获得完全符合零件图要求的成品。又如热锻模,要求硬度 40 HRC(351~387 HB),$\sigma_b \geq 1\ 200 \sim 1\ 400\ MN/m^2$,$A_k \geq 32 \sim 56\ J$,材料必须兼具高的淬透性、回火稳定性、耐热疲劳性以及良好的耐磨性,小型模具用材常选择 5CrMnMo 钢。为达到零件图规定要求,毛坯经预先热处理,完全退火,既消除了坯料的内应力,又改善了金相组织,细化了晶粒,降低了硬度(197~241 HB),显著改善了切削性能。机械加工后,进行淬火和带温回火,然后进行精细加工,修型或抛光,达到图纸上规定的技术要求和良好的使用性能。

2.3.5.3　检验工序。机加工时,每道工序由操作者自行检验外,工序间和零件加工毕,入库前,都要安排检验工序,以及时发现加工误差,及时返修和纠正,不留给后道工序,更不能够流入用户手中。

2.3.5.4　辅助工序。去毛刺、倒棱、表面强化和表面涂饰、清洗、去磁、防锈处理、包装等辅助工序的恰当安排,也是十分重要的。如果安排不当或遗漏,将会给后续工序带来困难,甚至影响装配和产品质量。

2.4　数控加工工序的设计

数控加工工艺路线确定以后,各道工序的加工内容已基本确定,接下来便可以着手数控加工工序设计工作,数控加工工序设计的主要任务是为每道工序选择定位夹紧方法、进给路线与工步顺序、加工余量、工序尺寸及其公差、切削用量和工时定额,为编制加工工艺规程做好技术准备。

2.4.1　进刀路线和工步顺序

进刀路线是刀具在整个加工顺序中相对于工件的运动轨迹,它包含了工步的内容,也反映了工步的顺序。进给路线又是编程的主要依据,因此,在工序简图上应绘上已选定了的进给路线,包括进刀、退刀路线,以利编程之需。

工步顺序是指在同一道工序中,各表面加工的先后次序,它对零件的加工质量、加工效率均有显著影响,应根据工件的加工特点和该工序的加工要求,在确定进给路线时,同时划分工步顺序。

2.4.1.1 在点位控制数控机床上加工时,如数控钻床、数控镗床、数控冲床等,要尽可能缩短刀具空行程时间,以提高生产效率。

在数控钻床上,如图 2.25(a)所示,钻削零件时,刀具的空行程长短,直接影响到加工时间和零件的生产周期。在安排刀具空行程路线时,习惯上沿孔系中心圆周线路,而图 2.25(b)的刀具空行程路线最短。这是因为点位控制情况下,X、Y 轴同时快速移动,而当两轴移距不一致时,移距短的先停,待长移距方向的运动轴也停止后,刀具才到达了目标位置。就图 2.25(b)方案而言,沿两轴向的移距几乎相近,所以定位过程较迅速。

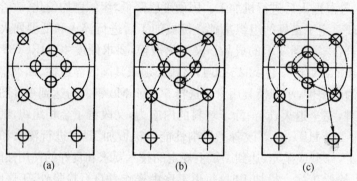

图 2.25 孔系加工的进刀路线

(a) 零件图 (b) 空行程时间短 (c) 空行程时间长

2.4.1.2 合理选用起刀点。安排刀具行程路线,主要是针对工件粗加工阶段而言。因为精加工切削过程的进给线路,基本上都是沿着零件轮廓顺序进行的。

如图 2.26 所示,粗车加工时,将起刀点和换刀点都设置在离工件较远的 A 点,以免换刀时,工件与刀具相碰,由于加工余量较大,粗车时分三次进给,刀具的行程路线,当如图 2.26(a)所示时为:

第一次进给:$A—B—C—D—A$;

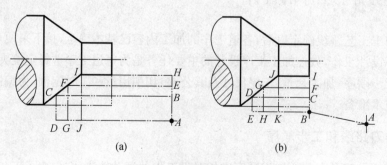

图 2.26 合理选用起刀点

(a) 起刀点远离加工面 (b) 起刀点近加工面

第二次进给：$A—E—F—G—A$；

第三次进给：$A—H—I—J—A$。

而当如图 2.26(b)所示，作为该零件粗加工进刀路线的另一种安排方案时，其起刀点为 B，换刀点仍为 A 点，仍以相同的切削用量进行粗车，则其三次加工的进刀路线为：

第一次进给：$B—C—D—E—B$；

第二次进给：$B—F—D—H—B$；

第三次进给：$B—I—J—K—B$。

当然，如图 2.26(b)所示的进刀路线空行程长度最短，该方案除了用于余量较大的粗加工外，也可用于螺纹车削加工等需要多次进给的循环切削加工中。

但是，加工孔位位置度或孔间位置度要求较高的孔系时，就须更加仔细地合理安排孔的加工顺序和进刀路线，图 2.27(a)为零件图，图中除了对孔尺寸公差有要求外，孔间位置度也要求较高，如仍按就近进刀路线进行加工，如图 2.27(b)所示时，则机床传动副的间隙，在反向传动时，会带入刀具位移量，直接影响位置度精度要求。而按图 2.27(c)所示的进刀路线加工时，可避免反向传动，也就不致有传动副间隙带入。

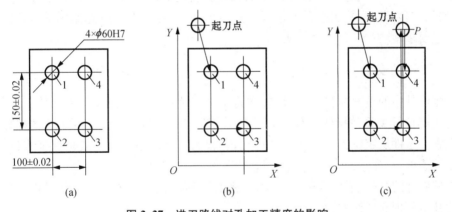

图 2.27 进刀路线对孔加工精度的影响

(a) 零件图 (b) 就近进刀路线 (c) 按精度要求进刀路线

2.4.1.3 切削进给路线的安排。主要用于确定零件粗加工路线，因精加工的进给路线都沿着零件轮廓顺序进行的。

安排粗加工和精加工的切削进给路线时，既要顾及机床、刀具和零件的刚性，余量较大时，分多次进给，减少每次进给的背吃刀量，又要尽可能缩短切削进给路线，以提高生产率，减少刀具损耗。

图 2.28 所示为数控车床上粗加工一回转体零件时，切削进给路线的三种不同安排，其中，图 2.28(c)为利用数控系统的封闭式复合循环功能，控制着车刀沿工件轮廓进行循环切削进给；图 2.28(b)为利用程序循环功能，使车刀沿直角三角形斜边进行循环切削进给运动；图 2.28(a)为利用机床数控系统的矩形循环功能，进行循环切削进给运动。显然，这要随数控机床所具有的功能而异。

上述三种切削进给运动路线，以如图 2.28(a)所示的矩形循环进给运动切削路线的刀具行程总长度为最短，切削加工时间就最短，刀具损耗最小，生产效率最高，应用也最广。

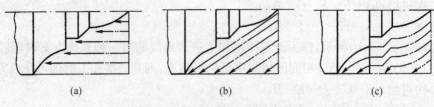

图 2.28　切削进给运动循环路线

(a) 矩形进给运动循环　(b) 三角形进给运动循环　(c) 封闭式进给运动循环

2.4.1.4　刀具的切入与切出路线：在数控切削加工中，精加工时，刀具相对于工件轮廓的切入与切出路线，也是加工工序设计时不可忽视的重要环节，必须沿工件轮廓连续进给，尽可能减少刀具在工件上切入和切出，以避免零件表面上留下接刀或滞留刀痕，影响零件表面质量。

2.4.1.5　满足加工中断屑和排屑的要求：在数控车床或数控钻床和加工中心上钻孔时，为及时进行断屑和排屑，可在编程时，安排相应的加工方案，在相邻程序段间，插入延时暂停指令 G04，通过加工程序使钻头钻入材料内一定深度后，按所设程序，实施短暂延时(如 0.5 秒)暂停，并快速退刀排屑。然后再钻入一定深度，按此循环进行切削，就能满足上述要求。

2.4.2　工件的安装

工序设计中的重要内容之一，是怎样将工件安装在机床上或夹具中。使工件和刀具间具有正确位置关系的操作过程，称为定位。定位后，须将工件位置固定化的操作过程，称为夹紧。工件从定位到夹紧的整个过程，就称为安装。精确的安装是保证零件加工精度的必要条件。

机械零件的结构、形状各种各样，为了将工件在机床上正确安装，必须掌握工件定位、夹紧的基本原理和操作方法。

2.4.2.1　六点定位原理。任何一个未受约束的物体，在空间具有六个自由度，即沿空间直角坐标轴的移动和绕这些坐标轴的转动。因此，要使之具有确定的位置，就必须约束这六个自由度。

同样在机械加工中，要完全确定工件的位置，也需用六个支承点来约束工件的自由度，称为工件定位的六点定位原理。至于具体应用时，应根据零件制造图的要求和企业现有条件辩证选用。以运用最简易的方法，使工件迅速获得正确的位置。

2.4.2.1.1　完全定位。工件的 6 个自由度全部被限制的定位，称为完全定位。当工件在直角坐标的 X、Y、Z 三个坐标方向上，均有尺寸公差要求或位置度公差要求时，通常采用这种定位方式。

如图 2.29 所示，平键键槽的宽度，由所选用的铣刀尺寸予以保证；槽深尺寸和槽底与 A 面的距离尺寸公差的保证，就必须约束掉沿 Z 轴方向的移动和绕 X 轴、Y 轴的转动三个自由度；而保证槽侧面与 B 面的平行度和侧面与 B 面的距离，就须约束掉绕 X 轴、Z 轴转动两个自由度；由于不是通槽，槽端面距工件右端面的尺寸公差要求，就须由约束掉沿 Y 轴移动的自由度来保证，这样一来，该工件的六个自由度就全部被约束掉了，这样的定

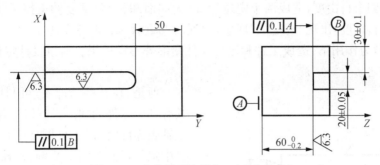

图 2.29　定位原理应用之一(完全定位)

位,称为完全定位。

　　2.4.2.1.2　不完全定位。工件被限制掉的自由度不足 6 个,但依然能满足加工要求的定位,称为不完全定位。

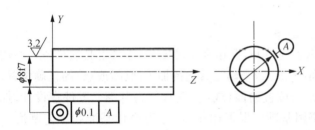

图 2.30　定位原理的应用之二(不完全定位)

　　如图 2.30 所示,回转体零件通孔 $\phi8f7$ 的尺寸公差,由所选用的孔加工刀具来保证;由于它是通孔且始终要求与外圆柱面的同轴度,处在公差 $\phi0.1$ mm 范围内,所以,不要求约束其沿 Z 轴和绕 Z 轴的运动,只要约束其余四个自由度即可。通常选择三爪自动定心卡盘定位装夹,简易方便。

　　又如六面体矩形工件,在磁性工作台平面磨床上磨削加工时,要求各相对平面间距符合尺寸公差要求,且相互平行时,就不要求约束其沿工作台平面 X 轴向、Z 轴向的移动和绕 Y 轴的转动,而只要约束其余三个自由度,就能达到加工要求,实现三点定位。

　　2.4.2.1.3　欠定位。根据工件加工要求,应该被约束掉的自由度,却未完成,这样的定位称为欠定位。欠定位不能保证零件的加工要求,所以在工序设计中是绝对不允许的。以图 2.29 为例,如果为了达到零件图的加工要求,必须采用完全定位,实践中却忽略了沿 Y 轴移动的自由度,未被约束掉,也就是只约束掉了五个自由度。该工件处在欠定位状态,因而不可能加工出图纸上规定的键槽长度及其准确位置,实践中不允许出现欠定位。

　　2.4.2.1.4　过定位。工件的同一个自由度,被两个以上定位元件同时重复约束的定位,称为过定位。

　　图 2.31 为利用端面和长销的外圆柱面作联合定位。其大端面与工件端面贴合定位,约束掉了沿 Z 轴的移动,以及绕 X 轴、Y 轴的转动三个自由度;长销与孔表面的贴合定位,约束掉了 X 轴向、Y 轴向的移动和绕该

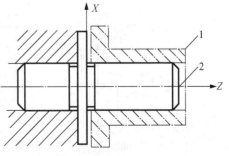

图 2.31　长销与大端面联合定位

1-工件;2-长销

两轴的转动四个自由度,造成两个定位元件(大端面和长销)重复约束掉了绕 X 轴、Y 轴的转动两个自由度,出现"过定位"现象,导致的严重后果:工件无法安装,出现摆不稳现象;或在夹紧力作用下,造成工件和定位元件变形等不良后果。所以设计定位方案时,应尽可能避免之。

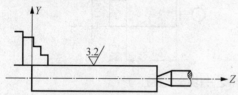

图 2.32   轴类零件在数控车床上的过定位安装

但是,在某些情况下,可利用过定位,使其有利于零件的加工。例如在数控车床上加工轴类零件时,以工件圆柱面在机床三爪卡盘中定位,约束了沿 X 轴、Y 轴的移动和绕这两轴的转动四个自由度,同时又用后顶针约束了工件绕 X 轴、Y 轴转动两个自由度。

其中绕 X 轴和 Y 轴的转动两个自由度是被重复约束了的,造成了过定位安装。实践上证明,这种安装方式,并未损坏定位精度,反而增加了安装刚度,提高了零件的圆柱度公差等级,如图 2.32 所示。

2.4.2.2   定位基准的选择

2.4.2.2.1   基准及其分类。由上述可知,要达到正确安装,零件上必须具备一些用以定位的面(或线和点),根据这些面(线或点)来确定其他待加工面(线或点)的正确位置。这些用来确定零件上面(线、点)的正确位置的面(或线、点),称为基准。零件在设计、加工、检验、装配过程中都需选择和使用基准。根据用途,常分为设计基准和工艺基准两大类。

2.4.2.2.1.1   设计基准:零件图上用以标定其他面(线、点)的位置所依据的基准,也就是设计图纸上用以标注尺寸或确定表面间相对位置关系的基准,如图 2.33(a)所示,中心线是圆柱面 B、P、F 的设计基准,端面 A 是端面 C 和 E 的设计基准。

2.4.2.2.1.2   工艺基准:零件加工过程中用以确定其他相关表面(线、点)位置所依据的基准。工艺基准主要包括定位基准和度量基准等。

2.4.2.2.1.2.1   定位基准:加工时,用以确定工件和刀具相对位置的基准,如图 2.33 中,圆柱面 B 是圆柱面 P、F 的定位基准。

2.4.2.2.1.2.2   度量基准:用以测量已加工表面的位置和尺寸的基准。如图 2.33(c)所示的中心线,即是圆柱面 P 的度量基准。

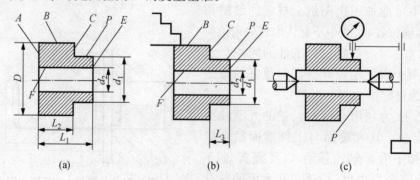

图 2.33   基准的类型

(a) 设计基准   (b) 定位基准   (c) 度量基准

2.4.2.2.1.2.3　原始基准：工艺文件，如工艺规程或工序草图上，用以确定被加工表面位置的基准。如图 2.33(b) 所示的中心线为圆柱面 P、F 的原始基准。从原始基准到被加工表面的尺寸，称为原始尺寸。

2.4.2.2.1.2.4　装配基准：零件装配时，用以确定它在机器中所处位置的基准。

2.4.2.2.2　基准的合理选取。合理选取定位基准，对所加工表面的位置精度十分重要，所以，应该从零件图上有位置精度要求的表面中进行选用。

2.4.2.2.2.1　粗基准的选择：坯料机械加工时的第一道工序，只能以毛坯表面定位，这种基准面，称为粗基准。它应保证整个加工面上都有足够的加工余量，且各加工面相对于不加工面具有所需的位置精度。其选择原则如下：

2.4.2.2.2.1.1　选用不加工的表面作粗基准。如图 2.34 所示，以不加工的外圆柱面作粗基准，既可在一次安装中加工出大部分待加工面，又能保证外圆柱面与内孔表面同轴度要求，使壁厚均匀一致，以及端面和孔中心线相互垂直。如果同一零件上有多个不需加工的表面，则应选用与加工表面的位置精度要求较高的表面，作为粗基准。

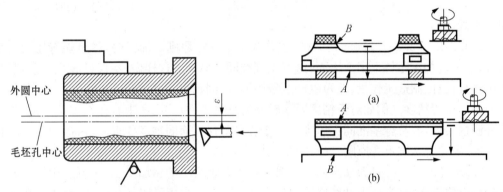

图 2.34　粗基准的选用原则之一　　　　图 2.35　粗基准的选用原则之二

2.4.2.2.2.1.2　选用重要表面作粗基准。图 2.35 为床身的加工简图，数控机床等现代化机床床身导轨面，都在床身整体退火后，单独进行接触电热表面淬火，获得细片状马氏体和片状石墨，深度达 0.30 mm，硬度达 $59\sim 61$ HRC，导轨使用精度寿命比未经处理的提高了 1.5 倍以上。而就希望在加工时，仅切去一层均匀而很浅的一薄层余量，留下已淬硬了的金相组织和力学性能坚硬的表面层。所以，整个加工过程中，首先选用导轨面作粗基准，加工床脚的底平面，然后以床脚底平面为精基准加工导轨面。

2.4.2.2.2.1.3　选用加工余量最少的表面作粗基准。如果零件图规定多个表面都需机加工时，应选用加工余量最少、公差也较小的表面为粗基准，以避免因加工余量不足而报废。

2.4.2.2.2.1.4　选用较平整、光洁、面积较大，装夹稳定性较好的表面作粗基准。

2.4.2.2.2.1.5　粗基准只能在第一道工序中用一次，不可重复使用。因为粗基准表面粗糙不平，每次安装中的位置不可能重现，会造成加工表面超差，甚至报废。所以，一旦粗基准定位加工出其他表面后，就应以加工出的表面作精基准进行下道工序的加工。

2.4.2.2.2.2　精基准的选择：毛坯经第一道加工工序后，就应以加工过的表面作定位基准，称为精基准。选用时，应以保证加工精度，定位正确，对刀方便，装夹可靠为准。

具体选用时,可按以下原则选择之:

2.4.2.2.2.2.1 基准重合原则。尽可能选用设计基准作为定位基准,以避免两者不重合而引起的定位误差,也便于编程原点的数值计算和数控加工时的对刀操作。

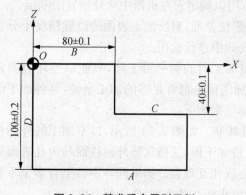

图 2.36 基准重合原则示例

如图 2.36 所示,在数控铣床上铣削阶梯面 C,而基本尺寸 40 ± 0.1 的设计基准是 B 表面,为保证加工精度,应选用程序原点 O 与设计基准重合,所以将程序原点选在 B 面上。而为安装方便起见,可选用 A 面作定位基准,因 A 面与 B 面都已经过加工,都可作为精基准。且使 Z 轴向对刀较方便。此外,80 ± 0.1 的设计基准是 D 面,可将程序原点同时选择在 D 面上,又能使 X 轴向的对刀较方便。编程原点与设计零件图时的尺寸标注坐标原点也重合,使编程时的数值计算,既方便又直观。

2.4.2.2.2.2.2 基准同一原则,也称为基准统一原则。加工时,尽可能选用同一个基准,去定位加工零件上多个表面,这就是基准同一原则。这样做,不仅可简化工艺规程,减少夹具设计、制造工作量,缩短生产准备周期;还因减少了基准转换次数,保证了各加工表面相对位置精度。例如对于精度要求较高的轴类零件,选用两中心孔作定位基准,加工各外圆柱表面,就符合基准同一原则。对于各段阶梯表面同轴度要求而言,选用两中心孔作基准,既符合基准重合原则,又符合基准单一原则。

2.4.2.2.2.2.3 自为基准原则。对于加工余量很小的精加工工序,可选用加工面本身作为定位基准,称为自为基准原则。如图 2.37 所示,先用可调节支承件支承在床脚底面上,然后,沿导轨面用百分表找正导轨面相对于机床运动方向的正确位置,进行定位,再进行磨削,满足导轨面的质量要求。如图 2.20 所示的珩磨孔,如图 2.21 所示的用浮动镗刀片镗孔,以及在无心磨床上磨外圆柱面等加工工艺,都是以加工表面自为基准的应用实例。

2.4.2.2.2.2.4 互为基准原则。当工件上两个相互间位置精度要求很高的表面进行加工时,应以此两个表面相互作为基准,反复加工,才能达到高要求。

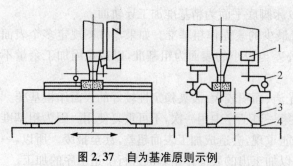

图 2.37 自为基准原则示例

1-磁性表座;2-百分表;3-床身;4-垫铁

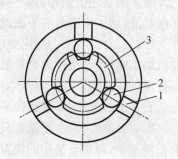

图 2.38 互为基准原则示例

1-卡爪;2-滚柱;3-齿轮工件

如图 2.38 所示,精密传动齿轮加工时,为提高齿圈跳动精度,齿面淬硬后,先以齿面定位安装磨内孔;再以内孔定位安装后磨齿面,从而保证齿轮工作时的齿圈径向跳动精度 ΔFr。又如车床主轴的前锥孔与主轴支承轴颈间的同轴度要求很高,尤其是转速很高的现代数控机床,加工时,先以轴颈外圆柱面为定位基准,加工前锥孔,然后,再以前锥孔为定位基准,加工外圆柱面,反复加工,最后达到图面上加工要求。

2.4.2.2.2.2.5 便于装夹原则。所选用的精基准应保证工件定位准确稳定,装夹可靠方便,夹具结构简单适用,操作方便灵活。此外,选用的定位基准应具有一定大小的接触面积,以承受较大的切削力。

2.4.2.3 数控机床常用夹具。数控机床常用夹具必须适应单件小批量生产和数控机床高精度、高效率、多工位同时加工的特点。按使用性能分为通用夹具、专用夹具、可调夹具和组合夹具;按使用的机床,可分为数控车床夹具、数控铣床夹具和加工中心夹具等。

2.4.2.3.1 通用夹具。可以用以装夹不同的工件而不要求特殊调整的夹具,具有很大的通用性。如数控车床通用夹具:三爪自定心卡盘,可自动定心,装夹方便,应用较广,但夹紧力较小,也不便于夹持外形不规则的工件。四爪单动卡盘,安装工件时须找正,每个爪可单独移动,夹紧力大,适用于装夹毛坯和截面形状不对称、不规则且较大、较重的工件。花盘,可装夹不对称,形状又复杂的工件,装夹时需反复校正和平衡。

数控铣床的通用夹具:机用平口虎钳,使用时固定在数控铣床工作台上,找正钳口后,装夹上工件,装夹方便,应用广泛,适用于装夹形状规则的小型工件。铣床用三爪自定心卡盘和铣床用四爪单动卡盘、万能分度头、数控回转工作台等。

加工中心通用夹具:数控回转工作台也是加工中心的通用夹具,由于加工中心分为立式和卧式两类。为使用方便起见,其工作台也分为立式工作台、卧式工作台和立卧两用回转工作台。工作时,利用主机的控制系统,可同步完成与主机协调的各种分度回转运动。所以,数控回转工作台由机床数控装置直接控制下,绕自身的坐标轴进行回转,且与主机的其他各坐标轴相互联动,以使加工中心主轴上的刀具,有可能在同一工序下加工完工件上的多个表面。既可加工不同规格的圆弧,且与直线进给联动,可加工曲面;还可进行精确的自动分度。

2.4.2.3.2 专用夹具。指专为某种零件的某道工序加工而特定设计和制造的夹具。

2.4.2.3.3 组合夹具。当夹具实现模块化、标准化、通用化的创新设计理念下,由一整套预先制造好的标准元件和组件,针对特定工序下的具体工件,快速组装成的专用夹具,称为组合夹具。其全部元、组件的配合尺寸具有完全互换性。夹具使用完,再拆散为元、组件,是一种可重复使用的夹具系统。图 2.39 为专用夹具与组合夹具的技术经济效益比较。组合夹具的使用,不仅符合低碳循环经济对现代化生产的环境保护要求,还可仅用若干个小时的组装周期,来替代需要花几个月才能完成设计、制

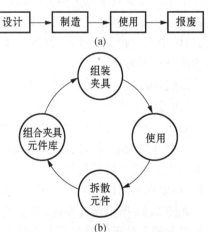

图 2.39 专用夹具和组合夹具的技术经济效益比较

(a) 专用夹具 (b) 组合夹具

造过程的专用夹具,实践表明,使用组合夹具的企业,在缩短生产准备周期、降低成本、保证产品质量和提高生产率方面,都取得了良好的效益。

组合夹具已发展出了槽系和孔系两大类。

2.4.2.3.3.1 槽系组合夹具。其各元件、组件上大多设有标准间距的平行或垂直的T形槽或平键槽,元、组件间相对位置的调整,通过沿槽中滑移定位,具有优良的可调性,然后由螺栓副紧固连接。它是根据专用夹具各元、组件的功能要求,结合互换性原则设计而成的。各国都有自己的标准化组合夹具系统,如我国 CATIC 槽系组合夹具系统,分为大、中、小三个型号,四种规格标准化系列,以供企业加工各型零件时选用,与之相似的有德国 Halder 槽系组合夹具系统,英国 Wharton 槽系组合夹具系统等。

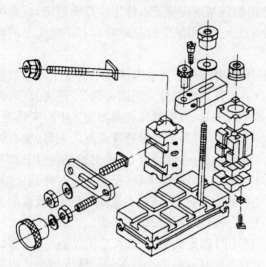

图 2.40 槽系组合夹具元、组件总成

尽管系统各异,但其元、组件的分类、结构、形状仍很相近。如基础件,作为整个夹具的底座,各元、组件的装配基础,它包括了正方形、矩形、圆形底座与角铁等。支承件由高度不一的垫板、角铁、V形支承件等元件上的T形槽或键槽,由螺母-螺栓副将支承在其上的元件固定于基础件上。定位件既用于各元件间定位,又用于工件的定位,常用的有定位销、V形铁等。导向件主要用于孔加工刀具的导向,常用的有镗模板、钻套等。压紧件常用的有压板-螺栓副等。

实际上,装配组合夹具时,应随使用上的需要而定,同一工序所用的夹具,尽管功能一样,但其结构可多种多样,随组装者而异。为此,首先必须读懂零件制造图及其技术要求,设计出工件在夹具上的定位方案,以及所用数控机床和刀具等的相关条件,从而提出组合夹具的装配要求和相关技术条件。接下来就编制组装方案,从设计定位方案开始,从整套元、组件中选取相关元件,组合成定位结构及其总体结构,并制订其相互间的连接固定方案和调整测量方法。

试装,根据已编制的组装方案,将所选取的元、组件,在基础元件上进行试装,边装边试,从而可试装几个方案,比较哪一个能完全满足零件图的技术要求。

修改,分析试装过程中出现或考虑到的各种问题,修改试装方案和调换元、组件。

调整、固定和检验,最后,将各部分调整到准确位置,并用螺栓-螺母副连接和固定。装配完毕后,对夹具进行测量和检查,以验证其定位精度是否达到,工件装卸是否方便等。然后,还要在所用机床上进行试切,确保该夹具的性能要求。

如图 2.41 所示连杆零件,现在的加工工序是在光坯大端上,钻一 $\phi5$ 螺栓孔,为保证零件图上规定的形位公差要求等技术条件,选用槽系组合夹具,定位安装夹紧该加工件。采用一面两销定位方案,工件的一个侧面贴紧夹具上支承件的垂直面,相应地约束掉了三个自由度,即沿 Z 轴的移动和绕 X 轴、Y 轴的转动;另以夹具定位元件短圆柱销和菱形短销,分别插入连杆两端轴孔定位,相应地约束掉了沿 X 轴、Y 轴的移动和绕 Z 轴的转动三个自由度。这样,工件就完全定位。最后调整与检查钻模板的位置,以保证 φ5 螺栓孔位置 L 尺寸。由此足见组合夹具在零件加工中的优越性了。

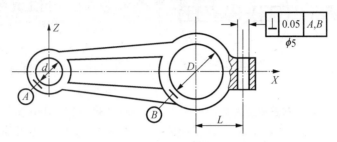

图 2.41　连杆大端螺栓孔加工

2.4.2.3.3.2　孔系组合夹具。其各元、组件都用孔和销精确定位,且销、孔都是 H6、H7 级配合,不用调整,就可精确组装;其基础件、支承件等即使布满孔系,仍不失为一整体板结构。而槽系元件的 T 形槽、平键槽等造成截面突然断层,削弱了结构刚度。实验结果证明,孔系组合夹具刚度,比槽系的高出 2~3 倍,能满足现代数控机床和加工中心上高速切削、强力切削和硬切削加工时,高生产率和高切削用量的要求;为了提高槽系组合夹具的刚度,不仅在设计时增大各元件的结构尺寸,还采用合金结构钢材料。而孔系组合夹具元件,只要采用普通钢或优质铸钢即可,且材料工艺性好,加工容易,降低了材料和制造成本。重量和体积也可小型化;夹具的装配要比槽系的简便,通常仅需将元件之间的孔对齐,再用螺栓紧固即可,定位精度、重现性都较高,夹具上的定位孔也可方便地用作加工时的坐标原点。而槽系组合夹具装配时,必须反复测量、调整,才能在槽内定位,再用螺栓-螺母副固定好。

当然,孔系组合夹具不可能像槽系夹具组装时那样沿键槽大幅度地随意调节,通常仅用偏心销或部分开槽元件来弥补其不足。

为了提高孔系组合夹具元、组件的互换性,已对各元、组件上孔的基本尺寸、公差和孔距,都实现了标准化、系列化。与槽系组合夹具一样,为适应不同结构工件之需,孔系组合夹具也分为大小四个系列,并有公制、英制两种标准。

由于它工效高,柔性好,装备制造业将它作为数控机床和柔性制造系统的配套工装和随机附件供应用户。我国生产的有 CATIC 系统和 TJMGS 系统,德国生产有 BIUCO 系统和 KIPP 系统,美国有 Carr Lane 系统等。

2.4.2.4　工件的安装方法。当工件上需要加工的待加工面较多时,就要经过多道工序加工。所以其安装方法和安装精度直接影响到各加工面间的位置关系。常用的安装方法有:

2.4.2.4.1　直接找正法。直接利用工件

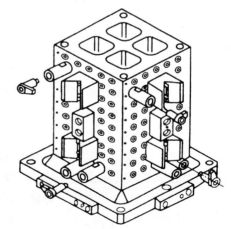

图 2.42　孔系组合夹具的组装结构

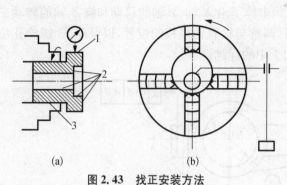

图 2.43　找正安装方法

（a）直接找正法　（b）划线找正法

1-找正表面；2-被加工表面；3-支承表面

上的表面（或线、点）进行找正，找正后再将工件夹紧，如图 2.43 所示。

这种找正方法的定位精度和效率，取决于所用工具和工人的技术熟练程度，一般用百分表找正时，可达 0.01～0.005 mm。笔者曾在机械实习工厂目睹一位带教老师傅找正齿坯组同轴度时，左手高速转动双顶针预调架上的心轴（Mandrel），右手握铜锤连击两下，不过几秒时间，就达到了上述定位要求，可见经验与熟练程度之重要。因而，这一方法适用于单件或小批量生产纲领下，且工件定位精度要求很高的情况时。

2.4.2.4.2　划线找正法。加工前，按零件图要求，在毛坯表面上，划出待加工表面的位置线，并在这些位置线上按一定距离冲上样冲眼，然后，按此线在数控机床上找正，如图 2.43（b）所示。

这一安装方法的定位精度可达 0.2～0.5 mm，适用于单件、小批量生产形状复杂、公差较大的铸、锻件毛坯上，通过划线可调整表面加工余量的分配，避免因余量局部偏移而造成毛坯报废。

2.4.2.4.3　用夹具安装法。上述两种找正法都适用于数控机床的通用夹具上，至于专用夹具和组合夹具上，则先在机床上使夹具正确定位并固定，再把工件上的定位基准，与夹具上的定位元件贴合，使工件在夹具中准确地定位，因而不再需要找正，即可直接夹紧工件。此外，通过夹具上预调好的对刀装置，保证了工件加工表面与刀具间的相对位置。所以，这一方法安装迅速方便，定位精度高，稳定可靠，生产效率高。因此，中等批量以上和大量生产类型时，都广泛采用。

2.4.3　数控机床刀具的选择

2.4.3.1　刀具材料应具备的主要性能。金属切削时，刀具切削部分直接与工件、切屑相接触，承受切削力与冲击力，其前、后刀面又与切屑和工件加工表面剧烈摩擦，并产生很高的切削温度。要使刀头在如此严峻的工况条件下，持续工作，刀具材料须具备下列性能：

2.4.3.1.1　硬度和耐磨性。刀具切削部分材料的硬度，必须高于工件材料的硬度，通常刀具材料的硬度愈高，其耐磨性也愈好。耐磨性是材料抵抗磨损的能力。由于大多数场合是磨粒磨损为主，所以一般而言，刀具材料的硬度愈高，耐磨性就愈好。显微组织中硬质点（碳化物、氮化物等）硬度越高，数量越多，颗粒越细，分布越均匀，则耐磨性越好。显然，耐磨性是多因素函数，还与刀具材料的化学成分、强度、韧性、组织与温度有关。

2.4.3.1.2　强度和韧性。刀具在切削过程中，不仅承受着很高的压力，还要在经受冲击和振动条件下工作，而不出现崩刃和折断，刀具材料就必须具有足够的强度和韧性。一般以抗弯强度（σ_{bb}，MPa）表征它的强度大小；用冲击韧性（α_k，J/cm^2）表征材料韧性大小,它反映了材料抗断裂和崩刃的能力。

2.4.3.1.3　耐热性和热硬性(红硬性)。耐热性是一综合指标,既要求刀具材料在很高的切削温度下,不出现氧化起皮,对高温氧化作用具有很高的抗力;又要兼具较高的再结晶温度和回复温度,不致在切削时的外力和高温下出现蠕变。材料对蠕变抗力愈大,其高温强度愈高。热硬性(红硬性)却是一个温度指标,是指材料在高温状态下依然具有很高的硬度,例如硬质合金一般都能具有 $800\sim1\,000℃$ 的红硬性,仍然能起切削作用。

2.4.3.1.4　导热性和耐热冲击性。刀具材料的导热性愈好,切削热容易从切削区散走,有利于降低切削温度。

断续切削(如铣削)或使用切削液切削时,造成温度变化而引起热冲击,刀具材料因此而发裂,导致崩刃和断裂。

2.4.3.1.5　工艺性能。为便于制造刀具,要求刀具材料须具有良好的工艺性能,如锻造性能、热处理性能、磨削加工性能等。

2.4.3.1.6　经济性。刀具材料的选用与发展,不仅立足于本国资源,还应考虑到可持续发展。有些刀具,如超硬材料刀具,尽管单件成本很贵,但使用寿命长,切削效率高。因而每个加工件的花费却较低。选用时,必须核算总体经济效益。

2.4.3.2　材料种类及其选用。在数控加工领域,数控机床的发展和刀具材料的发展是相辅相成的关系,影响切削加工生产效率的诸多因素中,刀具是最具活力的因素。当前数控加工常用刀具材料主要分为下列五类,而就刀具结构而言,目前数控机床上用得最普遍的刀具,是硬质合金机夹可转位刀具。

2.4.3.2.1　高速钢(HSS)。高速钢中合金元素总量＞10%,他是一种高合金工具钢,经适当热处理,可获得良好的切削性能,所制成的刀具切削时,显得比其他合金工具钢刀具更加锋利,因此,又称之为锋钢。高速钢有别于其他工具钢的主要特性,是它具有良好的热硬性(红硬性),当切削温度高达 600℃ 左右时,其刃口硬度仍未明显下降,所以,能以比其他工具钢更高的切削速度进行切削,所谓高速钢,即由此而得名。经铸造后磨光了的高速钢,也称白钢。

2.4.3.2.1.1　普通高速钢。普通高速钢综合性能较好,应用范围最广的一种刀具材料。热处理后硬度 62~66 HRC,σ_{bb} 约 3 430 MPa,耐热性约 600℃,而且热处理变形小,能锻造,容易刃磨,并能磨出十分锋利的刀口等优点。高速钢的使用量约占刀具材料总量的 60%~70%,尤其适用于制造各种结构复杂的刀具,如成型刀具、孔加工刀具,诸如成型车刀、铣刀、钻头、拉刀、齿轮刀具、螺纹刀具。可用以加工的材料范围也很广,包括有色金属、铸铁、碳钢、合金钢等。

普通高速钢最常用的有两个钢号:

W18Cr4V(简称:18 - 4 - 1,ASTM:T1),其中 W 为主加元素,故称钨系高速钢,性能稳定,刃磨和热处理工艺控制方便、成熟,国内普遍使用,国外因钨元素稀缺、价贵,较少使用。

W6Mo5Cr4V2(简称6 - 5 - 4 - 2,ASTM:M2),其中 W、Mo 为主加元素,故称钨钼系高速钢。而 1%的钼可替代 2%的钨,使合金元素总量减少,也降低了钢中的碳化物量,提高了钢的塑性、抗弯强度和韧性,刃磨性能也获得改善,所以也称为高韧高速钢,其高温塑性和韧性超越 W18Cr4V 钢。缺点是淬火温度范围窄,过热敏感性大,目前主要用于热轧刀具,如扭槽麻花钻等,以及拉刀类要求高韧性的刀具。

2.4.3.2.1.2　高性能高速钢。高性能高速钢是在普通高速钢中再加入若干合金元素,其耐磨性、耐热性进一步提高,比普通高速钢具有更高的切削生产率和刀具耐磨性,还适用于加工不锈钢、耐热钢、高强度钢等难加工材料。

高碳高速钢。碳含量从 0.7%～0.8% 提高到 0.9%～1.05%,钢中合金元素全部形成碳化物,提高了钢的硬度、耐磨性和耐热性,但强度、韧性略有下降。如 CW6Mo5Cr4V2,用于制造切削性能优良的刀具。

高钒高速钢。含钒量提高到 3%～5%。碳化钒的增加,提高了钢的硬度、耐磨性。通常用于制造加工高强度钢的刀具,但其刃磨比普通高速钢困难。其钢号为 W6Mo5Cr4V3(ASTM:M3)。

钴高速钢。钴能促使钢在回火时从马氏体中析出 W、Mo 的碳化物,提高回火硬度,从而提高了钢的高温硬度和抗氧化能力,钴还能降低钢的摩擦系数,改善其磨削加工性。因此,可用于较高的切削速度。其钢号为 W7Mo4Cr4V2Co5(ASTM:M41)、W2Mo9Cr4VCo8(ASTM:M42),这类钢号国外用得较多,国内因钼元素价贵,使用不多。

铝高速钢。我国独创的新钢种,少量铝(0.8%～1.20%Al)的加入,提高了钢的耐热性和耐磨性,如 W6Mo5Cr4V2Al 无钴超硬型高速钢(简称 M2Al 或 501),具有高的红硬性、耐磨性和热塑性,其韧性优于钴高速钢,但可磨削性能稍差,过热和脱碳敏感性较大。用于制造各型拉刀、插齿刀、齿轮滚刀、铣刀、镗刀、车刀、钻头等刀具。切削普通材料时,使用寿命为 W18Cr4V 钢的两倍;切削难加工材料时,与含钴高速钢的使用寿命相当。该钢号新近已列入国标 GB/T 9943。

2.4.3.2.1.3　粉末冶金高速钢。以高压惰性气体或高压水雾化高速钢水,取得颗粒细小的高速钢粉末,经模压、锻造或轧制成型。由于颗粒细小、均匀,晶粒大小约 2～5 μm,而且因快速冷凝,抑制了碳化物的偏析,从而提高了强度和硬度,69.5～70 HRC,σ_{bb} 达 3 430 MPa,且材料各向同性,均匀一致,可加工性良好。热处理变形和应力也很小。因此,可用于制造精密刀具。

2.4.3.2.1.4　表面处理和涂层。将高速钢刀具在氨和水汽混合气体中,于 540～560℃保温 1～2 小时,表层形成一层坚固的 Fe_3O_4 膜,内层为氮、碳原子扩散层。经处理后的刀具,降低了摩擦系数,减少了切屑的黏结,刀具耐用度提高了 60%～70%,实际上,这一表面处理工艺兼具了水蒸气处理和软氮化处理的优点,适用于各种成型复杂刀具。

高速钢刀具表面经化学气相沉积(CVD,Chemical Vapour Deposition)形成一薄层 TiN 涂层,厚度仅 2 μm,对刀具的尺寸公差没有任何影响,表面硬度达 80 HRC 以上,摩擦系数降低,呈金黄色,抗黏附磨损和抗前刀面月牙洼磨损性能好,最适用于加工钢材和切屑易于黏在前刀面上的工件材料。TiN 涂层高速钢刀具的主要优点:切削力、切削温度下降约 25%;切削速度、进给量提高近一倍;刀具耐用度显著提高,经重磨后其性能仍优于高速钢刀具。在钻头、丝锥、成形铣刀、滚刀等刀具上已普遍应用。

2.4.3.2.2　硬质合金(Cemented Carbide)。硬质合金是用粉末冶金工艺制成的,由硬度和熔点很高的碳化物(硬质相)和金属黏结剂(黏结相)组成。常用硬质合金牌号中,含有大量 WC、TiC,因此硬度和耐磨性均高于工具钢,常温硬度达 89～94 HRA,热硬性达 800～1 000℃,切削时 v_c 约 220 m/min;在合金中加入熔点更高的 TaC 或 NbC,可使热硬性提高到 1 000～1 100℃,切削钢时,v_c 约 300 m/min 左右。

2.4.3.2.2.1　普通硬质合金。按其化学成分和使用性能,可分为四个类型:钨钴类(WC+Co)、钨钛钴类(WC+TiC+Co)、添加稀有金属碳化物类(WC+TiC+TaC(NbC)+Co)及碳化钛基类(TiC+WC+Ni+Mo)。最常用的牌号和性能如表 2.7 所示。

表 2.7　常用硬质合金的牌号、成分和性能

类型	牌号	化学成分(%)					力学性能		使用性能	相当于
		WC	TiC	TaC(NbC)	Co	其他	硬度 HRA (HRC)	抗弯强度 MPa	加工材料	ISO 牌号
钨钴类	YG3	97			3		91(78)	1 080	短切屑黑色金属	K01
	YG6X	93.5		0.5	6		91(78)	1 370		K05
	YG6	94			6		89.5(75)	1 420	有色金属、非金属材料	K10
	YG8	92			8		89(74)	1 470		K20
	YG8C	92			8		88(72)	1 720		K30
钨钛钴类	YT30	66	30		4		92.5(80.5)	880	长切屑黑色金属	P01
	YT15	79	15		6		91(78)	1 130		P10
	YT14	78	14		8		90.5(77)	1 170		P20
	YT5	85	5		10		89(74)	1 370		P30
加钽铌类	YG6A	91		5	6		91.5(79)	1 370	长切屑或短切屑黑色金属和有色金属	K10
	YG8A	91		1	8		89.5(75)	1 470		K10
	YW1	84	6	4	6		91.5(79)	1 180		M10
	YW2	82	6	4	8		90.5(77)	1 320		M20
TiC基类	YN05		79			Ni,Mo	93.3(82)	780～930	长切屑黑色金属	P01
	YN10	15	62	1		Ni,Mo	92(80)	1 080		P01

表 2.7 中,Y 为硬质合金,G 为钴,T 为钛,X 为细晶粒,C 为粗晶粒,A 含 TaC(NbC),N‐Ni、Mo 作黏结剂。

YG 类合金主要用于加工铸铁、有色金属与非金属材料。加工脆性材料时,切屑呈崩碎状,对刀具冲击力大,切削力集中在切削刃附近。其 σ_{bb} 和 α_k 比 YT 类合金高,可减少崩刃,导热性也较好,降低了刀具刃口温度,但热硬性比 YT 类合金差些,磨加工性较好可获得锋利刃口,因而也适用于有色金属和纤维层压材料。合金的含钴量愈高,韧性愈好,而适用于粗加工,含钴量少者用于精加工。

YT 类合金主要用于加工钢等长切屑塑性材料。这类材料加工时,塑性变形大,摩擦剧烈,切削温度高。YT 类合金硬度高,尤其具有较高的热硬性、抗黏结性和抗氧化能力,

所以加工时磨损小,刀具耐用度高。合金中 TiC 含量较少者,含钴量多,抗弯强度高,能承受冲击,适用于粗加工;含 TiC 多者含钴量少,耐磨性、热硬性就更好,适用于精加工。但 TiC 含量增大,使合金导热性变差,刃磨和焊接时易发裂。

常用牌号硬质合金的主要用途如表 2.8 所示。

表 2.8 常用硬质合金牌号的选用

牌 号	适 用 范 围
YG3	铸铁、有色金属及其合金的精加工、半精加工、无冲击作用下使用
YG6X	铸铁、冷硬铸铁、高温合金的精加工、半精加工
YG6	铸铁、有色金属及其合金的半精加工、粗加工
YG8	铸铁、有色金属及其合金的粗加工,可用于断续切削加工
YT30	碳钢、合金钢的精加工和高速切削加工
YT15	碳钢、合金钢连续切削时的粗加工、半精加工和精加工,也可用于断续切削时的精加工
YT14	碳钢、合金钢连续切削时的粗加工、半精加工和精加工,也可用于断续切削时的精加工
YT5	碳钢、合金钢的粗加工,可用于断续切削加工
YG6A	冷硬铸铁、球墨铸铁、有色金属及其合金的半精加工,也用于高锰钢、淬火钢和合金钢的半精加工
YW1	不锈钢、高强度钢、铸铁的半精加工和精加工
YW2	不锈钢、高强度钢、耐热钢、高锰钢和高合金钢等难切削加工钢材的粗加工和半精加工
YN05	低碳钢、中碳钢、合金钢的高速精车
YN10	碳钢、合金钢、工具钢、淬硬钢的连续精加工

2.4.3.2.2.2 新型硬质合金。为了解决难加工材料的加工问题,硬质合金新品牌不断发展。

2.4.3.2.2.2.1 添加了 TaC 和(或)NbC 的硬质合金。这类新型硬质合金有 YT05、YW3、YW、712、715、798、600、YTM30、YTS25 等。随着 TaC(或 NbC)的加入,提高了合金的高温硬度和高温强度(热强性),能使 YG 类合金在 800℃时的强度;提高约 0.15~0.20 GPa(150~200 MPa),使 YT 类合金的高温硬度,提高约 50~100 HV;提高了合金与钢的抗黏结温度,减缓了切削时的刀具扩散磨损,从而提高了刀具耐用度;提高了合金的常温硬度与耐磨性,减轻了磨粒磨损;同时提高了 YT 类合金的 σ_{bb}、α_k 和 σ_{-1},能阻止 WC 晶粒在烧结过程中的长大,使晶粒细化,耐磨性增加。添加量达 12%~15%时,可提高抗热冲击能力和抗塑变能力,而适用于断续切削,如铣削等,不致崩刃,也改善了焊接、刃磨等工艺性。

2.4.3.2.2.2.2 细晶和超细晶硬质合金。这类新型硬质合金有:YH1、YH2、YH3、643、813、YG10H、YGRM 等。普通硬质合金的 WC 颗粒的粒度为几个 μm,而细晶粒合金的平均粒度仅 1.5 μm 左右;超细晶合金只有 0.2~1 μm 之间。从而硬质相与黏结相高度分散,增加了黏结面积,提高了黏结强度,硬度和强度都获得提高,硬度约增加 1.5~

2 HRA,σ_{bb} 增加了约 600～800 MPa。可用于加工难加工材料以及断续切削。适用于制造较大前角、后角、很小刀尖圆角半径和具有锋利刃口的精密刀具,如铰刀、拉刀、剃齿刀、螺纹刀具等薄层切屑的刀具,也广泛应用于铣刀、钻头、切槽车刀等因黏附磨损而易崩刃的刀具上。

2.4.3.2.2.2.3　TiC 基硬质合金。这类新型硬质合金有 YN05、YN10。合金的硬质相主要为 TiC,黏结相为 Ni 和 Mo。其特点是硬度非常高,达 90～95 HRA,具有很高的耐磨性。与钢的粘着温度也很高,耐热性和抗氧化能力很高,切削温度达 1 000～1 300℃时,仍能进行切削,抗前刀面月牙洼磨损能力增强,切削速度可达 400 m/min,合金在高温下的化学稳定性好,与工件材料化学元素的化学亲和力小,不易产生积屑瘤。缺点是导热性小于 WC 基合金,抗塑变能力差。

这类合金适用于合金钢、工具钢和淬硬钢等作连续精加工刀具高速切削,比普通硬质合金更高的切削速度下,耐用度仍能提高一倍以上。与 YT30 的硬度相当,但抗弯强度要比 YT30 高出 200 MPa,且焊接、刃磨性能均优于 YT30。

2.4.3.2.2.3　涂层硬质合金。金属切削刀具表面涂层技术,是近数十年来迅速发展起来的刀具表面改性技术,涂层技术与刀具材料、切削加工工艺三者,并称为刀具制造领域的三大关键技术。涂层刀具常用的基体材料是硬质合金和高速钢,尤以硬质合金为主。涂层技术的发展,有效地解决了刀具生产上的一对主要矛盾,即表面的耐磨性和整体强度与韧性间的制约问题,在硬质合金基体上,涂覆上一薄层耐磨的金属或非金属化合物,既提高了刀具的耐磨性,却又不降低刀具的整体韧性和强度。

TiC 涂层具有很高的硬度与耐磨性,降低摩擦系数,减少刀具磨损。可提高耐用度 3～5 倍,切削速度提高 40% 左右,减少了积屑瘤,适用于精车。缺点是膨胀系数与基体相差大,与基体间形成脱碳层,降低了抗弯强度,重载切削或有冲击时,涂层易崩裂。

TiN 涂层刀片抗前刀面月牙洼磨损能力比 TiC 涂层强,适用于加工钢和易粘刀的材料,加工表面粗糙度小,刀具耐用度高,涂层抗裂性与抗热震性也较好。其缺点是与基体的结合强度低于 TiC 涂层。

TiC-TiN 复合涂层兼具了 TiC 的高硬度与耐磨性以及 TiN 涂层的抗黏结特性。底层涂上 TiC,与基体结合牢固,不易剥落。表面层为 TiN 层,可减少与工件间的摩擦,降低了切削力和切削温度。如我国生产的 CN15,可供精加工用;CN25 可供半精加工用;CN35 可用于粗加工,其涂层为 TiC+Ti(C,N)+TiN。

TiC-Al_2O_3 复合涂层,兼具了陶瓷的耐磨性与硬质合金的热强性,先涂 TiC,再涂 Al_2O_3,表层具有良好的化学稳定性与抗氧化性,能像瓷刀一样进行高速切削,又消除了瓷刀的脆性,扩大了它的适用范围。如株洲硬质合金厂生产的 CA15 供精加工用的刀片;CA25 为粗加工用。

2.4.3.2.2.4　钢结硬质合金。它以 WC、TiC 颗粒作硬质相,高速钢或合金钢为黏结剂,由粉末冶金工艺制成,可以像钢材一样进行锻造、切削加工、热处理与焊接,淬火后变形小,硬度高于高速钢,强度、韧性超过普通硬质合金。可用于制成模具、拉刀、铣刀等结构复杂的刀具。其牌号如 YE50、YE65 可以做冷冲模、冷锻模、拉伸模和其他耐磨零件。ST60 用作热挤压模具等。T1 和 D1 用作高温合金、不锈钢等加工用的多刃刀具,如钻头、铣刀、滚刀、丝锥、扩孔钻等。

2.4.3.2.3 瓷刀。瓷刀是以 Al_2O_3 等成分经高温烧结而成,其特点是很高的硬度和耐磨性,常温硬度 91～95 HRA;很高的热硬性,1 200℃高温下的硬度仍达 80 HRA,且 σ_{bb} 和 α_k 仍很高。由于很高的化学稳定性和抗氧化性,刀具具有良好的抗粘着磨损、扩散磨损和氧化磨损性能。摩擦系数小,不易产生积屑瘤。瓷刀的缺点是脆性大,强度、韧性低,σ_{bb} 仅为硬质合金的 1/2～1/3,而导热率仅为硬质合金的 1/2～1/5,热膨胀系数比硬质合金高出 10%～30%,所以,切削时,不用切削液,采用干切削或准干切削(MQL,Minimal Quanrity of Lubricating 和 NDM,Near Dry Machining),以减少温度波动,选择合适的几何参数和切削用量,免受冲击力,以防崩刃和破损。

瓷刀适用于高速切削加工,能切削硬材料,如 60 HRC 以上的淬硬钢。由于近年来已能控制原料的纯度和晶粒大小,掌握了热等静压法工艺(HIP,Hot Isobaric Pressurization),瓷刀的密度、抗弯强度都大大提高,而能胜任难加工材料的半精加工和粗加工,除了车削外,还可用于铣削、刨削等。

2.4.3.2.3.1 Al_2O_3 瓷刀。由纯度 99.9% 以上 Al_2O_3,经冷压(CP,Cold Pressurization)或热压(HP,Hot Pressurization)烧结成型,称为白瓷刀,为避免过热,造成晶粒粗大,性能恶化,常添加少量的 MgO 或 NiO、TiO_2、Cr_2O_3 等。我国生产的牌号:P1,硬度≥96.5 HRN15,σ_{bb} 500～550 MPa;P2,硬度≥96.5 HRN15,σ_{bb} 700～800 MPa,适用于较高切削速度下,铸铁、合金钢、高速钢粗加工和精加工。

2.4.3.2.3.2 Al_2O_3-碳化物系瓷刀。在 Al_2O_3 中添加 TiC、WC、Mo_2C、TaC、NbC 或 Cr_3C_2 后热压(1 500～1 800℃,1 500～3 000 MPa)后,烧结成型,其中尤以 TiC 混合陶瓷(黑陶)性能提高最多。无论是强度、韧性、耐磨性和抗热震性,都明显改善。TiC 含量在 30% 左右时,刀片不易形成热裂纹,耐用度最佳。我国生产的牌号有 M16(T8)、CH29、CH30、SG3、SG4、SG5、AG2,都属此类瓷刀片。适用于加工高硬度的难加工材料,如冷硬铸铁、淬硬钢等,例如车削 60-62HRC 淬硬钢时,切削用量可达 a_p0.5 mm、f 0.08 mm/r、v_c 150～170 m/min。

2.4.3.2.3.3 Al_2O_3-碳化物-金属系瓷刀。在 Al_2O_3 中,除加入碳化物外,还可加入黏结金属 Ni、Mo、Co 或 W 等,以提高 Al_2O_3、碳化物的连接强度,进一步提高其使用性能。

我国生产的牌号有 M4、M5(T1)、M6、M8-1、LT35、LT55、AT6、AG2,硬度都介于 93.5～97 HRN15 之间,σ_{bb} 800～1 200 MPa,适用于加工淬硬钢、高强度钢、镍基和钴基合金以及非金属材料。由于其抗热震性的提高,可以在较高切削速度下工作,也可用于铣削、刨削等断续切削。

2.4.3.2.3.4 氮化硅基瓷刀。由硅粉氮化而成 Si_3N_4 为基料,球磨后添加助烧结剂 MgO、Al_2O_3、Y_2O_3 等热压成型,烧结而成。

我国生产的牌号有 SM、FT80、F85、ST4、SC3、CND10、CND20、CND30、FD05、FD04 等,其硬度达 91～95 HRA,σ_{bb}750～1 000 MPa,具有很高的热硬性和抗氧化性,可在 1 200～1 300℃下仍能工作。它与碳和金属的化学亲和力很小,摩擦系数也小,所以刀具抗黏结性好,切削钢、铜、铝及其合金时不易产生积屑瘤,改善了零件表面质量。能切削淬硬钢、冷硬铸铁,也可进行高速铣削。尤其适用于有色金属及其合金的精加工,表面粗糙度达 $Ra0.04 \sim 0.16\ \mu m$。

2.4.3.2.4 超硬刀具材料。

2.4.3.2.4.1 金刚石(Diamond)。碳的同素异构体中的一种,是已知的自然界中最硬的材料,分天然金刚石(JT)和人造金刚石(JR)两种。两者都是晶体。天然金刚石物稀价贵,很少使用;人造金刚石以石墨为原料,经高温高压下烧结而成。

天然金刚石大多是单晶体,所以各向异性,性脆,受冲击和热震时,易破裂。人造金刚石(Polycrystalline Diamond, PCD)于 20 世纪 60 年代问世,由于是聚晶,抵消了单晶体的各向异性,使用时,不必选定刀片的安装方位,具有比天然金刚石较高的强度和韧性,能断续切削(如铣削),可采用较大的切削用量。但在镜面加工和超精密加工时,仍常用天然金刚石刀具。

聚晶金刚石复合刀片是以金刚石微粉与硬质合金基体在高温高压下烧结而成,面层是聚晶金刚石,衬垫是硬质合金的双层复合刀片,刀刃强度较高,能承受较大冲击,可用于断续切削,采用较大的背吃刀量。

我国常用的金刚石刀片的牌号有:FJ,聚晶金刚石复合刀片,硬度≥7 000 HV,$\sigma_{bb} \geqslant$ 1 500 MPa,红硬性达 800℃;JRS‒F,硬度达 7 200 HV,红硬性 950℃。

使用经验得出,金刚石刀具的特性如下:极高的硬度和耐磨性,显微硬度达 10 000 HV 左右,刀具的耐用度为硬质合金的 10～100 倍。很低的摩擦系数,仅为硬质合金的一半左右,从而导致了切屑变形减小,切削力降低。刀刃可磨得非常锋利,刀面可研得非常光滑,因而有很高的切薄能力,可以进行微量切削。很高的导热性,其导热系数为硬质合金的 1.5～9 倍,容易带走切削热,从而降低了切削区刃口温度。热膨胀系数低,远低于硬质合金,仅为高速钢的 1/10,但弹性模量较大,故在切削过程中,刃口不会变形,仍保持着锋利性,对尺寸精度要求很高的精车刀等刀具而言,十分重要。

但是,金刚石刀具的热硬性为 800℃,切削温度超过这一温度时,会发生同素异构转变而失去硬度。此外,金刚石脆性大,对振动敏感,所以仅适用于精加工,且对机床的运动精度和调整精度都要求较高。金刚石刀具不宜加工黑色金属,与铁有着很强的亲和力,碳原子不断地扩散到铁中,刀具磨损快。当然,可以采用超低温切削,或在聚晶金刚石晶体中添加 N_2、B、Ti、Al 等元素,防止碳原子扩散,改善金刚石性能。我国已研制出了硼(B)聚晶金刚石,其热硬性高达 960℃,对铁族金属具有较好的化学惰性而可加工淬硬工具钢、耐热合金、铸铁和高韧性铍合金。用它加工过共晶 Al‒Si 合金汽车活塞时,比 YG6X 硬质合金车刀的耐用度高出 100 倍,比普通金刚石刀具高出 11 倍。

2.4.3.2.4.2 立方氮化硼(CBN, Cubic Boron Nitride)。立方氮化硼是利用超高压超高温技术,继聚晶金刚石之后,人造的第二种无机超硬材料。聚晶立方氮化硼(PCBN, Polycrystalline Cubic Boron Nitride)刀片是以 WC 基硬质合金底基上烧结一层厚度约 0.5～1.0 mm 的 CBN 而成,含有一定比例的黏结剂,如金属元素、碳化物、氮化物、氧化物等,所含 CBN 多者,则硬度较大,适用于加工耐热钢、硬质合金和高硬度淬硬钢等,粗、精加工均可使用。

立方氮化硼刀具的特性如下:极高的硬度和耐磨性,其晶体结构与金刚石相似,都由

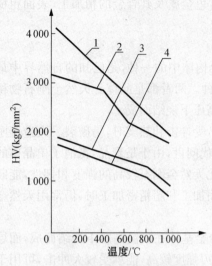

图 2.44　CBN 与其他刀具的红硬性比较
1－BN100；2－BN200；3－LT55；4－K10

共价键连接，晶格常数相近，具有接近金刚石的硬度，耐磨性优于硬质合金、陶瓷和金刚石，因而能获得很高的加工精度；很高的红硬性，其红硬性达 1 300℃，图 2.44 所示为 CBN 刀具在各种温度下的红硬性，比其他刀具都高，它在 800℃时的硬度，甚至高于 LT55（Al_2O_3＋TiC）瓷刀和 K10（92％WC＋2％TaC＋6％Co，硬度达 1 650 HV30）硬质合金刀具的硬度，所以其切削速度可为硬质合金刀具的 4～6 倍；优良的化学稳定性，CBN 的化学惰性特别大，与铁系材料间，即使在 1 300℃时也不起化学反应，且没有明显的扩散作用；适用于加工金刚石刀具所不宜加工的钢铁材料；抗氧化能力也极高，1 000℃时无明显氧化现象，但是在 1 000℃ 以上时，会与水发生化学反应（BN ＋ $3H_2O \rightarrow H_3BO_3 ＋ NH_3$）而水解掉。所以一般都采用干切削；良好的导热性，其导热性稍稍逊于金刚石，却远高于高速钢和硬质合金，有利于降低切削刃的温度而减小了扩散磨损。

我国生产的 PCBN 刀具牌号有：FD，聚晶立方氮化硼复合刀片，硬度≥5 000 HV，σ_{bb}≥1 500 MPa，红硬性＞1 000℃，适用于加工 62～67 HRC 的淬硬钢，各种难加工喷涂材料和硬质合金（含 Co＞10％）工件，以及各种高硬度铸铁；LDP－J－CFⅡ，聚晶立方氮化硼复合刀片，硬度 7 000～8 000 HV，σ_{bb} 450～570 MPa，红硬性 1 000～1 200℃，适用于半精加工和精加工高硬度铸铁、淬硬钢和难加工的热喷涂表面以及部分高温合金；DLS－F，硬度 5 800 HRC，σ_{bb} 350～580 MPa，红硬性 1 057～1 121℃，可以加工硬质合金刀具和 SiC 砂轮都难加工的热喷涂材料表面；LBN－Y 聚晶立方氮化硼复合刀片，可以加工 55～65 HRC 淬硬钢、耐磨合金涂层、耐磨铸铁等难加工材料，切削速度、耐磨性都比硬质合金、瓷刀高；LBN－Y4 刀片，可加工 62～67 HRC 冷轧轧辊表面，具有很好的表面质量；LBN－Y2 刀片，为细晶粒 CBN，圆形刀片，$\phi8×3.2$ mm，供精密加工使用。

我国金属切削刀具的新成果，有力地推动着我国机械制造工业的跨越式发展。例如早先只能采用磨削加工的工序，而今很多场合都用 PCBN 刀具高速切削来取代，加工效率得到极大提高。一般切削灰铸铁时，涂层硬质合金刀片的切削速度最高可达 300 m/min，瓷刀为 300～500 m/min，而用 PCBN 刀片可达 1 200 m/min 以上。

尽管 PCBN 刀具兼具了许多优点，但也有一定的局限性，因其硬而脆，故不宜用于冲击作用较大的场合。加工软钢和有色金属及其他软而韧的合金时，易形成积屑瘤，造成形成-脱落循环过程，引起高频率振动，不仅加工质量下降，甚至使刀具破损。此外，PCBN 刀片宜用负前角进行高速切削，不适宜在低速下使用。

2.4.3.3　数控刀具及工具系统。数控机床加工时所使用的刀具，统称为数控刀具。它不同于普通机床那样一机一刀的模式，而是多种类型刀具，同时装在数控机床的刀盘（刀库）上轮换使用，进行自动换刀。

2.4.3.3.1　数控刀具的类型,按其结构可分为:

整体式,由整块材料加工而成,再将切削部分修磨成所需的形状和几何角度。单刃和多刃刀具都有。

镶嵌式,可分为焊接式和机夹式。机夹式又按刀体结构不同,分为重磨式和可转位不重磨式两种。

内冷式,刀具的切削冷却液,由机床主轴或刀柄传送到刀体内部,经刀具切削部分的喷孔注入刀具切削刃处。

当前,数控刀具主要采用机夹可转位不重磨式刀具。

2.4.3.3.2　机夹可转位刀片。

2.4.3.3.2.1　切削刀具用可转位刀片的标志方法。可转位刀片的使用比例,随着工业化发展水平的变化而提高,工业发达国家已占所用刀具的 80% 以上。从刀具材料的应用方面来看,切削刀具材料主要是各类硬质合金及其涂层刀片,因而,就数控机床操作者及其相关工程技术人员而言,对硬质合金可转位刀片及其代码的认识和熟记,甚为重要。我国国标(GB)2076—87 规定了《切削刀具用可转位刀片型号表示规则》,每一型号共 10 位代码,前 7 位必须标志,后 3 位可省略,必要时才用。每一代码的含义参见表 2.9,例如型

表 2.9　切削刀具用可转位刀片型号表示规则(GB)2076—87

号 TNUM160404 代表了三角形形状刀片(T)、刀片后刀面的法后角 α_n 为 0°(N)、刀片各部分主要尺寸精度等级(U),包括刀片的厚度公差(±0.13 mm)、刀片内切圆公称直径公差(±0.08 mm)、刀尖位置点公称尺寸公差(±0.13 mm)、刀片上仅上表面有断屑槽,中心有一固定刀片的圆孔(M)、刀片的三角形边长整数值 16 mm(实际值为 $L=16.5$ mm)、型号代码中略去了小数部分、刀片厚度整数值 4 mm(实际值 4.27 mm)、刀尖圆角半径 $r_ε$ 代表值 0.4 mm(实际值 0.4 mm,公差为±0.10 mm)。

表 2.10 刀片形状代码表示规则(GB)2076—87

代码		代码		代码	
T	三角形	O	八边形	C	80°菱形
W	凸三边形	L	矩形	M	55°平行四边形
F	偏80°三边形	R	圆形	K	82°平行四边形
S	正方形	V	35°菱形	B	85°平行四边形
P	五边形	D	55°菱形		
H	六边形	E	75°菱形		

表 2.11 刀片精度等级代码表示规定(GB)2076—87

精度等级代码	公差/mm			精度等级代码	公差/mm		
	m	s	d		m	s	d
A	±0.005[1]	±0.025	±0.025	J	±0.005[1]	±0.025	±0.06～±0.13[2]
F	±0.005[1]	±0.025	±0.013	K	±0.013[1]	±0.025	±0.05～±0.13[2]
C	±0.013[1]	±0.025	±0.025	L	±0.025[1]	±0.025	±0.05～±0.13[2]
H	±0.013	±0.025	±0.013	M	±0.08～±0.18[2]	±0.13	±0.05～±0.13[2]
E	±0.025	±0.025	±0.025	U	±0.13～±0.38[2]	±0.13	±0.08～±0.25[2]
G	±0.025	±0.013	±0.025				

注: [1] 该公差用在具有修光刃的刀片上; [2] 该公差随刀片尺寸大小而定,每片都要表示之。
d 为刀片的内切圆公称直径(mm);s 为刀片的厚度(mm);m 为刀片的刀尖位置尺寸(mm),按图 2.45 决定之。

2.4.3.3.2.2 可转位刀片的夹固方式。

刀片、定位元件、夹紧元件和刀体是可转位刀片的刀具四个组成部分。在安装可转位刀片时,应当做到夹紧可靠,避免刀片有任何偏移或松动;刀片定位准确,确保定位精度和重复精度,以保证零件的加工精度。使用检验表明,机夹可转位刀具的使用性能和经济效果都很好,尽管夹固刀片的型式众多,但其基本要求都是一致的。

刀片的工作位置,在转换刃口或更新刀片后,必须具有重现性。刀尖位置误差应在零件尺寸公差范围内;调换切削刃或更新刀片须简便、快捷;夹固可靠,切削时不会松动、移位;夹紧力恰当,不宜过大,且分布均匀,以免压碎刀片;夹紧方向应将刀片推向定位支承面,与切削力方向一致。

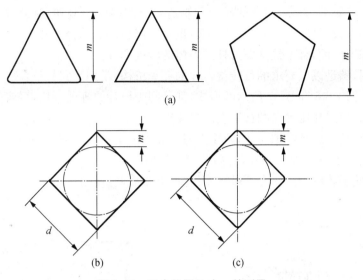

图 2.45　刀尖位置尺寸 m 的测量

（a）刀片边数为奇数　（b）刀片边数为偶数　（c）刀片有修光刃者

表 2.12　刀片断屑槽型式和宽度代码表示规则 (GB)2076—87

断屑槽型式				
代号	A	Y	K	H
断屑槽型式				
代号	J	V	M	W
断屑槽型式				
代号	U	P	B	G
断屑槽型式				
代号	C	Z	D	O

　　断屑槽宽度的数字代号：用舍去小数位部分的宽度毫米数表示，例如槽宽为 3.2～3.5 mm，则代号为 3。对前宽后窄或前窄后宽的断屑槽，其宽度均指刀刃开口端的宽度。

为达到上述要求,首先,刀片的设计和制造要有严格的公差和互换性标准;其次是设计和制造刀杆上或刀体上安装刀片的刀槽,也须有严格的尺寸公差和技术要求,尤其是刀片的支承面和定位面,又不致削弱刀杆或刀体的刚度和强度。

经验表明,满足以上要求的可转位刀片的夹紧机构,常用型式如下:

楔销式。图2.46和2.47所示的型式,都是同一设计原理的结构,后者是改进型。其楔块上的斜面,使刀片压紧在圆柱销上。刀片支承面下置一垫片,称为刀垫,有一定强度,且平整度较高,其作用是保护刀体,防止因刀槽加工欠平整情况下,夹紧时,刀片受力不均而崩裂。在楔块下置一弹簧垫片,提高了紧固螺钉的自锁作用;又能在松开螺钉时,可自动抬起楔块,便于装拆。这一夹紧机构零件少,夹紧简便,使用广泛。

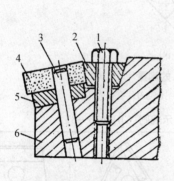

图2.46 楔块式夹紧机构

1—螺钉;2—楔块;3—定位销;
4—刀片;5—刀垫;6—刀杆

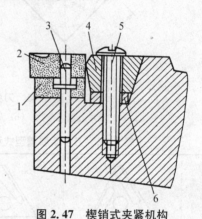

图2.47 楔销式夹紧机构

1—刀垫;2—刀片;3—销轴;
4—楔块;5—螺钉;6—弹簧垫

但使用时,必须注意切削热会使楔块、刀片和销轴间的压力增大,可能造成刀片发裂。

偏心销式。如图2.48所示,套装上刀片4和刀垫3的圆柱销2,下端为螺杆,上下两端不同轴,偏心距为e,将螺杆转过一定角度时,偏心圆柱销把刀片4压向刀杆上的刀槽两侧支承定位面而紧固。螺杆导程角较小,有自锁能力,使用时,无松动。这一夹紧机构零件更少,刀头部分尺寸小,刀片装卸、转位都很方便,切屑流出没有阻碍,也不会擦伤夹紧元件。

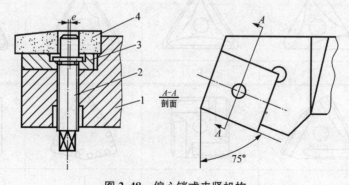

图2.48 偏心销式夹紧机构

1—刀杆;2—偏心销;3—刀垫;4—刀片

但设计时,必须注意所用偏心量 e 的大小应恰当,偏心量过大,自锁性差,刀片容易松动;偏心量过小,则要求刀片孔径和位置、形状、尺寸,以及刀杆上的螺孔位置精度都须较高,才能紧固。

杠杆式。如图 2.49 所示,刀片 2 套装在杠杆销 4 的上端,当旋紧螺钉 6 时,其锥体部分缓缓推动杠杆销下端部分,使杠杆销以其中部凸缘与孔壁或弹簧套的接触点为支点而倾斜,上端的鼓形凸缘,将刀片 2 压向刀槽两侧支承面,把刀片夹固就位。图中刀垫 3,由弹簧套 5 定位。松开刀片时,刀垫受弹簧套张力作用而仍固定在原位上。这种机械结构,施力较缓,刀片受力适当,定位精度高,夹固可靠。刀头尺寸较小,装卸方便。与其他几种类型相比,这种结构较复杂些,有些制造难度。它是国标推荐型式之一。

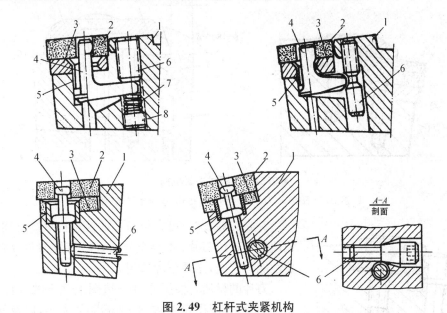

图 2.49　杠杆式夹紧机构

1-刀杆;2-刀片;3-刀垫;4-杠杆;5-弹簧套;6-螺钉;7-弹簧;8-螺钉

拉垫式。如图 2.50 所示,由锥头螺钉 4 在拉垫 1 的锥孔或斜面上的作用力,使拉垫带着刀片压向两侧定位面,拉垫起着双重作用,既是夹紧元件,又是刀垫。这一结构简单紧凑,夹紧牢固,定位精度高,排屑顺畅。

压孔式。如图 2.51 所示,用沉头螺钉直接将刀片紧固在刀体上,结构紧凑,夹紧可

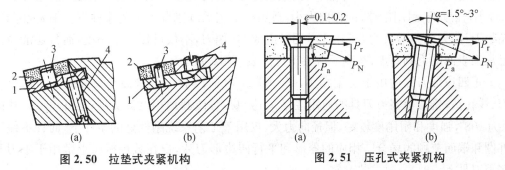

图 2.50　拉垫式夹紧机构　　　**图 2.51　压孔式夹紧机构**

1-拉垫;2-刀片;3-销轴;4-锥端螺钉

靠。适用于容屑空间和刀具头部尺寸受限制的场合。和拉垫式结构一样,常用于刀头部分结构尺寸受到限制的镗刀和浅孔钻等孔加工刀具,以及可转位面铣刀、可转位螺旋齿玉米铣刀等多刃刀具和组合刀具上。结构尺寸较大的平面拉刀、面铣刀等,也广泛采用沉头螺钉与楔块相组合的夹紧机构,安装可转位刀片。

压板式。上面所讲的各夹紧机构,都适用于带孔的刀片。对于不带孔的刀片,则须采用如图 2.52 所示的压板式夹紧机构。这一结构的夹紧力大,稳定可靠,装夹方便,制造容易。对于带孔刀片,也可采用销轴定位和楔钩上压式夹紧的组合机构,如图 2.53 所示。

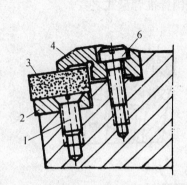 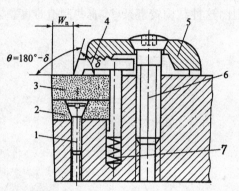

图 2.52　压板式夹紧机构

1-销轴;2-刀垫;3-刀片;4-压板;5-锥孔板;6-螺钉;7-弹簧

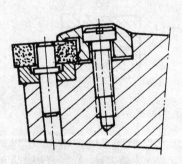

图 2.53　楔钩式夹紧机构

2.4.3.3.2.3　可转位刀片的使用特点。正确、合理地使用可转位刀片,才能充分发挥可转位刀具独特的优异性能。首先,必须正确选用刀片。

刀片的材质:根据零件制造图上规定的工件材料、加工精度、表面质量要求、切削载荷的大小,以及切削过程中有无冲击和振动等原始条件,选用刀片材质。使用最广泛的是硬质合金刀片和涂层刀片。

刀片的形状:根据工件上被加工表面轮廓形状、加工工序的性质、刀具的耐用度等因素来选择适用的形状。例如三角形刀片可用于 90°外圆车刀、端面车刀、镗刀和 60°(55°)螺纹车刀。由于刀尖角 ε_r 较小,强度低,耐用度差,但径向力小,适用于工艺系统刚度不大的条件下。偏 8°和凸三角形刀片,刀尖角增大为 82°和 80°,用于组成 90°偏刀,不仅可提高耐用度,而且还能减小已加工表面的毛刺高度,有利于改善工件的表面粗糙度。

正四边形刀片适用于主偏角 K_r 45°、60°、75°的外圆车刀、端面车刀和镗刀。这类车刀、浅孔钻、铣刀等多刃刀具的通用性好;ε_r 达 90°,强度和耐用度都提高;正五边形刀片的 ε_r 为 108°,强度和耐用度较好,但径向力大,仅用于工艺系统刚性好的条件下,而且不便于外圆和端面兼顾的场合。相应的菱形和平行四边形刀片,也在数控机床上常用于单刃和多刃刀具上。

圆形刀片用于加工曲面、成型面和精车、精镗、精铣等场合。

刀片的尺寸：包括内切圆直径(或刀片边长)、厚度、刀尖圆角半径等。刀片边长 L 与切削宽度 a_w、背吃刀量 a_p 和刀具主偏角 K_r 有关，参见图 2.54。粗加工时，取 $L \geqslant 1.5 a_w$；精加工时，取 $L \geqslant 3 a_w$。在满足刀片切削时所需强度的前提下，尽可能选择厚度较小些。刀尖圆角半径的大小，可根据零件制造图上表面粗糙度要求，以及工艺系统刚度等因素决定之。当工件表面粗糙度要求较高，工艺系统刚度较高时，可选用较大刀尖圆角半径值，直至采用圆形刀片。一般情况下，r_ε 值宜取为进给量 $f(\text{mm/r})$ 的 $2 \sim 3$ 倍之间。

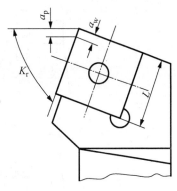

图 2.54　刀片尺寸的计算

断屑槽型式：根据断屑槽的结构特点，可分成三类：

一级断屑槽：这类刀片的刀尖附近有一凹形断屑坑，或沿刀刃开一直槽或斜槽，槽的深度和宽度，可以是渐渐变化的，有的是前窄后宽，也有些是前宽后窄。切削时，切屑在刀刃各点处的变形程度不一，有利于切屑的卷曲和折断。属于一级断屑槽型式的刀片，如表 2.11 所示的 A、Y、H、D、O、U 型等，大多用于切削用量变化范围不大的加工中。

二级断屑槽：这类刀片的刀尖附近有一弧形断屑坑外，还沿着刀刃开有一条断屑槽；或者沿着刀刃开有两条相互平行又紧挨着的断屑槽，第一条较浅，第二条较深。如表 2.11 所示的 M 型，这一类型适用于切削用量变化范围较大的场合。

三级断屑槽：这类刀片的刀尖附近有一弧形断屑坑外，还沿着刀刃开有两条相互平行又紧挨着的断屑槽，如表 2.11 的 W 型所示。这种型式的刀片适用于切削用量变化更大的场合，又可用于粗、精加工同用一把刀的加工中，精车时，背吃刀量 a_p 很小，这时断屑坑就起了作用；粗车时，a_p 值较大，第二级断屑槽起了作用；当 a_p 值再增大时，切屑就越过断屑坑和第二级断屑槽，在第三级断屑槽中发生卷曲和折断。

2.4.3.3.3　数控工具系统。

2.4.3.3.3.1　数控机床的自动换刀。数控机床常在一次装夹中完成多道工序或全部工序的加工，这就须把不同类型的刀具装在回转刀架上或转塔上或刀库上轮换使用。存储和更换刀具的机床部件，就称为自动换刀装置(Automatic Tool Changer，ATC)。带刀库的自动换刀装置在加工中心上使用最广。按换刀方式不同，常分为：

无机械手换刀方式：刀库中的刀具存放方位与主轴上的装刀方向一致，换刀时，主轴移动至刀库上的换刀位置，由主轴将原用刀具放回刀库，并从刀库中取出下一工步用的刀具。如图 2.55 所示，为卧式加工中心无机械手换刀装置的换刀步骤：图 2.55(a) 中主轴准停定位，主轴箱上升；图 2.55(b) 主轴箱上升至换刀位置就位，原用刀具进入刀库上的交换位置，并被固定住，主轴夹紧装置松开刀具；图 2.55(c) 刀库前移，拔出原用刀具；图 2.55(d) 刀库转位，将下面要用的刀具转到换刀位置上，同时启动清洁装置，把主轴上刀具安装孔清洁干净；图 2.55(e) 刀库后退复位，把刀具插入主轴孔内，主轴夹紧装置把刀具夹紧；图 2.55(f) 主轴箱下降，回到加工状态，启动下一工步。

这一种换刀方式，多用于中、小型加工中心上。

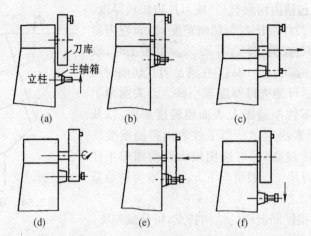

图 2.55　无机械手自动换刀步骤

带机械手的换刀方式：将所用刀具都装插在转盘式回转刀库上，拆卸和安装刀具，均由一独臂单爪回转式机械手来完成。所以其所用的换刀时间较长。另一种自动换刀装置，将所用刀具都装插在链式回转刀库上，其摆动式回转臂的两端各有一手爪。其中一个完成从主轴上取下原用刀具，并送回刀库的步骤；而另一个则完成从刀库中取下刀具，装入主轴巢的步骤，所以，其换刀时间，要比独臂单爪回转式机械手短。

2.4.3.3.3.2　刀库及其选刀方法。刀库是自动换刀装置的部件之一。盘式刀库结构简单，使用较多。采用圆盘状单环排列，常用于刀具容量不大的刀库。链式刀库采用封闭环形链式排列，容量较大，刀具数量在 30～120 把时，常采用之。统计表明，中小型立式加工中心上，配有 14～40 把刀具的刀库，就能满足 95％以上工件的加工之需。

加工时，从机床刀库中选刀的方法有：

顺序选刀：加工前，须将所用刀具按工艺规程规定的加工顺序，依次插入刀库的刀套内。加工时，按顺序调刀。这一方法适用于批量大、品种少的中小型自动换刀装置上。

任意选刀：任意选刀可分为下列三种操作方法：刀具编码法：每把刀具都编上自己的代码，可放在刀库中任意一个刀座内，加工时也可重复调用，换下来的刀具也不必放回原用的刀座。但是，因为每把刀具都带有专用代码，不仅加长了刀具长度，还使换刀机械手的结构更加复杂化。刀套编码法：每一刀套都有自己的专用编码，且只供相应的一把刀具配用，从刀套中取出的刀具，使用毕，仍须放回原用刀套。因此，调换刀具较麻烦，换刀时间拖长。所以，大多数加工中心目前都采用记忆法：加工前，给刀库装刀时，机床数控装置已记住了刀库内的每一刀套的编码和套内的刀具号，一旦刀具用毕，可随意插入任一刀套，不一定送回原用刀套，而机床数控装置又会记住该刀具号的新刀套号码。显然，这种方法与上述两种方法相比，明显减少了换刀辅助工时，操作也方便。不过，当每次重新启动机床时，必须使刀库回零；并校验一下显示器上显示的内容与刀具所处的实际情况，是否相符。

2.4.3.3.3.3　工具系统和刀柄系列。数控机床加工对象的多样性，使其所配备的刀具和装夹工具种类繁多。为降低成本，便于管理，而把刀具和配套的装夹工具标准化、系列化,从而组成了工具系统。

2.4.3.3.3.3.1　车削类工具系统。这类工具系统在全功能型数控车床上和车削加工中心上使用较多。已有整体式和模块化系统两种,尤以模块化系统为优,其特点是换刀速度快,刀具定位精度高,提高了加工效率。例如在一台 12 刀座回转刀架数控车床上,预装上本工序所用的各把刀具的刀体(刀杆)。参与切削的刀具和刀体之间,是两者的连接件,如丝锥夹头、弹簧夹头、钻套、钻夹头等。由于采用了连接件,使刀体的应用范围扩大,可以安装上车、钻、镗、攻螺纹、测量探头等多种工具。

2.4.3.3.3.3.2　镗铣类工具系统。镗铣类工具系统也可分为整体式和模块式结构两类。

TSG 工具系统:它是加工中心和镗削类数控机床上配套的整体式结构工具系统。也可用于普通镗铣床,结构简单,刚性好,更换快捷,工作可靠,但是其所用的锥柄规格多,选用时,须仔细配置。这种工具系统的标志如下:

JT40 - KH32 100

其中:JT 为柄部型式;40 为柄部规格;KH 为用途代码,表示 7:24 锥柄;32 为工具规格;100 为工具长度。

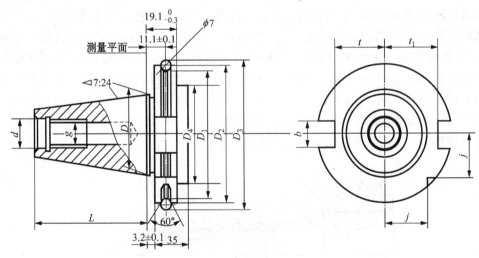

图 2.56　刀具柄部型式与规格

工具柄部型式。与机床主轴巢相配合连接的部分,称为工具柄部。其配合面都为7:24 圆锥面。常用工具柄部型式有:JT 型、BT 型和 ST 型三种。JT 型刀柄型式,是按国标 GB/T 10944—89 标准制造;BT 型刀柄,是按日本 MAS403 标准制造;ST 型是按国标 GB/T 3837 标准制造;国产数控机床和加工中心,大多是按机标(JB)3381.1—83 标准配置工具系统的,从日本、台湾省进口的数控机床,则大多是按 MAS403 - 75 标准配置和设计工具系统的。国标 GB/T 10944《自动换刀机床用 7:24 圆锥工具柄部 40、45 和 50号圆锥柄》和国标 GB/T 10945《自动换刀机床用 7:24 圆锥工具柄部 40、45 和 50 号圆锥柄用拉钉》两标准,已取代了机标(JB)3381.1—83 和机标(JB)3381.2—83 两个标准,且这两个国标与国际标准(ISO)7388 等效。

工具柄部的规格。柄部型式代码后面的数字为柄部规格,对于锥柄,表示相应的国标

(GB)锥度号;对于圆柱柄,表示柄的直径。国标规定 7∶24 锥柄的锥度号有 25、30、40、45、50、60 等,如 30 代表锥柄大端直径为 ϕ31.75;40 代表大端直径 ϕ44.45;45 代表 ϕ57.15;50 代表 ϕ69.85 等。50 号以上大规格锥柄常用于重型数控机床,25、30 等小规格锥度号的锥柄,用于高速轻型数控机床。

工具的特性。用途代码后面的数字,表示工具的特性。有些表示其外形尺寸,有些表示其应用范围。最后面的数字表示其长度。

表 2.13　自动换刀机床用 7∶24 锥柄系列(GB/T) 10944—89

柄部型号	D	$L_{-0.3}^{0}$	g(6H)	d	$D_{1-0.5}^{0}$	$D_{2-0.05}^{0}$	$D_{3-0.05}^{0}$	$D_{4-0.5}^{0}$	$t_{-0.40}^{0}$	$t_{1-0.40}^{0}$	$j_{-0.3}^{0}$	b(H12)
40	44.45	68.4	M16	15	56.25	63.55	72.3	44.7	22.8	25	18.5	16
45	57.15	82.7	M20	17	75.25	75.25	91.35	57.4	29.15	31.3	24	19.3
50	69.85	101.75	M24	21	91.25	91.25	107.25	70.1	35.5	37.3	30	25.7

注:与 ISO7388/1 系列相同。

刀柄拉紧机构。刀柄与数控机床主轴间的连接,与普通机床截然不同,后者是精密的莫氏锥主轴巢,普通车床、钻床、镗床都用它,与同号的莫氏锥精密顶针、钻头锥柄、镗刀排柄部直接紧密连接,具有自锁作用。而数控机床的主轴巢与刀柄的定心配合是 7∶24 锥度,没有自锁作用。为此,换刀时,当刀柄插入主轴巢,自动定心配合后,必须借主轴内部的自动夹紧机构,将刀柄拉紧。图 2.57 所示为刀柄拉紧机构,常用的有带钢球的拉紧机构和不带钢球的两种。图 2.58 所示为自动换刀机构用拉钉。表 2.14 为国标 GB/T 10945—89《自动换刀机床用 7∶24 圆锥工具柄部 40、45 和 50 号圆锥柄用拉钉》规格。使用时,与相应的刀柄、数控机床主轴配套使用。

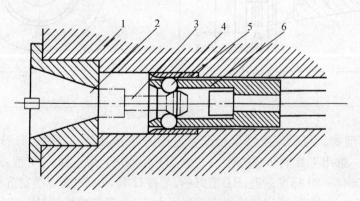

图 2.57　刀柄拉紧机构

1-主轴;2-主轴巢;3-拉钉;4-钢球;5-内套;6-抓刀爪

TMG 工具系统。把工具柄部和工作部分分割为系列化模块,再与一系列中间模块组装成各种用途和规格的加工工具。所以,该系统由三部分所组成:主柄模块,是系统中直接与机床主轴连接的工具模块;中间模块,用于加长工具轴向尺寸和变换连接直径的工具模块;工作模块,用于装夹各种刀具的模块。

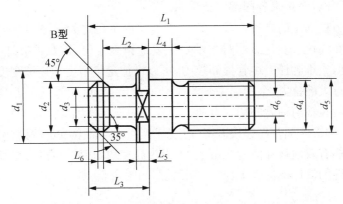

图 2.58　拉钉型式(带钢球)

表 2.14　自动换刀机床用 7∶24 锥柄的拉钉系列(GB/T)10945—89

刀柄型号	$d_{1-0.2}^{0}$	$d_{2-0.1}^{0}$	$d_{3-0.1}^{0}$	$d_4(6g)$	$d_5(h6)$	$d_{60}^{0.1}$	L_1	$L_2\pm0.1$	$L_3\pm0.1$	L_4	L_5	$L_{6-0.5}^{0}$
40	22.5	18.95	12.95	M16	17	7.035	44.05	11.15	16.4	7	3.25	1.75
45	30	24.05	16.3	M20	21	9.25	56	14.85	20.95	8	4.25	2.25
50	37	29.1	19	M24	25	11.55	65.5	17.95	25.55	10	5.25	2.75

注：与 ISO7388/2 系列相同。

TMG 工具系统型号的识别方法示例：

28A・JT50・80-70。表示国产 TMG28 工具系统,主柄模块的柄部按国标(GB/T)10944—89 制造,规格为 50 号 7∶24 锥度锥柄,与机床主轴巢接口外径为 80 mm,从主轴端伸出长度为 70 mm。

21A・JT40・25-50。表示国产 TMG21 工具系统,主柄模块的柄部按国标(GB/T)10944—89 制造,加工中心用锥柄,带机械手夹持槽,规格为 40 号 7∶24 锥度锥柄,与机床主轴巢接口外径为 25 mm,从主轴端伸出长度为 50 mm。

21B・32/25-40。表示国产 TMG21 工具系统,有变换连接直径的中间模块,与机床主轴巢接口外径为 32 mm,与刀具模块接口处外径为 25 mm,中间模块从主轴模块端的伸出长度为 40 mm。

上述 TMG28 工具系统,主要用于各种高效切削工具,如可转位浅孔钻、扩孔钻和双刃镗刀等;TMG21 工具系统,可装夹各种可转位刀具,适用于重型机械和机床制造业等领域。至于是否选用模块式数控工具系统,必须视生产现场的情况而定。如仅完成单一工序,就只需配用一通用的整体式刀柄,而选用模块式 TMG 工具系统就不经济;当加工件品种繁多、规格各异时,采用模块式工具系统,才是经济合算的。因除了插入机床主轴巢内的主柄模块外,其余各模块都可相互通用兼容,而显著减少了工具储备量,提高了工具利用率,也显著降低了生产成本,改善了生产经济效益。

HSK 工具系统。综上所述,沿用了数十年的 7∶24 锥度连接具有很多优点:不自锁,而可自动装卸刀具;锥体刀柄在拉杆轴向拉力下,能紧紧地与主轴巢内锥面贴合,具有足够的支承力。为达到连接可靠,只需将配合面的锥角公差值(ATα)加工到较高精度级,所以,制造成本不高,多年来各国都广泛采用。

但是,随着数控加工的高速化,7:24 锥度连接的不足之处愈益显见。仅依赖单一的锥体配合面,要在高速下实现刀具对主轴的重复地精确定位,以及可靠地夹持刀具,形成足够的连接刚度,实难胜任。尽管提高拉力,可以增加定位精度和连接刚度,可是,在频繁的换刀过程中,过大的拉力,会加速主轴巢配合面的磨损,反而降低了刀具对主轴的轴向定位精度,且影响主轴前轴承的精度寿命。要使这一连接达到高速化的技术要求,唯有将原来仅依赖单一的锥体配合面连接方案,改变成锥面和端面双重定位设计方案,尽管它是过定位设计,却能有效地弥补前者之不足,已成为高速切削刀具与机床主轴连接的主要结构型式,其代表性的设计结构为 HSK 刀柄系统,如图 2.59 所示。

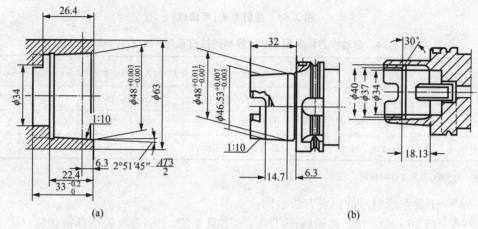

图 2.59　HSK–A63 工具系统

(a) 主轴锥孔　(b) 刀柄

这种最新型高速工具系统的刀柄,采用圆锥面和端面双重定位,锥度为 1:10 的空心短锥面,有利于实现刀具系统的轻型化和换刀过程的高速化。虽然是过定位,但端面定位能可靠地消除了轴向定位误差,保证了重复定位精度;同时,又借锥面定位,保证了刀具与机床主轴的同轴度要求;此外,还借锥面配合(而且是过盈配合)和端面紧贴配合的联合作用下,显著增强了主轴和工具系统的连接刚度。刀柄孔内有 30° 内锥面,主轴孔内夹紧机构的扩张爪在此面上拉紧刀柄。高速切削时的离心力牢固地锁紧刀柄,保证了高速、高精度加工要求。

尽管这一被誉为 21 世纪的刀柄,已在高速加工中心上普遍采用,可是与之相配的机床主轴端部结构未曾配套创新和作出相应规定,造成了机床与工具系统不配套,没有兼容性。HSK 工具系统已正式列入 DIN69893 标准,而相应的机床主轴端部结构却无标准可循。其次,由于是过定位设计结构,要兼顾到圆锥面和端面两者都要紧密配合,正确定位,制造时,须严格控制锥面基准线与法兰端面的轴向位置精度,与之相配合的主轴端部也必须严格控制这一轴向位置度,制造工艺难度极大。刀柄用旧修复也很困难,工艺性和加工经济性欠佳。

HSK 工具系统的选用:选用时,根据所用机床和加工要求,有六种型号可供选择,其中,A、B 型为自动换刀刀柄系统;C、D 型为手动换刀刀柄系统;E、F 型为无键连接刀柄系统,具有对称结构,适用于超高速的刀柄上。每一型号都有多种规格,可供任意选用。

2.4.4　切削用量的计算与选择

2.4.4.1　加工余量、工序尺寸与公差。

2.4.4.1.1　加工余量的概念。切削加工过程中,所切去的金属层厚度,称为加工余量(Z),如图 2.60 所示。

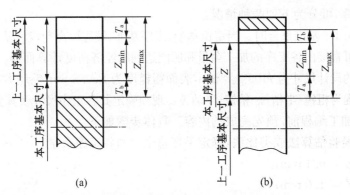

图 2.60　工序余量与工序尺寸及其公差的关系

(a) 被包容面　(b) 包容面

相邻两前后工序的工序尺寸之差,称为工序加工余量(Z_i)。

毛坯尺寸与零件图设计尺寸之差,称为加工总余量(Z_Σ),等于各工序加工余量之和。

由于工序尺寸有公差,所以实际切除的工序余量是一变量。因此,工序余量分为公称余量(Z)、最大工序余量(Z_{max})和最小工序余量(Z_{min})。

工序余量与工序尺寸及其公差的关系,如图 2.60 所示,图中 T_a、T_b 分别为上一工序和本工序的加工尺寸公差。

2.4.4.1.2　影响加工余量的因素。余量太大,会造成材料和工时的浪费,增加机床、刀具和动力的消耗;余量过小,则无法消除上道工序留下的误差和本工序的装夹误差,所以,影响余量选择的因素为:

2.4.4.1.2.1　上道工序留下的表面粗糙度和表面变质层,本工序应切至正常组织层。

2.4.4.1.2.2　上道工序留下的尺寸公差(T_a),本工序的加工余量中应包含上道工序的 T_a 值。

2.4.4.1.2.3　上道工序留下的各种形位误差,必须包含在本工序的加工余量内。

2.4.4.1.2.4　本工序自身的装夹误差,包括定位误差、夹紧变形和夹具本身的误差,如三爪卡盘定心不准,会造成切削单边化,其偏心量必须计入本工序的余量内。

2.4.4.1.3　确定加工余量的方法。

2.4.4.1.3.1　经验估算法。凭借加工工艺工作人员的经验,按零件图技术要求和毛坯种类,估算出各工序的加工余量,但它仅用于单件小批量生产纲领下。

2.4.4.1.3.2　类比法。根据机加工手册或相类似的已完成的零件所积累的工序余量数据,结合当前的实际情况进行适当修订,这一方法应用最广。

2.4.4.1.3.3　计算法。根据加工余量的计算理论和公式,以及相应的经过实践检验了的资料,对影响加工余量的各项因素进行分析计算来确定加工余量。用这一方法确定的加工余量比较经济合理,多用在新产品开发和重要零件的生产中。

2.4.4.1.4　工序尺寸及其偏差的计算。零件图上的设计尺寸,须经过多道工序加工后才能达到,每道工序的尺寸和偏差,不仅与设计尺寸、加工余量及各工序所能达到的经济精度相关,而且还与定位基准、工序基准、编程原点和基准的转换有关。所以,工序尺寸及其偏差的计算,可分为下列两种情况:

2.4.4.1.4.1　基准重合时。当定位基准、工序基准、编程原点与设计基准重合时,工序尺寸及其公差可直接由各工序的加工余量和所能达到的经济精度计算而得。例如一批机床主轴箱主轴孔的设计尺寸为$\phi100^{+0.035}_{0}$ mm,表面粗糙度为$Ra0.8\ \mu m$,毛坯为灰口铸铁,已知其加工工艺过程为粗镗-半精镗-精镗-浮动镗。现须确定其各工序尺寸及其公差。

这是数控加工编程前,预先完成的内容。具体步骤如下:

先按上述经验估算法或类比法,确定毛坯总余量和各工序余量:

浮动镗　$Z = 0.1$ mm;

精镗　　$Z = 1.0$ mm;

半精镗　$Z = 3.0$ mm;

毛坯　　$Z = 8.0$ mm;

粗镗　　$Z = 8 - (3+1+0.1) = 3.9$ mm。

最终工序的公差等于设计尺寸公差,其余各工序按该工序所能达到的经济精度而定,从而各工序尺寸公差为:

浮动镗　经济加工精度 IT6~7,取 $T = 0.035$ mm;

精镗　　经济加工精度 IT7~8,取 $T = 0.054$ mm;

半精镗　经济加工精度 IT11,取 $T = 0.22$ mm;

粗镗　　经济加工精度 IT13,取 $T = 0.54$ mm;

毛坯　　砂型铸造经济精度 IT16,取 $T = 2.2$ mm。

各工序的基本尺寸为:

浮动镗　$\phi100$ mm;

精镗　　$\phi100 - 0.1 = \phi99.9$ mm;

半精镗　$\phi99.9 - 1 = \phi98.9$ mm;

粗镗　　$\phi98.9 - 3 = \phi95.9$ mm;

毛坯　　$\phi95.9 - 3.9 = \phi92$ mm。

然后,按零件的加工工艺要求,选择基本偏差:

毛坯　　$\phi92JS16(\pm1.1)$;

粗镗　　$\phi95.9H13(^{+0.54}_{0})$;

半精镗　$\phi98.9H11(^{+0.22}_{0})$;

精镗　　$\phi99.9H8(^{+0.054}_{0})$;

浮动镗　$\phi100H7(^{+0.035}_{0})$。

2.4.4.1.4.2　基准不重合时。当定位基准、工序基准、编程原点与设计基准不重合时,工序尺寸及其公差须由工艺尺寸链解法计算之。因为设计时,从保证使用性能的角度考虑,尺寸标注都按国标(GB)4458.4—84 的规定填写,而数控编程时,各节点的尺寸和位置,都以编程原点为基准作出的。所以,编程时,须先将零件图上的尺寸换算成以编程原点为基准的工序尺寸。

图 2.61 所示的阶梯轴为例,图上端的尺寸 Z_1、Z_2…Z_6 是设计尺寸。编程原点在左端面的轴心线上,按工序尺寸 Z'_1、Z'_2…Z'_6 编程,与设计基准不重合。为此,须先计算工序尺寸及其偏差。由图 2.61 可知:

$$Z'_1 = Z_1 = 25^{\;0}_{-0.02}; Z'_6 = Z_6 = 240^{\;0}_{-0.046}。$$

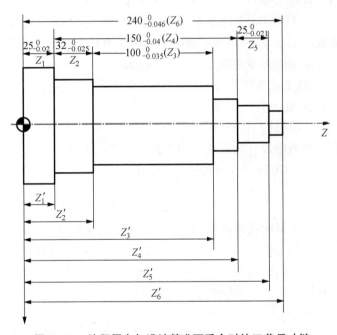

图 2.61　编程原点与设计基准不重合时的工艺尺寸链

计算 Z'_2 的尺寸链:其中 Z_2 为封闭环,Z_1 为减环,Z'_2 为增环。由极值法计算之,

$$Z_2 = Z'_2 - Z_1,则 Z'_2 = 57。$$

其上偏差:$0 = ES'_2 - (-0.02)$,则 $ES'_2 = -0.02$;其下偏差:$-0.025 = EI'_2 - 0$,则 $EI'_2 = -0.025$。

同理,计算 Z'_3 的尺寸链,而得:其基本尺寸:157,上偏差: -0.025;下偏差:-0.055。

同理,计算 Z'_4 的尺寸链,而得:其基本尺寸:175,上偏差: -0.020;下偏差:-0.040。

计算 Z'_5 的尺寸链,而得:其基本尺寸:200,上偏差:-0.040;下偏差:-0.041。

2.4.4.2　切削用量的确定。

2.4.4.2.1　切削用量的选择原则。数控加工时,主轴转速(切削速度)、背吃刀量和进给量,统称为切削用量三要素,其大小对加工过程的切削力、切削功率、刀具寿命、零件的加工质量和生产成本均有显著影响。选择切削用量时,在保证加工质量和刀具耐用度的前提下,应充分发挥机床和刀具的切削性能,以提高效率,降低成本。

2.4.4.2.1.1 粗加工时,先选取尽可能大的背吃刀量,然后按机床动力和刚性等许可条件,选用尽可能大的进给量。最后,按刀具耐用度条件确定最佳的切削速度大小。

2.4.4.2.1.2 精加工时,先按粗加工时留下的精加工余量确定背吃刀量,然后,按零件图上规定的表面粗糙度要求,选用最适当的进给量;最后,按刀具的耐用度条件,尽可能选取较高的切削速度。

2.4.4.2.2 选择步骤和方法。

2.4.4.2.2.1 背吃刀量(a_p):根据加工余量而定。粗加工时,表面粗糙度 $Ra10 \sim 80 \ \mu m$,一次进给应尽可能切除全部余量,中等功率的机床,背吃刀量可达 $8 \sim 10 \ mm$;半精加工时,表面粗糙度 $Ra1.25 \sim 10 \ \mu m$,背吃刀量可取为 $0.5 \sim 2 \ mm$;精加工时,表面粗糙度 $Ra0.32 \sim 1.25 \ \mu m$,背吃刀量可取为 $0.2 \sim 0.4 \ mm$。

当机床-刀具-工件工艺系统刚性不足,或毛坯余量很多和不均匀时,粗加工应分几次进给,且把第一、二次进给的背吃刀量尽量取得大些。

2.4.4.2.2.2 进给量(f):根据零件图规定的表面粗糙度、加工精度要求,结合刀具和工件材料等因素,从机床具有的进给量中选取。对于铣刀等多刃刀具,其进给量 v_f、刀具转速 $n(r/min)$、刀具刀齿数 Z 和每齿进给量 $f_z(mm/z)$ 间的关系:

$$v_f = f \cdot n = f_z \cdot z \cdot n (mm/min)$$

粗加工时,主要考虑机床进给机构-工件-刀具工艺系统的刚性允许限度,可根据被加工材料、刀杆截面尺寸和工件直径,以及已选定的背吃刀量,从机床拥有的进给量中选取。

半精加工和精加工时,则主要考虑零件图上规定的表面粗糙度要求,可根据工件材料、刀尖圆角半径和切削速度来选择进给量。精车时,可取为 $0.10 \sim 0.20 \ mm/r$;精铣时,可取为 $20 \sim 25 \ mm/min$。

2.4.4.2.2.3 切削速度(v_c):根据已选定的背吃刀量、进给量和刀具耐用度,选择切削速度。可以按实践经验,从机床说明书中查照选取,或参考切削用量手册的规定值,再从机床切削速度表中查出与之接近的数值;也可按切削速度计算公式计算而得。

选定切削速度后,计算出机床主轴转速 n,再从机床转速表中选取与之接近的转速,填入程序单,作为使用转速。

$$n = 1\,000 v_c / \pi D$$

式中:D 为工件或刀具直径(mm)。

选用切削速度时,遇到下列具体情况下,须予以修正。所使用的切削速度,应力求避开易产生积屑瘤和自激震荡的速度范围;断续切削或余量不均匀时,应降低切削速度,以减小冲击;加工大件、细长件、薄壁件和带有硬皮的工件,应适当降低切削速度。

2.4.4.2.2.4 校核数控机床动力($N_{主轴}$)。以上所选的切削用量,还必须满足:

$$N_{切削} \leqslant N_{主轴}$$

式中:$N_{主轴}$ 为数控机床主轴传递的动力(kW),可由数控机床说明书中查得。也可由主电动机功率计算而得：

$$N_{主轴} = N_{电机} \cdot \eta$$

式中：η 为该机床的传动效率，一般为 $0.75 \sim 0.85$。

而　　　　　　　　　　$N_{切削} = P_z \cdot v_c / 60 \cdot 75 \cdot 1.36$

式中：P_z 为主切削力（kg），可根据已选定的切削用量和其他工艺条件计算之。

如果上面的不等式不满足，表明切削过程所耗功率，超过了主轴功率，就应减小切削速度 v_c，直至上式成立为止。

2.4.4.2.2.5　切削用量选择实例。

以图 2.22 所示零件的孔加工为例，前面已经分析了所用的孔加工方法，在已选定了刀具的基础上，其切削用量的选择计算如下：

2.4.4.2.2.5.1　钻 $\phi40H7$ 底孔。查切削用量手册，高速钢钻头加工灰口铸铁时的切削速度为 $21 \sim 36$ m/min，进给量为 $0.2 \sim 0.3$ mm/r，取 $v_c = 24$ m/min，$f = 0.2$ mm/r，而计算出主轴转速：

$$n = 1\,000 \times 24 / \pi \cdot 38 = 201.13 \approx 200 (r/min)$$

式中：钻头直径 $d = 38$ mm。

计算出进给速度：$v_f = f \cdot n = 0.2 \times 200 = 40 (mm/min)$。

2.4.4.2.2.5.2　同理，可选取其他各个加工工序的切削用量。所选择的切削用量参数，还须与具体使用场合、实践经验数据相类比或经过试切修正后，才确定下来，以取得最佳效果。从而，该零件所用的孔加工刀具及其切削用量参数，如表 2.15 所示。

表 2.15　法兰（图 2.22）零件的孔加工刀具和切削用量参数

序号	加 工 内 容	刀　具	主轴转速 n/r/min	进给速度 v_f/mm/min	背吃刀量 a_p/mm
1	钻孔 $\phi38$	d38 钻头	200	40	19
2	粗镗 $\phi40H7$	粗镗刀	600	40	0.8
3	精镗 $\phi40H7$	精镗刀	500	30	0.2
4	钻孔 $2 \times \phi13$	d13 钻头	500	30	6.5
5	锪孔 $2 \times \phi22$	d22×14 锪钻	350	25	4.3

2.4.4.3　工时定额。在一定生产条件下，产品生产中规定完成每道工序所花的时间，称为工时定额。这是安排生产进度计划、计算生产成本的基本数据，也是新建或扩建车间时，规划生产设备和工作岗位数的原始依据。通过对实际生产中操作时间的具体测定所取得的多个样本，按统计学方法分析计算，取得正确、合理的数据。随着技术的进步，装备的不断更新，工时定额也不断地修订，以使其一直保持在平均先进水平，永远起着鼓励进步，淘汰落后的作用。

完成一个零件一道工序的时间定额，称为单件时间定额，由下列各单元组成：

2.4.4.3.1　基本时间（T_b）。切除该工序余量所花的机动时间。可通过计算求出，图

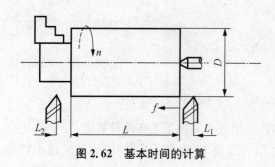

图 2.62 基本时间的计算

2.62 所示为车外圆：

$$T_b = (L + L_1 + L_2) I / n \cdot f \, (\text{min})$$

式中：I 为进给次数。当余量较大时，几次进给才能切除。镗孔、钻孔、扩孔、铰孔等工序的基本时间(T_b)计算公式都相同。

2.4.4.3.2　辅助时间(T_a)。为完成该工序的加工过程所花的辅助工作时间，如工件的装卸、引退刀具、启动和停机、对刀、检测工件尺寸等。刀具、量具、夹具等用后，须清理、组装好，分类放置回规定位置，以供随时使用，减少寻找时间，以尽可能缩短辅助时间。

基本时间和辅助时间之总和，称为作业时间。这是直接花在产品或零件制造上的时间。

2.4.4.3.3　工作岗位服务时间(T_s)。为使加工过程正常进行，当班时间内调整机床，保养润滑，清理切屑，收拾工具、图纸等所花的时间。按作业时间的 2%～7% 计算之，常用 $\alpha = 2 \sim 7$ 表示之。

2.4.4.3.4　自然需要和休息时间(T_r)。当班时间内，必须安排一定的时段，休息片刻，放松一下，恢复体力和脑力，有利于工作效率的提高，加工质量的改善，减少出错。一般按作业时间的 2%～4% 计算之，常用 $\beta = 2 \sim 4$ 表示之。

2.4.4.3.5　准备和结束时间(T_e)。零件生产过程中，进行必要的准备和结束工作所花的时间。开始时，须熟悉零件图纸和各种工艺文件、领料、领取工艺装备、调整机床、刀具等。加工完后，拆卸、清理和归还工装，整理图纸等工艺文件，递交零件等。不论批量大小，加工每一批零件时，都要做准备、结束工作。其分摊到一件零件上所花的准备与结束时间为：

$$t_e = T_e / n$$

式中：n 为批量。

综上所述，单件工时定额为：

$$T_c = (T_a + T_b)[1 + (\alpha + \beta)/100] + T_e/n$$

大量生产时，由于长期在同一个岗位上，只加工一个工序，该工序的准备、结束时间分摊到每一工件上，数量甚微，而可忽略之，即上式最后一项为零。

习　题

1. 何谓生产纲领和生产类型？数控加工适宜用于哪种类型？其他类型和纲领下怎么办？你认为数控加工和其他加工是什么关系？

2. 什么是数控加工件的工艺分析？为什么要在加工前必须进行工艺分析？

3. 零件加工前，读图的目的是什么？

4. 零件加工方案的选择以什么为依据？

5. 预先热处理、工序间热处理和最终热处理应如何安排？为什么？

6. 车削加工一批风机叶轮光坯，$\phi400$ mm，$\delta60$ mm，材料：1Cr18Ni9Ti（ASTM：321），经固溶处理后，按工序集中原则进行加工，经粗、精车成光坯后，交给加工中心上加工第二道工序时，检查出圆周偏跳和端面偏跳均超差（>0.05 mm），即使背切刀量很小，屡试均不合格，其原因何在？怎样解决，才能合格？

7. 为什么有些坯料机加工前，须经预先热处理？

8. 工序间热处理应用在什么场合？

9. 最终热处理的目的是什么？经处理后的工件，能否再安排后续机加工工序？

思 考 题

一、判断题

1. 零件的生产过程是指从原材料开始，直至完成该零件的全过程 …………（　　）

2. 工艺过程是生产过程的主体，主要包括机械加工工艺过程、热处理工艺过程和装配工艺过程等 ………………………………………………………（　　）

3. 数控加工工艺学主要论述在数控机床上的机械加工工艺 …………………（　　）

4. 要求定位精度高，一次装夹后，完成多工步加工的零件，可选用数控机床加工 …………………………………………………………………………（　　）

5. 零件形状复杂，加工质量难以保证的工序，可选用数控机床加工 …………（　　）

6. 零件坯料上加工余量不稳定时，不应该选用数控机床加工 …………………（　　）

7. 工序分散原则主要用在通用机床和专用机床组成的生产线上 ……………（　　）

8. 轴类零件加工时所用的中心孔，就是加工该零件的精基准 …………………（　　）

9. 测量平板是零件划线、检验和装配的基准，维修时，以三块平板交替相互对研，以提高其平面度。这一加工方法是互为基准原则的具体应用 …………………（　　）

10. PCBN 刀具只能用于高速切削加工 ………………………………………（　　）

11. 天然金刚石（JT）和人造金刚石（PCD）硬度极高，耐热性 800° 以上，可以加工淬硬钢 …………………………………………………………………………（　　）

12. 对于加工表面多而复杂的零件，应按其各加工表面来安排工序，把各个表面的加工过程划为一道工序 ……………………………………………………（　　）

13. 数控加工时的刀具进给路线，无论是粗加工或精加工，都是沿零件轮廓顺序进行的 ………………………………………………………………………（　　）

二、填空题

14. 零件图上尺寸标注法有＿＿＿＿种。＿＿＿＿标注法从＿＿＿＿端开始呈＿＿＿＿排列，首尾相接，互为基准；＿＿＿＿标注法从＿＿＿＿端开始，标注各段＿＿＿＿，所有尺寸都从＿＿＿＿；＿＿＿＿标注法所标尺寸既有＿＿＿＿，又有＿＿＿＿，是两者的＿＿＿＿。

15. ＿＿＿＿尺寸标注法的优点，使零件的＿＿＿＿、＿＿＿＿、＿＿＿＿和＿＿＿＿统一。＿＿＿＿时不需＿＿＿＿，直接读出＿＿＿＿，使＿＿＿＿方便，减少了误差。

16. 零件图上的尺寸_____和_____都各自_____，互不_____的设计原则，称为_____原则。

17. 在数控机床上加工的工件，一般都按_____原则划分_____。

18. 在加工中心上加工时，常以所用_____来划分_____。采用同一把_____完成的_____，称为一道_____。

19. 当粗加工时切削余量_____，在_____和_____双重作用下，易引起_____的工件，必须把_____和_____分开，如采用_____、_____和_____为毛坯时。

20. 数控加工工序设计的主要任务，是为每道工序选定_____、_____、_____、_____等，为编制_____作技术准备。

21. 零件加工时，尽可能选用其本身的_____作为_____，以减少_____误差，又便于_____和_____。这就是_____原则。

22. 为保证轴类零件上各阶梯表面的_____要求，选用_____作为_____，既符合_____原则，又符合_____原则。

23. _____切削或使用_____切削时，造成_____变化而引起_____，_____因此而_____，导致_____和_____。

24. 材料的热硬性(红硬性)是一个_____指标，指材料在_____状态下，依然具有很高的_____，例如_____一般都具有_____的_____性，仍然能起_____作用。

25. 材料的_____是一个综合指标，指材料在_____状态下，不出现_____；又兼具较高的_____温度，在切削力和切削热作用下，不出现_____。_____抗力愈大，其_____愈高。

26. 机夹可转位刀片型号 TNUM160404，代表了_____(T)；_____(N)；_____(U)；_____(M)；三角形刀片_____代表值 16 mm；刀片_____代表值 4 mm；刀尖_____代表值 0.4 mm。

27. 7:24 锥度的_____外锥面与_____内锥面间锥度连接下，_____，可实现_____。将锥角公差(AT。)加工到较高精度级，_____精度较高，由拉杆和拉钉的_____下，把_____外锥面与_____内锥面紧贴配合，_____高，_____可靠，所以自动换刀加工中心用的_____系统半世纪来都用它。

28. HSK_____系统是 21 世纪最新_____系统，采用 1:10_____过盈配合和_____法兰与_____的_____紧贴配合的过定位联合作用，提高了轴向定位精度，还采用了_____内的扩张爪拉紧_____，保证了现代加工中心的高速、高精度要求。

29. 零件图上_____与数控加工件的编程尺寸基准_____时，工件的加工_____和_____，须由_____计算之。

三、选择题

30. 工件在数控机床上安装时，常用找正安装法，因为它是(　　)。

(1) 单件生产；　　(2) 单件小批生产；　　(3) 大批生产；　　(4) 大量生产。

31. 工件在数控机床上装夹时，大多采用(　　)。

(1) 百分表找正法；　　(2) 划线找正法；　　(3) 夹具安装法。

第3章 数控车削加工工艺与操作方法

3.1 概述

3.1.1 数控车床的类型

3.1.1.1 按数控装置的功能分类。

3.1.1.1.1 经济型数控车床。这类车床通常都采用开环伺服控制装置,如绪论图 1.8 所示,没有进给位移检测反馈装置,由步进电动机驱动。其控制系统常采用单板机或单片机组成;也没有刀尖圆角半径自动补偿和恒线速度切削功能,所以也称为简易型数控车床,只能进行 X 轴、Z 轴向两个平移运动(刀具的纵、横向进给)的联动和控制。这类机床结构简单,价格低廉,大多用于加工精度不高的批量生产场合。

此类车床的结构,基本与普通卧式车床相似,不过具有 CRT 显示器、程序存储、编辑功能等。

3.1.1.1.2 全功能型数控车床。这类机床通常采用半闭环伺服控制装置,如绪论图 1.9 所示。分辨率高,进给速度较快,加工精度较高。其控制系统常采用标准型数控系统,具有 CRT 高分辨率显示屏,有字符、图形、人机对话、自诊断等功能;可以进行刀尖圆弧半径自动补偿、恒线速度、固定循环、螺纹切削加工,加工能力强,应用范围广,兼具高刚度、高精度和高生产率等使用特征,适用于形状复杂、品种多变的单件或中小批量生产场合,是机械制造业中最为常用的数控车床,也称为标准型数控车床。

3.1.1.1.3 车削加工中心。这类机床是以全功能型数控车床为主体,配备有刀库、自动换刀装置(ATC)、分度装置、切削动力头等部件,可进行多工序复合加工的机床。工件经一次装夹后,可完成车、铣、钻、铰、螺纹加工和特形槽等加工。功能全面,效率高,加工质量好。

3.1.1.2 按主轴配置形式分类。

3.1.1.2.1 卧式数控车床。主轴轴线为水平位置的数控车床,广泛用于中小型数控车床,适用于轴类零件的切削加工。

3.1.1.2.2 立式数控车床。主轴轴线为垂直位置的数控车床,用于重型数控车床,适宜于大型回转体零件的加工,如飞轮、法兰、机座等长度短、外径大的零件。

此外,还可按数控系统的控制轴数来分类,可分为两轴联动和多轴联动数控车床,绝大多数数控车床,都属于前者,即 X 轴和 Z 轴联动控制。车削加工中心的数控系统档次较高,除车削加工外,还可进行铣削加工,机床配有铣削动力头,而就增加了沿 Y 轴的数控联动轴数,成为两轴以上多轴联动的数控车床。

还有具有两套主轴的车床,称为双轴卧式数控车床或双轴立式数控车床。

3.1.2 数控车床的结构和主要技术参数

数控车床的外形结构与普通车床基本相同,图 3.1 所示为数控车床的外形结构,由床身、主轴箱、进给系统、尾座、液压系统、润滑系统、切削液系统和排屑器等部分组成。但数控车床的刀架和机床导轨的配置方式已显著变化,使数控车床的结构改观,使用性能各异。此外,数控车床上都设置了封闭式防护门,强化了安全操作。

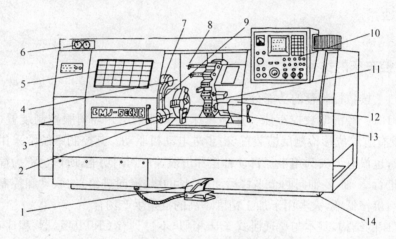

图 3.1 数控车床的结构

1-卡盘松、夹开关;2-对刀仪;3-卡盘;4-主轴箱;5-防护罩;6-压力表;7-对刀仪防护罩;8-导轨防护罩;9-对刀仪转臂;10-操作面板;11-刀架;12-尾座;13-鞍座;14-床身

3.1.2.1　数控车床的结构配置。如图 3.1 所示,床身 14 为平床身,呈 30°倾斜的导轨面上支承着溜板 13,导轨的横截面为矩形配有导轨防护罩 8,主轴 4 安装在床身的左上方,主轴由 AC 伺服电动机直接驱动,省去了机械传动变速装置,主轴箱结构简化。主轴前端的三爪卡盘装卸工件时,由主轴尾端的液压缸控制其夹紧或松开,操作者用脚踏开关 1 操纵液压缸;尾座 12 位于床身右上方,回转刀架 11 的刀盘上设有 10 个刀座,可以安装 10 把刀具,由溜板带着作 X 轴和 Z 轴进给运动;主轴箱前端装有对刀仪 2,供机内对刀用;对刀时,其转臂 9 摆出,接触式传感器探头即检测所用的刀具;对刀毕,转臂复位,探头又罩在其防护罩 7 内;10 是机床操作面板;5 是机床防护门;6 是液压系统的压力表。以上是全功能型数控车床的总体结构。

3.1.2.1.1　床身和导轨的结构配置。数控车床床身与导轨的配置位置,如图 3.2 所示,有四种布局。图 3.2(a)所示为水平床身导轨-水平刀架溜板的配置方式,其导轨面的加工工艺性好,也提高了刀架的定位和运动精度,在重型和精密数控车床上用得较多,但自动排屑较困难。图 3.2(b)所示为斜床身导轨-斜刀架溜板的配置方式,其床身导轨面与水平面间呈 30°、45°、60°和 75°等,呈 90°时,称为立式床身,如图 3.2(d)所示。倾斜角度愈大,越容易自动排屑,但受重力影响,其导向性和稳定性变差。所以中小型数控车床常采用 60°为多,如图 3.2(b)所示。图 3.2(c)所示水平床身导轨-斜刀架溜板配置形式,其导轨面的结构工艺好,兼具排屑方便,高温新鲜切屑不致堆积在导轨上,也便于安装排屑器和机械手,中小型数控车床广泛采用这种结构型式。

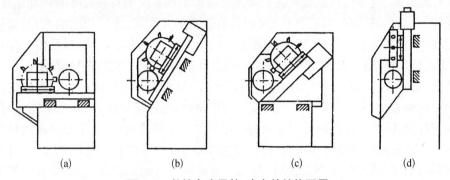

图 3.2　数控车床导轨-床身的结构配置

(a) 平床身　(b) 斜床身　(c) 平床身斜滑板　(d) 立床身

3.1.2.1.2　主传动系统。数控车床主轴旋转速度的变化是按照加工程序的指令自动改变的。为保证主传动系统具有高的传动精度、低噪声、无振动、高效率,主传动链须尽量缩短;为满足不同工件的加工工艺要求,以获取经济切削速度,主传动系统须大范围无级变速;为提高工件端面加工时的切削生产率和表面加工质量,还须有恒切削速度控制。此外,机床主轴须与相应附件配合。实现工件的自动装夹和拆卸。

图 3.3 所示为数控车床典型的传动系统图。主轴在最低转速 35 r/min 和最高转速 3 500 r/min 范围内无级变速,都由 AC 伺服电动机完成,经 1∶1 速比一级带传动直接拖动主轴旋转。与普通车床相比,主轴箱内省去了复杂的多级齿轮传动变速机构,不仅减少了齿轮传动误差对主轴运动精度的影响,还提高了传动效率。同时,主轴箱内装有脉冲编码器,当主轴旋转时,经同步带轮 1∶1 传动脉冲编码器,脉冲编码器便发出检测到的实际

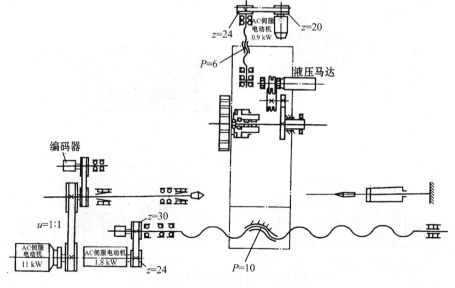

图 3.3　数控车床的传动系统

脉冲信号给数控系统,使主电动机的转速,与刀架的进给速度,保持着严格的同步关系;也保证了螺纹加工时,主轴每转过一整转,刀具沿 Z 轴向平移一个工件螺纹导程的传动系统关系。

　　3.1.2.1.3　进给传动系统。数控车床的进给传动系统须具有较高的传动精度,消除传动间隙,正反向转动时,没有死区;又能具有较高的灵敏度,实现快速响应;且降低运动惯量,及时停止或变速;还应使相对运动副之间的摩擦力要小,动静摩擦系数要尽可能相等,以防止低速平移时,发生"爬行"(Stick Slip)现象,影响定位精度和传动精度。

　　为此,图 3.3 所示,数控车床的进给传动系统,与普通车床相比也有显著改变。X 轴向的进给传动系统,由 0.9 kW 交流伺服电动机驱动,通过齿数比为 20:24 同步带轮,带动滚珠丝杆旋转,与之配合的螺母带着刀架溜板产生平移进给运动,X 轴向进给丝杆的螺距为 6 mm;Z 轴向的进给传动系统,由功率为 1.8 kW AC 伺服电动机驱动,通过齿数比 24:30 同步带轮,带动滚珠丝杆旋转,与之相配的螺母带动溜板,在车床导轨上作平移进给运动,Z 轴向的进给丝杆螺距为 10 mm。

　　图 3.4 所示为数控车床上进给系统传动机构,常用的滚珠丝杆-螺母副,这一机构的设计要求,是提高进给系统的灵敏度,快速响应;提高传动精度和定位精度,特别是消除低速移动时的"爬行"(Stick Slip)现象。因为与滑动摩擦的丝杆-螺母副相比较,滚珠丝杠-螺母副大大降低了进给系统的摩擦阻力,以及动静摩擦系数之差,使两者几乎没有可感的差别,从而,适应了设计要求。图 3.4 中还表明了丝杆-螺母副轴向间隙的消除方法:图 3.4(a)螺母导程左右偏置预紧法,使螺母滚道的左右两部分导程分别偏置 ΔL。轴向间距,从而,螺母右半部分与滚珠接触的是滚道左侧面;而螺母左半部分与之接触的是滚道右侧面,将丝杆紧紧拉紧,消除了螺母-丝杆副的传动间隙,反向转动时没有死区或空转;图 3.4(b)垫片预紧法,当垫入适当厚度的垫片后,使左右螺母分离偏置,从而达到上述同样的效果;图 3.4(c)螺母预紧法,调整锁紧螺母,使其沿螺母座的滑键上偏移 ΔL_0,然后,

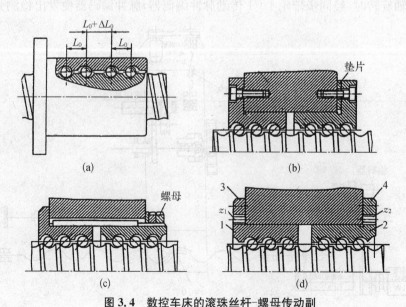

图 3.4　数控车床的滚珠丝杆-螺母传动副

(a)螺母导程左右偏移预紧法　(b)垫片预紧法　(c)螺母预紧法　(d)内齿轮预紧法

将锁紧螺母和自锁螺母分别拧紧,以防止松动;图 3.4(d)内齿圈预紧法,滚珠丝杆左右螺母两端法兰上都切有轮齿,两者的齿数仅差一个齿,与之相配的内齿圈 3 和 4 的齿数,与法兰上正齿轮的齿数相同。调整时,当两侧螺母沿丝杆同向转过几个轮齿后,两者间偏移距离达 ΔL_0 时,装上齿圈,与法兰齿轮啮合,并用销或螺钉固定,如图 3.4(d)所示。

3.1.2.1.4 自动回转刀架。数控车床的刀架,常用自动回转刀架,具有良好的切削功能、较高的生产率。刀架回转头上各刀座,可安装各种不同用途的刀具。随着回转头的旋转、分度和定位,实现机床的自动换刀。这类刀架分度准确,定位可靠,重复定位精度较高,回转速度快,夹紧可靠,保证了机床加工的高精度和高生产率。按回转轴与机床主轴的相对位置关系,自动回转刀架分为立式回转刀架和卧式回转刀架两种。

3.1.2.1.4.1 立式回转刀架。其回转轴线垂直于机床主轴,常为正四边形或正六边形刀架,一般用于经济型数控车床上。

3.1.2.1.4.2 卧式回转刀架。其回转轴线与机床主轴平行,沿回转刀架的径向或轴向安装刀具。径向安装的刀具,大多用于外圆柱面和端面加工;轴向安装的刀具,大多供内孔加工使用。这类回转刀架的工位数最多达 20 个,通常为 8 工位、10 工位、12 工位和 14 工位四种。刀架的松开、夹紧和回转等动作,可以是全电动或全液压或电动回转、液压松开-夹紧。刀位计数常采用光电编码器,这类编码器是数控机床上最常用的位置检测元件,应用非接触式光电转角检测装置,其码盘上透光和遮光带,按刀位数相应编码,把光电脉冲信息与刀架的机械角位移相互间精确转换。图 3.3 所示的数控车床自动回转刀架为卧式回转刀架结构,其换刀过程为:当接收到数控系统发出的换刀指令后,回转头被松开,转到指令所规定的工位后,重新夹紧回转头,并发出结束信号。当车床处在自动加工过程时,接到指令规定的刀号后,数控系统会自动判别并进行就近换刀,即回转头正转(顺时针方向),也可反转(逆时针方向),以就近调整工位,选用刀号;当手动操纵机床时,则仅允许回转头顺时针方向转动换刀。

3.1.2.2 主要技术参数。下面以 MJ‐50 型全功能型数控车床为例,表述数控车床典型的主要技术参数,以供使用。

该机床是济南第一机床公司产品,分别配置了 Fanuc‐OTE 型、Siemens 型、HUST‐ⅡT 型三种型号的数控装置,是两坐标轴联动的全功能型数控车床。

床身上工件最大回转直径	ϕ500 mm
最大车削直径	ϕ310 mm
最大车削长度	615 mm
主轴转速	35～3 500 r/min(无级变速)
刀架有效行程	横向(X 轴向)182 mm;纵向(Z 轴向)675 mm
快速移动速度	横向(X 轴向)10 m/min;纵向(Z 轴向)15 m/min
主轴恒扭矩转速	35～437 r/min
主轴恒功率转速	437～3 500 r/min
主轴通孔直径	ϕ80 mm
液压三爪卡盘拉杆通孔直径	ϕ65 mm
回转刀架刀盘上可装刀具数	10 把

刀具刀柄规格	车刀：25×25 mm；镗刀 $\phi 12 \sim \phi 45$ mm
选刀方式	自动就近选刀
主轴 AC 伺服电动机功率	连续负载：11 kW；30 min 超载 15 kW
进给 AC 伺服电动机功率	X 轴 0.9 kW；Z 轴 1.8 kW
机床配有 Fanuc - OTE 型数控装置的主要技术参数	
定位精度	0.01 mm/300 mm
重复定位精度	0.005 mm
加工外圆柱面的圆度	0.005 mm
数控系统的脉冲当量	0.001 mm
最小移动量	X 轴：0.000 5 mm；Z 轴：0.001 mm
机床外形尺寸（长×宽×高）	2 995 mm×1 667 mm×1 796 mm

3.2 数控车床的对刀

数控车床是按数控加工程序指令操纵机床的整个加工过程，须充分读通零件图，完成工艺处理，列出刀具表和数控加工工艺卡后，才能编写零件加工程序，使用数控系统程序指令，按机床规定的格式，编写加工程序。尽管各型车床的数控系统不尽一致，但所用指令和代码均相似。为此，熟悉该机床的规定功能、指令和代码，才能编写出正确的加工程序。表 3.1 列出了常用准备功能 G 代码及其功能；表 3.2 为常用辅助功能 M 代码及其功能。使用时，须按机床说明书规定参照执行。

表 3.1　常用的准备功能 G 代码及其功能

代码	功　　能	代码	功　　能	代码	功　　能
G00	快速移动	G43	刀具长度正补偿	G76	车螺纹循环
G01	直线插补	G44	刀具长度负补偿	G80	固定循环取消
G02	顺时针圆弧插补	G49	取消刀具长度补偿	G81	钻削固定循环-钻中心孔、锪孔
G03	逆时针圆弧插补	G50	工件坐标系设定	G82	钻削固定循环
G04	暂停	G53	机床坐标系设定	G85	镗削固定循环
G27	返回参考点检查	G54	工件坐标系 1 选择	G90	绝对坐标编程
G28	返回参考点	G55	工件坐标系 2 选择	G91	相对坐标编程
G29	从参考点返回起始点	G56	工件坐标系 3 选择	G92	工件坐标系设定/单一循环
G32	螺纹切削	G57	工件坐标系 4 选择	G94	每分钟进给量
G36	直径编程	G58	工件坐标系 5 选择	G95	每转进给量
G37	半径编程	G59	工件坐标系 6 选择	G96	恒线速度控制
G40	刀尖半径补偿取消	G70	精车循环	G97	恒线速度控制取消/恒转速控制
G41	刀尖半径左补偿	G71	内外径车削复合循环		
G42	刀尖半径右补偿	G72	端面粗车循环		

表 3.2　常用辅助功能 M 代码及其功能

代码	功　能	代码	功　能	代码	功　能	代码	功　能
M00	程序停止	M05	主轴停止	M10	工件、主轴夹紧	M22	Y 轴镜像
M01	选择停止	M06	自动换刀	M11	松开	M23	镜像取消
M02	程序结束	M07	1 号切削液开	M13	主轴正转,切削液开	M30	程序结束、复位并返回程序头
M03	主轴正转启动	M08	2 号切削液开	M14	主轴反转,切削液开	M98	调用子程序
M04	主轴反转启动	M09	切削液停止	M21	X 轴镜像	M99	子程序结束

3.2.1　名称和定义

3.2.1.1　刀位点。表征该刀具的一个特征点,用该点进行对刀。尖头车刀的刀位点为该刀具的刀尖;当刀尖带小圆弧时,其刀位点为刀尖圆弧中心;钻头、中心钻等刀具的刀位点为钻尖;平头立铣刀的刀位点为顶面中心;球头立铣刀的刀位点为顶面球心。数控加工时,数控系统的刀具运动轨迹的控制,实质上,就是控制该刀具刀位点的运动轨迹。编程时,程序中所给出的各节点的坐标,其实就是所用刀具刀位点的坐标。加工时的刀具轨迹,就是由一系列刀位点连成的直线或曲线,完成这一轨迹运动的操作是直线插补和圆弧插补的加工过程。

3.2.1.2　起刀点。刀具对零件切削运动的起点,也就是开始加工时刀位点的初始位置。

3.2.1.3　对刀点和工件坐标系。确定刀具与工件间相对位置的点称为对刀点,也是确定工件坐标系在机床坐标系中所处位置的点。

所谓对刀,就是将刀具的刀位点置于对刀点上,而建立起工件坐标系。当采用 G50X_Z_设定工件坐标系时,其对刀过程就是将刀位点置于 G50X_Z_程序段要求的工件坐标系内 X_Z_坐标位置上,也就是说,工件坐标系原点是按照该程序段要求的起刀点位置(X_,Z_)来确定的。这时,起刀点、对刀点和刀位点重合在一起,所以,一经对刀,就建立了工件坐标系。

其中 G50 为刀具偏置准备功能指令代码,机标(JB/T)3208—1999 规定了其功能和代码,该标准又与 ISO1056—1975 标准等效。所以国内外机床数控系统都采用之。执行此指令后,就建立了工件坐标系。而由我国"863 计划"自主开发的华中数控系统(HCNC),如华中Ⅰ型车削数控系统(HCNC-ⅠT)则用 G92 为建立工件坐标系准备功能指令代码;Siemens802S 系统,则采用 G54~G59 可设定零点偏置指令,预置于数控装置的零点偏置存储器与刀号对应的位置中,当加工过程中需要时,程序可选择与之相应的功能指令调用之,而建立起新的工件坐标系。

无论采用哪一准备功能指令代码和方法,均需经过对刀操作,确定各相关特征点的坐标值,才能建立工件坐标系,如图 3.5 所示。当采用了 G50 X30 Z40 直径编程建立工件坐标系时,按试切法使尖头车刀的刀尖(即刀位点)分别触及工件外圆和右端面,并测量工件的直径和长度值,以此值为准,将刀尖沿 X、Z 正方向移过各 15 mm,此时,刀尖位于 A 点,以点 A 作为开始切削加工的起始点,也就是编程起点,又是刀位点和对刀点;而 O 点为工件坐标系原点;则 O' 就是对刀基准点,因为以 O' 为基准移动刀具的。

3.2.1.4 对刀参考点。表征刀架在机床坐标系内位置的特征点,即机床返回参考点后,CRT 显示屏上显示的刀具所在位置的点,也可称为刀架中心或刀具参考点,即图 3.5 中的 B 点,对刀操作时,必须用到它。数控车床回参考点操作后,使刀架中心与机床参考点重合,即刀具远离工件的一极限位置,由机床生产厂调整定位了的固定点,常称为参考点。

3.2.1.5 换刀点。数控机床加工过程中,调换不同类型刀具的特征点。因为零件各组成部分几何形状的不同,须调换相应的刀具,才可加工。故在加工过程中,须经常换刀,而在编程时,就应设置换刀点。为防止碰撞,换刀点的位置应根据换刀时不碰撞到工件、夹具、机床部件的要求来设定。在数控车床上,通常以刀架远离工件的行程极限为换刀点。

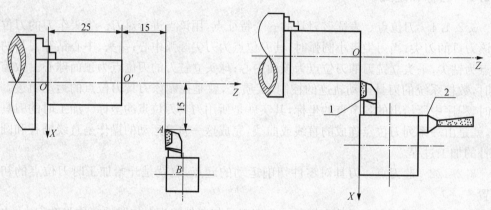

图 3.5 对刀时的各相关特征点　　　图 3.6 试切对刀法(一)

1-1号刀(基准刀);2-2号刀(非标刀)

3.2.2 对刀原理与方法

数控车床上常用的对刀方法有以下三种:试切对刀法、机械检测对刀仪对刀法和光学检测对刀仪对刀法。其中以试切对刀法最为常用。

3.2.2.1 试切对刀法。图 3.6 所示为试切对刀法的原理图,以 1 号 90°外圆车刀作

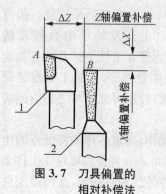

图 3.7 刀具偏置的
相对补偿法

1-1号刀(基准刀);
2-2号刀(非标刀)

为基准刀,在手动状态下,将 1 号刀的刀尖(尖头车刀),分别触及工件的右端面和外圆柱面。把当前的 1 号刀刀位点坐标值置零,作为基准,即 $X = 0,Z = 0$;正向退出 1 号刀,脱离工件,刀架转位,把 2 号刀,切槽刀左刀尖轻轻触及工件外圆柱面和端面,记下 CRT 显示屏上的增量坐标值 ΔX 和 ΔZ 值,即为 2 号刀的相对刀补值。

这种刀补值的测定方法,称为相对补偿法,即在试切对刀时,先将 1 号刀作为基准刀,设定一对刀基准点(如图 3.6),工件右端面与圆柱面的交点,即图 3.7 的 A 点,并把基准刀的刀补值设为零,然后,把 2 号刀,切槽刀的左刀尖与这一基准点 A 接触,测出它与基准刀在 X 轴、Z 轴向的偏置

量 ΔX、ΔZ 值,如图 3.7 所示。

所以对刀是数控机床加工时必不可少的操作,开机后无论刀位点处在什么位置,机床 CRT 显示屏上显示的坐标均为零。回参考点后,显示屏上都会显示出一组固定不变的坐标值,因为它所显示的是刀架中心(刀具参考点)在机床坐标系中的位置坐标值。对刀操作过程的目的,就是将所选用的刀具刀位点使之与 CRT 显示屏上所显示的坐标值统一起来,且还须统一在工件坐标系下,才能编程和加工。

当然,基准刀的刀补值,也可随实际测量结果而定,不必归零。例如下列对刀操作:

开机,回参考点后,试切工件外圆,用游标卡尺测出工件实际值 $\phi41.232$ mm,即尖头车刀刀位点的实际位置,同时,机床 CRT 显示屏上显示的坐标为 X201.152 mm,即刀架中心在机床坐标系内的 X 轴坐标值。然后,刀具移离外圆柱面,试切端面,此时,尖头车刀刀位点的实际位置为 Z0,因为 $XO'Z$ 是工件坐标系,但此时 CRT 显示屏上显示的坐标为 Z273.345 mm,即刀架中心在机床坐标系内的 Z 轴坐标值。

为了编程和加工的方便,每把刀具必须具有同一起刀点,如图 3.8 所示的 A 点。将各把刀的刀位点都调整到工件坐标系 $XO'Z$ 内的 A 点(X220,Z310)位置上。就尖头车刀而言,其刀尖要从对刀时的(X41.232,Z0)平移至(X220,Z310)位置上,即刀尖在 X 轴向平移 $220-41.232=178.768$(mm),Z 轴向平移 $310-0=310$ mm。用手摇轮或点动方式移动 X 轴和 Z 轴,使 CRT 显示屏上所显示的坐标,改变为:$X=201.152+178.768=379.92$(mm),$Z=273.345+310=583.345$(mm)。这时,显示屏上所显示的坐标值,仍然是在机床坐标系内的 X、Z 值(X379.920,Z583.345)。此时,只要执行了工件坐标系设定指令 G50,其程序段为:G50X220Z310,同时,刀具虽尚未移动,但 CRT 显示屏上立即改变为:X220,Z310,也就是当执行了 G50 指令后,CNC 系统也记下(X220.0,Z310.0),使 CRT 显示屏上原来为机床坐标系内的 X、Z 值,改变为工件坐标系 $XO'Z$ 坐标系内的 A 点坐标值了,如图 3.8 所示。

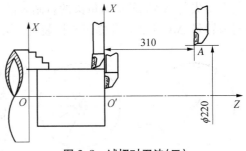

图 3.8　试切对刀法(二)

当采用多把刀具加工同一工件时,须在执行工件坐标系设定指令 G50 之前,将所用刀具分别对刀,然后计算出与基准刀的偏置相对补偿量 ΔX、ΔZ 值,参见图 3.7 所示。

按图 3.8 所示,以代数通式表达 1 号刀刀位点在机床坐标系内的坐标:

$$X_1=X_1'+(X_0-D_1) \qquad Z_1=Z_1'+(Z_0-L_1)$$

式中:$X_1'=201.152$ mm;$X_0=220$ mm;$D_1=\phi41.232$ mm;$Z_1'=237.345$ mm;$Z_0=310$ mm;$L_1=0$。

然后,退出 1 号刀,选择所需刀号的车刀,手动换刀,仍按上述试切法步骤,写出 2 号刀的代数式所表达的机床坐标系的坐标值:

$$X_2=X_2'+(X_0-D_2) \qquad Z_2=Z_2'+(Z_0-L_2)$$

设定 1 号刀为基准刀,非标刀 2 号刀相对于基准刀的刀偏值,就可由下式计算之:

$$\Delta X_2 = X_2 - X_1 = X'_2 - X'_1 - (D_2 - D_1)$$
$$\Delta Z_2 = Z_2 - Z_1 = Z'_2 - Z'_1 - (L_2 - L_1)$$

如果接下来还有 3 号刀则其相对于基准刀 1 号刀的刀偏值应为:

$$\Delta X_3 = X_3 - X_1 = X'_3 - X'_1 - (D_3 - D_1)$$
$$\Delta Z_3 = Z_3 - Z_1 = Z'_3 - Z'_1 - (L_3 - L_1)$$

由上述可知,在执行程序段 G50 建立起工件坐标系之前,应先将所用刀具在 X、Z 方向上的偏移量,在同一条件下测量出来,将每把刀的刀尖触碰同一工件(或标准棒或量块)的外圆柱面和端面,由此时机床 CRT 显示屏上的坐标值变化量,就可按上式计算出各把刀的刀位点位置的偏移量 ΔX、ΔZ 值。

然后,再将它作为刀具补偿值,输入到机床 CNC 系统内,完成这一步骤后,即可把以基准刀刀位点为基准,把已编制好的 G50 程序段,付诸执行,建立起工件坐标系。从此之后,在加工过程中,当调用其他各把非标刀具时,机床 CNC 系统会自动补偿其各自的相对偏移量,如图 3.7 所示。

3.2.2.2　机械检测对刀仪对刀法。如图 3.7 所示,在对刀基准点 A 的 X 轴和 Z 轴向各设置一机械测距仪传感器测量头,精度可达 0.01～0.001 mm。与标准刀具 1 号刀触碰时,可转动仪表读数刻度盘,将 1 号刀的测量值(读数值)置为零。然后,使 2 号刀切槽刀的左刀尖与 X 轴、Z 轴向量头的量砧表面分别接触,测出与基准刀在 X 轴和 Z 轴向的相对偏置量 ΔX 和 ΔZ,并修正数控装置内刀具补偿存储器中与该刀号相应的补偿值。

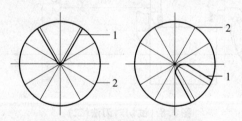

图 3.9　刀尖在网格镜头中的投影
1—刀尖投影;2—网格投影

3.2.2.3　机外对刀仪对刀法。机外对刀仪常用光学检测方法,将刀具随同刀夹一起,紧固在机外对刀仪的刀具台上,手摇对刀仪 X 轴、Z 轴进给手柄,使进给部件带动投影放大镜,沿着 X 轴向或 Z 轴向移动,直至刀尖与放大镜中的十字线交点重合为止(见图 3.9)。这时,由 X 轴向或 Z 轴向的读数测微器,分别读出 X 轴向、Z 轴向的长度值,就是该刀的对刀长度。使用时,将它连同刀夹一起安装到数控车床刀架的刀座上,并把它的对刀长度输入到相应刀补号的存储器中,数控系统就会给出相应的刀补值。所以,机外对刀方法实质上是测定了刀尖至刀具参考点间在 X 轴向、Z 轴向的距离。这一方法的最大优点,可将刀具在机床外预先对刀,不占用机床,提高了数控机床的利用率;其缺点是刀具必须连同刀夹一起进行对刀和上机使用,刀夹必须和刀具一样多。

3.2.2.4　自动对刀。利用机械检测对刀仪和机外对刀仪对刀,其对刀过程都是手工操作,所以都属于手工对刀法。使用数控机床的 CNC 系统,自动地精确测定刀具刀尖在 X 轴向和 Z 轴向的长度,自动地修正刀具补偿值,并且不用停机就能在加工过程中完成,譬如在加工过程中刀具的磨损,可以在加工过程中连续检测,不断地自动修正。这就是所谓具有刀具自动检测功能,也就是自动对刀。具有这类功能的机床,其 CNC 系统带有刀检传感器,其触头用超硬材料制成,外形为边长 7 mm 的立方体。刀具检测时,刀尖随刀架按规定程序向已设定位置的触头缓缓移动,与之接触,直至内部电路接通,发出电信号。数控系统即记录下该瞬时的刀尖坐标值,并将此值与原设定值进行比较,再将差值自动修正到刀具补偿值上,完成自动对刀。

3.3　零件图的数学处理和编程尺寸设定值的计算

对零件图的数学处理是数控加工中必不可少的工作,也是这一加工工艺过程的一大特点,数控操作人员在拿到零件图后,必须进行数字和图形的分析与计算,以选定编程原点和最终计算出编程尺寸设定值。

3.3.1　编程原点的选择

为了使数学处理与数据换算,尽可能简便,并使所有尺寸直观清晰,一看便明,应使编程指令中的数值,尽可能与零件图上的尺寸值一致,至少也得处在其公差范围以内。编程原点的位置选得合理与否,直接影响到对刀的准确性和难易程度,还影响到零件加工余量分布的均匀性,因此,车削件大多数都为回转体零件,其程序原点 X 轴向就都应取在零件加工表面的回转中心上,工件装夹后,其轴心线与车床主轴轴线同轴,从而,其编程原点的位置,通常就只需在 Z 轴向进行选择了。图 3.10 所示为 Z 轴向不对称的回转体零件,其程序原点在 X 轴向上的位置,毋庸置疑必在其轴心线上,而 Z 轴向的位置,通常仅须在其左右端面两者中选择。

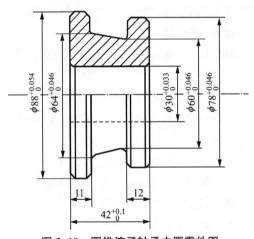

图 3.10　圆锥滚子轴承内圈零件图

综上所述,编程原点的选择原则为:

3.3.1.1　编程原点应选择在设计基准上,并力求把设计基准与定位基准统一,以避免因基准不重合而造成定位误差,以及不必要的尺寸换算。按此原则,当批量生产上述零件时,其编程原点就应选择在左端面上,使编程原点与定位基准、设计基准相互重合,并以定位基准直接对刀,或将对刀点设在夹具中专设的对刀元件上,以方便对刀,由借料调整获得所需尺寸,一次对刀即可加工整批零件。

3.3.1.2　编程原点的选择,须有利于对刀,容易找正,减小对刀误差。如图 3.10 零件所示,当单件生产时,用准备功能指令 G50 或 G92 建立起工件坐标系时,就应选择右端面中心为编程原点,通过试切对刀法,直接确定编程原点在 Z 轴向的位置,不用测量,周围空间也大,找正方便,对刀容易,对刀误差也小。

3.3.1.3　编程原点的选择须使编程方便。如图 3.11 所示零件,为了编程方便,就应

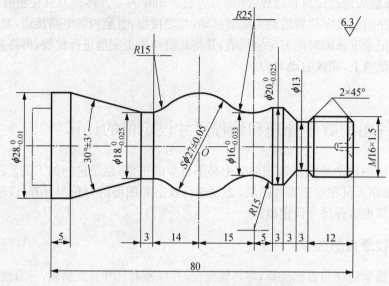

图 3.11　轴类回转体零件,材料: 45 钢

该选择零件的球面中心,即图 3.11 中的点 $O(0, 0)$ 作为编程原点,使各个节点的编程尺寸计算起来方便又简单。

3.3.1.4　编程原点的选择,须使零件在毛坯上所处的位置容易准确定位,而且分配至各加工表面上的余量也比较均匀。

3.3.1.5　轴对称零件的编程原点,应该选择在对称中心位置上,可易于保证加工余量均匀,还可方便地利用镜像功能(Mirror Image)指令进行编程,只要编写一个程序,即可完成两个工序,且零件的外形加工精度又较高。例如外形含有如椭圆等曲面的零件,Z 轴向编程原点,应取在椭圆的对称中心上为最佳方案。

以上所述各点操作要领,都是实践中归纳出来的经验总结,具体选择编程原点时,究竟以哪一条原则为准,则要按所加工零件等的具体情况,在保证加工质量的前提下,以操作方便、加工效率更高的原则来选用。

3.3.2　编程尺寸设定值的计算

所谓编程尺寸设定值,就是零件图上各个节点编程时拟订的尺寸。理论上,应取该尺寸误差分布中心值,但因事先并未掌握该尺寸误差分布中心的确切位置,就只能先用平均尺寸替代之,以待根据试加工结果进行修正,消除其受定值系统误差的影响因素。

3.3.2.1　编程尺寸设定值的计算步骤:

3.3.2.1.1　高精度尺寸的数据处理:可将其基本尺寸及其公差都换算成平均尺寸,作为编程尺寸设定值使用。

3.3.2.1.2　图形上各部分几何关系的处理:必须保持原有几何关系不变,如几何角度、相切、相割等形位关系须没有变化。

3.3.2.1.3　低精度尺寸可适当调整:以便通过调整,维持零件上原有形位关系不受影响。

3.3.2.1.4 各编程节点坐标尺寸的计算：必须按经过调整后的尺寸计算之。

3.3.2.1.5 编程尺寸的修正：根据调整后的尺寸编程，并试加工少量零件，测量其各关键尺寸的实际误差分布中心，并求出其尺寸中的定值系统误差，予以剔除之。调整编程尺寸设定值并修订程序，供下面生产时实际使用。

3.3.2.2 应用实例。下例将具体地介绍上述各项原则的实际应用，它是数控加工零件编程前的必需步骤。以图 3.11 所示轴类回转体零件为例，进行数控车削加工前，编程尺寸的数值计算。其步骤如下：

3.3.2.2.1 把零件图上的高精度尺寸，都换算成平均尺寸，供编程使用。

$\phi 28_{-0.01}^{0}$ 换算为：$\phi 27.995 \pm 0.005$；　　　$\phi 18_{-0.025}^{0}$ 换算为：$\phi 17.9875 \pm 0.01225$；

$\phi 16_{-0.033}^{0}$ 换算为：$\phi 15.9835 \pm 0.01665$；　　　$\phi 20_{-0.025}^{0}$ 换算为：$\phi 19.9875 \pm 0.01225$。

所以要这样换算，可从换算前后的尺寸标注上看出：编程尺寸设定值取换算后的基本尺寸，则换算后的尺寸公差对称分布在基本尺寸的两侧，即使不可避免地稍有误差，加工后的零件实际尺寸也仍会处在公差范围内，不致超差。如果未经换算，直接以换算前的基本尺寸为编程尺寸设定值，其公差呈单向分布，基本尺寸即是最大极限尺寸，稍有随机误差，如刀具磨损、让刀变形等，加工后的零件实际尺寸就可能超差，难以满足图面要求。由此可知，这一计算的作用和重要性了。

其实，即使在普通机床上加工时，经验丰富的操作者也是这样试切对刀的，绝不会以最大极限尺寸作为对刀试切设定值的。不过在数控加工时，因为需要编程的缘故，这一步骤就更显得重要和突出了。

3.3.2.2.2 由于上述高精度尺寸的修订，还须保持零件图上各部分几何关系无变化，必须适当调整各相关的低精度尺寸，作为编程尺寸设定值。

根据上述编程原点选择原则，将工件坐标系原点，即编程原点设定在零件图上（见图 3.12）点 O，工件径向为 X 轴，轴向为 Z 轴。点 A 为坐标原点 O 左侧 $R15$ 圆弧的圆心；点 B 为左侧 $R15$ 圆弧与 $SQ27$ 球面圆弧的切点；点 C 为工件坐标系原点 O 右侧 $R25$ 圆弧与 $SQ27$ 球面的切点；点 D 为右侧 $R25$ 圆弧与右侧 $R15$ 圆弧的切点；点 E 为 $R25$ 圆弧的圆心。为了维持这些几何关系不受影响，必须尽可能保持这些单元部分间的相关尺寸，其中点 E 至零件轴线的距离为：$25 + 8 = 33$，这是原零件图上的相关尺寸，如图 3.11 所示。经过换算，点 D 至零件轴线的距离修订为 7.99175，所以点 D 的圆弧半径 $R25$，应调整为：$33 - 7.99175 = 25.00825$；同样地，为保持线段 OE 距离仍为零件图上原尺寸 38.5，则以点 O 为球心的球面半径应调整为：$38.5 - 25.00825 = 13.49175$，球直径为：$S\phi 26.9835$。

3.3.2.2.3 按上述调整后的编程尺寸设定值，逐一计算出各相关节点的编程尺寸为：

点 A 的坐标为：$X_A = 23.992$；　　$Z_A = -15.365$

点 B 的坐标为：$X_B = 11.362$；　　$Z_B = -7.276$

点 C 的坐标为：$X_C = 11.564$；　　$Z_C = 6.948$

点 D 的坐标为：$X_D = 7.992$；　　$Z_D = 15$

点 E 的坐标为：$X_E = 33$；　　　　$Z_E = 15$

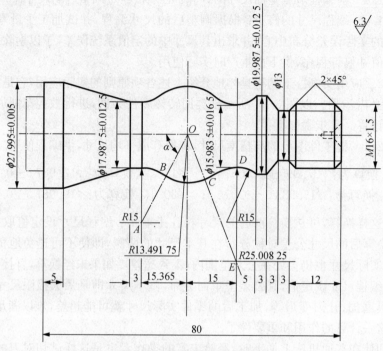

图 3.12　零件的编程尺寸设定值

3.4　数控车床的操作方法

3.4.1　安全操作规程

　　数控机床是自动化程度较高、机电一体化、结构较复杂的加工设备,要充分发挥其优越性,提高生产率,工作人员的业务素养和文明生产十分重要,应熟练掌握数控机床的性能,养成良好的工作习惯和严谨的工作作风,具有优秀的专业素质、高度的责任心和团队协作精神。工作时,必须严格遵守下列安全操作规程:

　　3.4.1.1　启动机床前必须做到:

　　3.4.1.1.1　操作人员应穿戴好工作服和鞋帽,准时上下班。保持机床周围环境整洁。以高度的工作责任心管理和使用机床。操作时,切勿戴手套。

　　3.4.1.1.2　充分熟悉所用数控机床的性能和操作方法后,方可开始操纵该机床。

　　3.4.1.1.3　通电前,检查电压、气压、油压是否位于额定工作状态。

　　3.4.1.1.4　检查机床各运动部件是否处于工作状态。

　　3.4.1.1.5　检查工作台位置是否处在越位状态。

　　3.4.1.1.6　检查电气元件是否已牢固接触,接线可靠。接地线是否可靠连接。

　　3.4.1.1.7　完成了开机前的各项准备工作后,才合上机床电源总开关,并打开操作箱上"机床锁住"键。

3.4.1.2 机床启动过程中必须做到：

3.4.1.2.1 遵照机床说明书规定的开机顺序，仔细操作。

3.4.1.2.2 开机时，须先进行回机床参考点操作，以建立机床坐标系。

3.4.1.2.3 开机后，空运转 15 min 以上，以达到机床热平衡状态。

3.4.1.2.4 关机后，必须停机 5 min 以后才可再次开机，不得随意频繁地开机和关机。

3.4.1.3 调试过程中必须做到：

3.4.1.3.1 修订、调试程序和首件试切前，须先空运行模拟，以确认程序的正确性。

3.4.1.3.2 按加工工艺要求，安装、调整夹具，并清理各定位面上的切屑和油污。

3.4.1.3.3 按工件定位要求，装夹工件，准确定位，夹紧牢固，防止加工时工件松动。

3.4.1.3.4 安装所用刀具，各把刀具的刀位号，必须与程序上的刀号严格一致。

3.4.1.3.5 按编程原点设定点进行对刀，建立工件坐标系。并以经过对刀的刀具为准，其余所用刀具分别找出长度补偿或刀位补偿。

3.4.1.3.6 设定刀具半径补偿。

3.4.1.3.7 确保冷却液输送流畅，流量足够。

3.4.1.3.8 反复检查所建立的工件坐标系的正确性。

3.4.1.4 加工过程中必须做到：

3.4.1.4.1 加工过程中不得擅自重新调整刀具或测量工件尺寸。

3.4.1.4.2 自动加工时须始终注意机床工作状况，严禁擅自离岗，防止发生故障。

3.4.1.4.3 及时检查加工件尺寸，掌握刀具的磨损状况。

3.4.1.4.4 机床运行状况下禁止变速。

3.4.1.4.5 关机或交接班时，将加工情况和关键数据等，应予记录备查。

3.4.1.4.6 从上到下地清理机床，并在相对运动件表面上，注上防锈油。

3.4.1.4.7 关机后，先清理机床，所有工具放归原位，最后，清扫周围场地。

3.4.2 操作方法

3.4.2.1 Fanuc - OTE 数控系统的控制面板和机床操作面板。

数控车床的数控系统控制面板和机床操作面板，通常都安装在机床前面的右上方，以使站立于机床前面的操作人员便于操作和观察。其上面部分为数控系统控制面板，也称为 CRT/MDI 操作面板；下面部分为机床操作面板。

下面以 MJ - 50 型数控机床为例，予以阐述。

3.4.2.1.1 数控系统的控制面板。简称为 CRT/MDI 面板，其外观如图 3.13 所示。由 CRT 显示器和 MDI（Manual Data Input，手动数据输入）键盘两部分构成。键盘和显示器是数控系统不可缺少的人机互动交流设备，操作人员通过键盘和显示器输入程序，编辑、修改程序，发送操作命令；MDI 是现代数控系统最重要的输入方式之一，而键盘是 MDI 中最主要的输入设备；显示器则给操作者提供了程序编辑和机床加工信息等的显示，现代数控机床的数控系统控制面板上，都配有 CRT 显示器或点阵式液晶显示器，能够显示字符、加工轨迹和零件图形等各种信息。

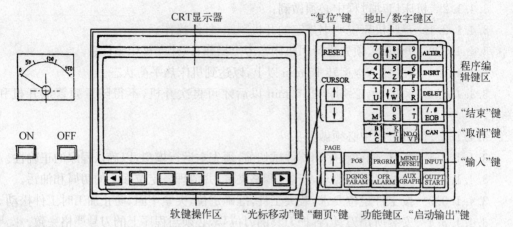

图 3.13 FANUC - OTE 数控系统操作面板

下面先认识和熟记显示器与键盘上各按钮的名称及用途：

3.4.2.1.1.1 CRT 显示器。用以显示数控机床的各种参数和信息。如机床参考点坐标、刀具起始点坐标、输入数控系统的指令、数值、刀具补偿量的数值、报警信号、自诊断结果、溜板快速移动速度和间隙补偿值等。在 CRT 显示器屏下方为软键操作区，共有 7 个软键，用于各种 CRT 显示屏显示内容的选择。

3.4.2.1.1.2 MDI 键盘。

3.4.2.1.1.2.1 主功能键区。有 6 个功能键，用于选用数控系统的不同操作方式。在自动（AUTO）或手动数据输入（MDI）操作方式下，启动机床运行程序，可以按启动（Start）键；在程序运行过程中切不可切换到其他操作方式，一定要待程序执行完成，或按下复位（Reset）键，终止运行后，才能切换到其他操作方式，各功能键的用途如下：

位置（POS）键：显示坐标的位置。

程序（PRGRM）键：显示程序内容。在编辑方式下，编辑、显示存储器中的程序；在手动数据输入方式下，输入、显示手动输入数据；在自动运行方式下，显示程序指令值。

偏置量（Menu Offset）键：设定和显示刀具的偏置量。

参数诊断（DGNOS/PARAM）键：用于参数的设定和显示，以及自诊断数据的显示。

报警操作（OPR/ALARM）键：显示报警信号。

图形显示（AUX/GRAPH）键：用于图形显示。

3.4.2.1.1.2.2 输入（Input）键：按下此键，可输入参数和刀具补偿值等；也可在手动数据输入方式下，输入指令数据。

3.4.2.1.1.2.3 地址/数字键区。共有 15 个键。同一个键既可用于输入地址，也可输入数值和符号。按下此键后，输入的信息都显示在 CRT 显示屏的最下一行。此时，仅把相关信息输入到了缓冲存储器内，如要把这些已在缓冲存储器内的信息，输入到偏置存储器内，还须按下插入（INSRT）键。

3.4.2.1.1.2.4 程序编辑键区。共 3 个键，用于数控程序的编辑加工：

修改（Alter）键：用于程序的修订。

插入（INSRT）键：用于程序的插入。按下该键，可在程序中插入新的程序内容或新的程序段。先输入新的程序内容,再按该键。则新的程序内容将插入光标所在点的后面;还可用于建立新的程序段,先输入新的程序段号再按该键,则在系统中将建立新的程序段。

删除(Delete)键:用于程序的删除。按该键可删除光标所在之处的程序内容。如需删掉某段程序内容,可先移动光标到所删除处,然后按下该键,即可删除掉该段程序内容。

3.4.2.1.1.2.5　启动/输出(OUTPT/Start)键:按下此键,执行手动数据输入(MDI)方式下的指令;还可用于输入/输出设备的输出执行。

3.4.2.1.1.2.6　复位(Reset)键:用于解除警报,使数控系统复位。当机床自动运行时,按下此键,则机床的所有操作都停下来。在此状态下,若要恢复自动运行,须将溜板返回机床参考点,程序将从头执行。

3.4.2.1.1.2.7　翻页(Page)键:用于将 CRT 显示器屏显示的页面整幅更换。"Page↑"键向前翻页;"Page↓"键向后翻页。

3.4.2.1.1.2.8　光标移动(Cursor)键:用于使 CRT 显示屏上的光标移动。"Cursor↑"键将光标向上移动;"Cursor↓"键将光标向下移动。

3.4.2.1.1.2.9　取消(CAN)键:用于删除已输入缓冲存储器内的最后一个字母或数字。如输入缓冲存储器后,屏幕上显示为:N100,再按一下此键,则最后输入的一个 0 被取消,并在屏幕上显示为 N10。

3.4.2.1.1.2.10　结束(EOB)键:也称为"回车键"。按下此键程序段结束,并输入程序段结束号如";"。

3.4.2.1.2　机床操作面板。如图 3.14 所示,其上各开关和按钮的功能及操作方法,按图中顺序,详述如下:

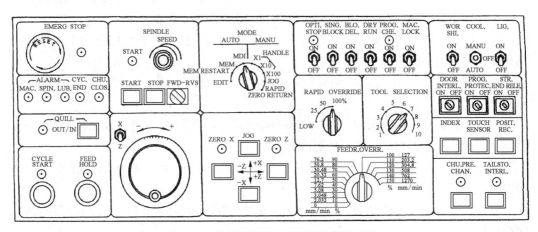

图 3.14　数控车床的机床操作面板(MCP)

3.4.2.1.2.1　程序启动(Cycle Start)键:用于自动方式下自动运行的启动,指示灯亮,机床处于自动运行状态。

3.4.2.1.2.2　进给保持(Feed Hold)键:在自动运行状态下,按下此键,溜板停止移动,机床处于暂停进给状态,但辅助功能(M)、主轴功能(S)、刀具功能(T)仍然有效,指示灯亮。如再按下启动键,机床恢复运行。

3.4.2.1.2.3　手摇脉冲发生器(Manual Pulse Generator)：通常称为手摇轮或手轮。转动手轮,使车床溜板沿 X 轴或 Z 轴移动,其每转移动量,由操作模式选择旋钮设定之；由其左上角的指示开关选定溜板移动的坐标轴。手轮顺时针方向转动,车床溜板正向移动；逆时针方向转动,溜板反向移动。

3.4.2.1.2.4　点动(Jog)键：点动键有 4 个(+X、−X、+Z、−Z),每次只能按下一个。按下时,溜板移动,放开手,溜板停止移动。

3.4.2.1.2.5　快速倍率(Rapid Override)旋钮：倍率分为 100％、50％、25％和最低(Low)四档,以 X 轴为例,旋钮指在 100％位置时,移动速度为 10 m/min；在 50％位置时,为 5 m/min；在 25％时,为 2.5 m/min；在最低位置时,为 0.4 m/min。当采用操作模式选择(Mode)旋钮,快速移动溜板时,其移动速度就是由它指定的。

3.4.2.1.2.6　进给倍率(Feedrate Override)旋钮：在自动运行时,由 F 代码指定的进给速度,可以用此旋钮来调整,调整范围为 0～150％,每格增量 10％；在点动方式下,进给速度可以在 0～1 270 mm/min 范围内调整。在车削螺纹时,不允许调进给率。

3.4.2.1.2.7　刀具选择(Tool Selection)旋钮：用于选择刀架上的任意一把刀具。

3.4.2.1.2.8　刀架转位(Index)键：在手动方式下,当用刀具选择旋钮指定了刀具号之后,按下此键即可换刀。

3.4.2.1.2.9　对刀仪(Touch Sensor)键：在有对刀仪的车床上使用。手动方式下,用于对刀仪的摆动定位。

3.4.2.1.2.10　卡盘压力转换(Chuck Press Change)键：用于卡盘夹紧压力的设定。按下此键为低压力,指示灯亮；再按一下,为高压力,指示灯熄。

3.4.2.1.2.11　尾座锁紧(Tail Stock Interlock)键：开机后,尾座处于锁紧状态,指示灯熄。按下此键,松开尾座,指示灯亮。再按一下,尾座又锁紧。

3.4.2.1.2.12　位置记录(Position Record)键：用于将刀具补偿值作为工件坐标系与机床坐标系的差值来设定。

3.4.2.1.2.13　电气箱门锁紧(Door Interlock)旋钮：用于打开或关闭机床电气箱门。

3.4.2.1.2.14　程序保护(Prog protection)旋钮：接通时,可进行加工程序的编辑、存储；断开时,存储器内的程序不能更改。

3.4.2.1.2.15　超程解除(Stroke End Release)旋钮：用于解除因超程而引起的报警。

3.4.2.1.2.16　机床照明(Light)开关：在"ON"位置时,照明灯亮；在"OFF"位置时,照明灯熄。

3.4.2.1.2.17　冷却液(Coolant)开关：开关置于手动(Manu)位置,以手动方式启动冷却系统；置于自动(Auto)位置,则在加工过程中,以 M 代码指令冷却系统的开停；置于"OFF"位置,冷却系统停止。

3.4.2.1.2.18　工件坐标偏置(Work Shift)开关：用于装有对刀仪的机床。

3.4.2.1.2.19　机床锁定(Machine Lock)开关：开关置于"ON"位置,仅溜板不能移动；置于"OFF"位置,所有操作都正常执行。

3.4.2.1.2.20　程序检查(Prog Check)开关：开关置于"ON"位置，用于检查加工程序，此时，程序中的 M、S 代码无效，T 代码有效，溜板以空行程速度移动；置于"OFF"位置时，正常操作。

3.4.2.1.2.21　空运行(Dry Run)开关：开关置于"ON"位置，程序中的 F 代码无效，溜板以进给倍率开关指定的速度移动，快速移动有效；置于"OFF"位置时，F 代码有效。

3.4.2.1.2.22　程序段跳过(Block Delete)开关：开关置于"ON"位置，对于程序段开头有"/"符号的程序段会跳过，不执行；置于"OFF"位置时，"/"符号无效。

3.4.2.1.2.23　单步运行(Single Block)开关：开关置于"ON"位置，在自动运行模式下，执行一个程序段后，自动停止；置于"OFF"位置时，则程序连续运行。

3.4.2.1.2.24　选择停止(Optional Stop)开关：开关置于"ON"位置时。一旦程序运行到 M01 时，即暂停运行，主轴停止，冷却液停，指示灯亮。按下程序启动键，继续执行下面的程序；置于"OFF"位置时，M01 代码功能无效。

3.4.2.1.2.25　操作模式选择(Mode)旋钮：

在自动(Auto)模式下，有四种模式可操作：

编辑(Edit)模式：可将加工程序手动输入存储器，也可对存储器内的程序进行修改、插入和删除。

自动启动(Mem Restart)模式：装有自动装料装置的机床，可实现连续自动上料和加工。

存储器(MEM)模式：机床执行存储器内的程序，自动加工工体。

手动数据输入(MDI)模式：利用手动数据输入键盘，直接把程序段输入存储器内，并立即运行，这一方法称为 MDI 操作模式。而用 MDI 键盘把加工程序输入存储器内的方法，称为手动数据输入。

在手动模式(Manu)下，也有 4 种模式可操作：

手摇轮(Handle)模式：可转动手摇轮，使溜板移动，每次只能移动一个坐标轴，并可选用 1、10、100 三种倍率中的移动速度。

点动(Jog)模式：由此模式使溜板移动，移动速度由进给倍率旋钮设定。

快速点动(Rapid)模式：用点动(Jog)键快速移动溜板，移动速度由快速倍率旋钮设定。

返回参考点(Zero Return)模式：用点动(Jog)键，使 X、Z 轴返回参考点，指示灯亮。

3.4.2.1.2.26　主轴(Spindle)功能键：

正反转(FWD‑RVS)旋钮：用于指定主轴的旋转方向。

停止(Stop)键：按下此键，主轴停止转动。

启动(Start)键：按下此键，在手动模式下，主轴沿指定方向旋转；在自动模式下，主轴正转，以检查工件的装夹状况，指示灯亮，表明主轴正在转动。

速度调整(Speed)旋钮：用于调整主轴转速。

3.4.2.1.2.27　紧急停机(Emergency Stop)键：一旦出现异常情况时，按下此键，机床立即停止工作。故障排除，须恢复机床工作时，可按照键上的箭头方向转动，键即弹起复位。

3.4.2.1.2.28 报警(Alarm)指示灯：

机床(Machine)报警灯：机床因电动机过载、液压系统压力不足、换刀错误、卡盘尚未夹紧等情况时，主轴却开始转动，该报警灯亮。

主轴(Spindle)报警灯：主轴伺服系统出现异常情况时，报警灯亮。

润滑(Lub)报警灯：润滑油不足时，报警灯亮。

3.4.2.1.2.29 程序结束(Cycle End)指示灯：当完成一个工件时，指示灯亮。

3.4.2.1.2.30 卡盘夹紧(Chuck Closed)指示灯：用于检测卡盘是否夹紧。夹紧时，指示灯亮。

3.4.2.1.2.31 套筒伸缩(Quill Out/In)键：按下此键，尾座套筒伸出，键左侧的指示灯亮；再次按一下，套筒退回，指示灯熄。

3.4.2.2 Fanuc 系统数控车床的操作步骤。当工件加工程序编制工作完成后，就可操纵机床对工件进行切削加工。机床的操作步骤如下：

3.4.2.2.1 数控车床的启动与停车。

3.4.2.2.1.1 接通电源，启动机床。在机床主电源开关接通之前，操作人员须对机床防护门等是否关闭、卡盘是否夹紧、油标液面位置是否达到要求等事项，进行详细检查。达到要求后，才能进行下面的操作：

3.4.2.2.1.1.1 合上机床主电源开关，机床工作指示灯亮，冷却风扇启动，润滑冷却液泵、液压泵启动。

3.4.2.2.1.1.2 按下数控系统控制面板上左边的启动(ON)键，CRT 显示屏上显示机床的初始位置坐标值。

3.4.2.2.1.1.3 查看机床总压力表，所显示的压力(4 MPa)正常否。

3.4.2.2.1.2 机床的停车。无论在手动或自动运行状态下，当加工完工件后或出现不正常情况时，均需机床立即停车。可用下列 4 种操作方法来实现：

3.4.2.2.1.2.1 按下紧急停机(Emergency Stop)键，这时，除润滑油泵外，机床的所有移动和功能均立即停止。同时，CRT 显示屏上显示 CNC 数控未准备好(Not Ready)的报警信号。

一旦故障排除后，可顺时针方向转动该键，让它自动弹起复位，紧急状态解除。但要恢复机床工作，必须进行返回机床参考点的操作。

3.4.2.2.1.2.2 按下复位(Reset)键，这时，在自动运行过程中的机床，全部操作都停止，实现紧急停车。

3.4.2.2.1.2.3 按下数控系统控制面板上 CRT 显示屏左边的电源断开(OFF)键，机床立即停车。

3.4.2.2.1.2.4 按下进给保持(Feed Hold)键，这时，在自动运行状态下的机床溜板停止移动，但机床的其余功能仍然有效。当需要机床重新开始恢复运行时，可按下程序启动(Cycle Start)键，使机床从当前位置开始，继续执行下面的程序。

3.4.2.2.2 手动操作。当机床按照加工程序自动加工工件时，机床的操作基本上是自动的。而其他情况下，需手动操作。

3.4.2.2.2.1 手动返回机床参考点。一旦机床断电后，其数控系统就失去了对参考点坐标的记忆。再次接通电源后,操作者须首先进行返回参考点的操作。

此外,当机床在工作过程中,遇到紧急停车信号或超程报警信号,待故障排除后,恢复机床工作时,必须首先进行返回机床参考点的操作。其操作步骤如下:

3.4.2.2.2.1.1　将操作模式选择(Mode)旋钮置于回参考点(Zero Return)模式。当溜板上的挡块距参考点的距离不足 30 mm 时,须先用点动(Jog)键使溜板向参考点的负方向移动,直至其距离>30 mm,才停止点动。然后再返回参考点。

3.4.2.2.2.1.2　分别按下 X 轴和 Z 轴点动(Jog)键,使溜板沿 X 轴或 Z 轴正向移向参考点。这时,应一直按住点动(Jog)键,直至返回参考点,指示灯亮,才松开。当溜板移至与参考点相近位置时,系统会自动减速慢行。

3.4.2.2.2.2　溜板的手动进给。当手动调整机床时或刀具快速移动,要求接近和离开工件时,需要手动操作溜板进给。溜板进给的手动操作方法有两种:

3.4.2.2.2.2.1　快速移动:装刀或手动操作时,要求刀具快速移近或移离工件,其操作方法如下:将操作模式选择(Mode)旋钮置于快速点动(Rapid)模式下;用快速倍率(Rapid Override)旋钮,选定溜板快速移动速度;按下点动(Jog)键,使刀架快速移至预定位置。

3.4.2.2.2.2.2　手摇轮进给:手动调整刀具时,需用手摇轮确定刀尖的准确位置,或在试切时,一面用手摇轮微调进给速度,一面观察切削情况,其操作步骤如下:将操作模式选择(Mode)旋钮置于手摇轮(Handle)模式;选定手摇轮每转过 1 格溜板的位移量,将操作模式选择(Mode)旋钮转至×1 档时,手摇轮每转 1 格,溜板移动 0.001 mm;×10 档时,溜板移动 0.01 mm/每格;×100 档时,溜板移动 0.1 mm/每格;把手摇轮左边的 X、Z 轴选择开关,扳向需要溜板移动的坐标轴;转动手摇脉冲发生器,刀架按规定的方向和速度移动。

3.4.2.2.2.3　主轴的操纵。

3.4.2.2.2.3.1　主轴的启动和停止:用于调整刀具或调整机床,其操作步骤如下:将操作模式选择(Mode)旋钮置于手动(Manu)模式下;用主轴功能(Spindle)键中的正反转(FWD－RVS)旋钮,确定主轴转向。旋钮指向(FWD)位置时,主轴正转,指向(RVS)时,主轴反转;将速度调整(Speed)旋钮转至低转速区,以防主轴突然加速;按下启动(Start)键,主轴旋转。在主轴转动过程中,可通过速度调整(Speed)旋钮,改变主轴转速。主轴实际转速显示在 CRT 显示屏上。

按下主轴停止(Stop)键,主轴停止转动。

3.4.2.2.2.3.2　主轴的点动:为使主轴转到便于装卸卡爪和检查工件装夹情况的位置,其操作步骤如下:将操作模式选择(Mode)旋钮置于自动(Auto)模式下;主轴正反转(FWD－RVS)旋钮指向所需的旋转方向;按下主轴启动(Start)键,主轴旋转。该按键一旦弹起复位,主轴即停止转动。

3.4.2.2.2.4　刀架的转位。在装卸刀具、测量切削刀具的位置,以及试切时,都需手动操作,使刀架转位。其操作步骤如下:先将操作模式选择(Mode)旋钮置于手动(Manu)模式下;将刀具选择(Tool Selection)旋钮置于指定的刀具号位置上;按下刀架转位(Index)键,回转刀架上的刀盘顺时针方向转至指定的刀位。

3.4.2.2.2.5　尾座的手动操作。

3.4.2.2.2.5.1　尾座体的移动:用于轴类零件加工时,调整尾架位置或加工短轴和盘类零件时,将尾座移至所需适宜位置,其操作步骤如下:将操作模式选择(Mode)旋钮置于手动(Manu)模式下;按下尾座锁紧(Tail Stock Interlock)键,松开尾座,指示灯亮;把尾座体移至所需位置;再次按下尾座锁紧(Tail Stock Interlock)键,锁紧尾座,指示灯亮。

3.4.2.2.2.5.2 尾座套筒的移动。在加工轴类零件时,用于顶尖顶紧或松开工件,操作方法如下:首先,将操作模式选择(Mode)旋钮置于手动(Manu)模式下;按下套筒伸缩(Quill)键,尾座套筒带着顶尖伸出,指示灯亮;再次按下套筒伸缩(Quill)键,尾座套筒带着顶尖退回,指示灯熄。

3.4.2.2.2.6 卡盘的夹紧和松开。机床在手动操作或自动运行时,卡盘的夹紧和松开是由脚踏开关操纵的,操作步骤如下:先调节好电气箱内卡盘夹紧-松开开关;如果第一次踏下脚踏开关时,卡盘松开;则第二次再踏时,卡盘就夹紧。

3.4.2.2.2.7 工件棒料与刀具的夹紧。

3.4.2.2.2.7.1 工件棒料的夹紧。用三爪自动定心卡盘夹持工件棒料,棒料的伸出长度既要考虑到零件的加工长度,又要留有足够的退刀距离;棒料中心线应与机床主轴中心同轴;夹持已精车过的外圆柱面时,必须用软爪,以防损伤已加工表面。

3.4.2.2.2.7.2 刀具的安装。安装刀具时,必须注意下列事项:

车刀不能伸出过长;

刀尖与主轴中心线等高;

安装螺纹车刀时,需用螺纹样板对刀;切槽刀须装正,以保证两侧副偏角对称。

3.4.2.2.3 程序的输入、检查和修改。

3.4.2.2.3.1 程序的输入。将编制好的加工程序,输入到机床数控系统内,以实现机床的自动加工。程序的输入方法有两种,一种是通过程序直接传输(DNC, Direct Numerical Control,计算机直接数控)方式输入;常用的另一种是通过手动数据输入(MDI),键盘输入,其操作方法如下:

将程序保护(Prog Protection)旋钮置于启动(ON)位置;

操作模式选择(Mode)旋钮置于编辑(Edit)模式;

按下数控系统控制面板上主功能键区内的程序(PROGRM)键,用地址/数字键输入程序号后,按下输入(Input)键,则程序号已输入;

按照已编制的程序单,输入相应程序段的字符和数字,然后按下输入(Input)键,则程序段内容已输入;

按下结束(EOB)键,随后,按下输入(Input)键,则程序段结束符号如";"号已输入;

依次输入各程序段,每输入一个程序段后,按下结束(EOB)键,再按下输入(Input)键,直至全部程序输入完毕。

3.4.2.2.3.2 程序的检查。已输入到机床数控系统存储器内的程序,还须仔细检查,对所发现的程序指令错误、坐标值错误和几何图形错误等进行修改。待复核无误,完全正确后,才进行空运行操作。

检查程序的方法:对零件图形进行模拟加工,逐段地执行程序,以检查其正确与否。操作方法如下:手动操作,返回机床参考点;在未装工件的情况下,把卡盘夹紧;将操作模式选择(Mode)旋钮置于存储器工作(Mem)模式下;机床锁定(Machine Lock)旋钮置于启动(ON)位置；单步运行(Single Block)开关置于启动(ON)位置上；按下数控系统控制面板上主功能键区的程序(PRGRM)键，用地址/数字键输入所检查的程序号，CRT 显示屏上显示出该程序；将光标移到程序号下，按下程序启动(Cycle Start)键，机床开始自动运行，指示灯亮；CRT 显示屏上显示出正在运行的程序。

3.4.2.2.3.3　程序的修改。程序输入后，如发现错误，须立即修改。对程序段的修改、插入和删除的操作步骤如下：将程序保护(Prog Protection)旋钮置于启动(ON)位置；把操作模式选择(Mode)旋钮置于编辑(Edit)模式下；按下数控系统控制面板上主功能键区的程序(PRGRM)键，用地址/数字键输入所需修订程序的程序号，CRT 显示屏上显示出该程序；移动光标到要修订的位置上，当输入需要更改的字符后，按下控制面板上编辑键区的修改(Alter)键；当插入新的字符时，按下插入(INSRT)键；当需要删除字符时，按下删除(Delete)键。显示屏上显示出修订后的程序段。

3.4.2.2.3.4　刀具补偿值的输入和修改。为了方便编程和保证加工精度，加工过程中须进行刀具补偿。每一把刀具的补偿量，都在空运行前已输入到数控系统内，以便在程序运行时，自动补偿。同时，为了编程和操作方便，通常将 T 代码指令中的刀具编号和刀具补偿号保持一致，如 T0101 中，前面的"01"表示刀具号，后面的"01"表示刀具补偿号。T0404 中，前面的"04"表示刀具编号，后面的"04"表示刀具补偿号。

刀具补偿功能：简称为刀具功能，也称为 T 功能，即实现刀具选择和刀具补偿的功能，其指令格式为：

Txx xx

T 功能字符后面的 4 位数字中，前两位 xx 为刀具编号，即位置号；后两位 xx 为刀具补偿号。刀具位置号从 01 组开始，00 组表示取消刀补。通常以同一编号指令刀具位置号和刀具补偿号，以减少编程错误。数控车床的刀具补偿功能，包括刀具位置补偿和刀尖圆弧半径补偿两方面。

刀具位置补偿：刀具位置补偿又称为刀具偏置补偿或刀具偏移补偿。凡遇以下情况，均需进行刀具位置补偿：

情况之一：在数控加工时，常用不同尺寸的刀具，加工同一尺寸的工件轮廓。而编程时，只能用其中一把的尺寸为基准，设定其在工件坐标系中的刀位点。因此，必须利用刀具位置补偿功能，将其余刀具的刀位点都偏移到基准刀具的刀位点上。

情况之二：就同一把刀具而言，重磨后再安装到程序所设定的位置上，总不可避免地出现一定的位置误差。因此，必须在编程时顾及这一点，用刀具位置补偿功能来修正这一安装位置误差。

情况之三：在切削过程中，刀具都会磨损，造成刀尖位置与编程位置不一。这一问题也可用刀具位置补偿来修正。

刀具位置补偿方法：通常用手动对刀并测量工件加工尺寸，以测出每把刀具的位置补偿量，并输入到相应的存储器中。一旦执行了刀具位置补偿功能后，刀尖的实际位置就达到了规定要求。还须注意刀补程序段的执行次序。如图 3.15 所示，刀具位置补偿指令应设置在换刀指令后第一个含有移动指令的程序段中，也就是说，刀具的位置补偿须设置在上一个程序段中完成补偿，而不可设置在已在开始执行切削过程的程序段内。例如图

3.15 所示的外圆柱面车削,经对刀试切法确定了该把外圆车刀的刀具位置补偿量为: $X = +2$、$Z = -1$,并已设定在 01 号存储器中。若按以下次序编辑程序:

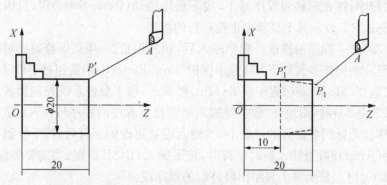

图 3.15　刀补程序段的编辑顺序

N30 G00 X20 Z22 T0100;

N40 G01 Z10 T0101;

当执行 N30 程序段后,刀尖从 A 点移至 P_1 点,而随之就执行了 N40 时,又同时进行刀具位置补偿,切削出来的已加工表面是一圆锥面,如图 3.15 右图所示,加工出的是不合格件。所以,必须安排如下:

N30 G00 X20 Z22 T0101;

N40 G01 Z10 T0101;

这时,先执行了 N30 程序段,刀尖从点 A 移至点 P_1',下一个程序段是车削外圆柱面,刀尖由 P_1' 点开始进给运动,如图 3.15 左图所示,加工出符合零件图要求的外圆柱面。

刀具位置补偿的取消:一旦加工完该工序后,返回换刀点的程序段中,可加入 T0100,取消刀补。

刀尖圆弧半径补偿:编程时,以理论刀尖点,即主副切削刃的几何交点 P 点的运动轨迹进行加工。但实际切削时,参与切削的却是切削刃圆弧上各点,从而产生加工误差。刀尖圆弧半径补偿功能就是用以补偿因刀尖圆弧半径而引起的工件加工误差的。

刀尖圆弧半径补偿方向:当刀尖圆弧半径补偿时,刀具与工件间所处相对位置的不同,刀尖圆弧半径补偿指令代码也就各异。如图 3.16 所示,如果刀尖沿 A—B—C—D—E 移动,顺着刀尖运动方向看,刀具在工件的右侧,则为刀具的右补偿,用 G42 指令,如图 3.16(a)所示。而如图 3.16(b)所示,刀具在工件左侧,则为刀具的左补偿,用 G41 指令。若要取消补偿,则用 G40 指令编程,这时,车刀移动轨迹就按实际刀尖的运动轨迹移动。

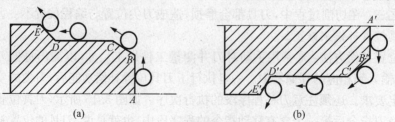

图 3.16　刀尖圆弧半径补偿方向

(a) 右补偿　(b) 左补偿

车刀的形状和位置参数（刀尖方位参数
T）：车刀的形状很多，由它决定了刀尖圆弧
所处的位置。因此，也须把车刀刀尖形状和
位置参数，输入到存储器内。习惯上将车刀
的形状和位置参数称为刀尖方位 T。图
3.17 所示，车刀刀尖的形状和位置，分别用
0～8 或 1～9 参数表征之。点 P 为理论刀
尖点。表 3.3 列出了车刀刀尖的形状、位置
和刀尖方位参数 T 之间的关系。

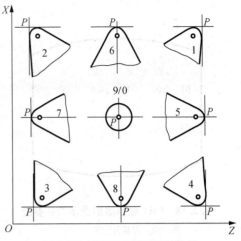

图 3.17　车刀刀尖形状和位置

参数的输入：由上述可知，与每个刀具
补偿号（简称刀补号）相对应的，有一组 X 和
Z 的刀具位置补偿值、刀尖圆弧半径 R 和刀
尖方位 T 值。当输入刀尖圆弧半径时，就是
将 R 和 T 值同时输入到存储器内。例如所编辑的程序中已编入了下列程序段：

表 3.3　车刀刀尖形状、位置和刀尖方位参数间的关系

刀尖圆弧的位置	刀尖方位 T	典型的车刀类型	刀尖圆弧的位置	刀尖方位 T	典型的车刀类型
	1			5	
	2			6	
	3			7	
	4			8	

N100 G00 G42 X110 Z10 T0101；

经试切法对刀后，计算出该刀补号的刀具位置补偿量，并测出该刀具的刀尖圆角半径
r_ε 值和按表 3.3 查出该刀具的刀尖方位参数 T。当输入该刀具补偿号为 01 的各项参数
时，CRT 显示器屏上就显示出图 3.18 所示的内容。当数控机床在自动加工过程中，数控
系统就按照 01 号刀具补偿栏内的 X、Z、R、T 的数值，自动修正刀具的位置误差和自动进
行刀尖圆弧半径的补偿。

3.4.2.2.3.4.1　换刀后刀具补偿值的输入。更换刀具，必然会引起刀具位置的变
化，而就需要进行刀具的位置补偿。如图 3.19 所示（图中实线所示为换刀前的刀具位
置），测出换刀前后车刀刀尖位置的变化量，其操作步骤如下：

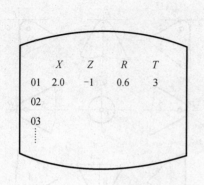

图 3.18　CRT 显示器屏显示刀补参数

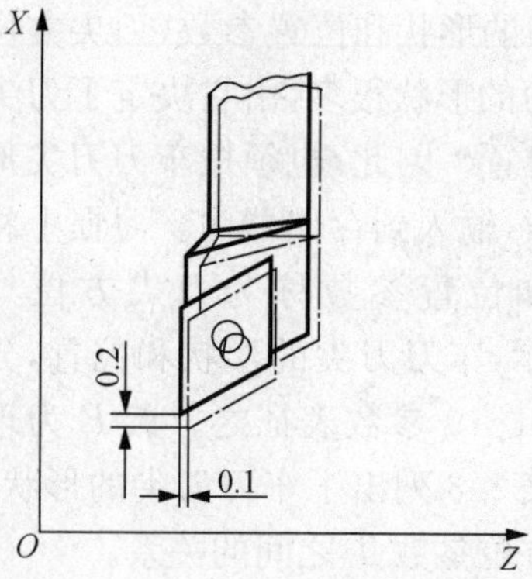

图 3.19　更换刀具后,刀尖位置的变化

第一列:刀具补偿号
第二、三列:刀具位置补偿值
第四列:刀尖圆角半径
第五列:刀尖方位参数

X 轴向变化量:-0.2 mm(直径变化量为-0.4 mm),即换刀后,新刀位置伸出了 0.2 mm。

Z 轴向变化量:$+0.1$ mm,即新刀位置右移了 0.1 mm。所以,相应的刀具位置补偿值为:

$$X = +0.4; \quad Z = -0.1$$

编程时,设定该新刀的刀具号和补偿号均为 02,并按下列顺序输入刀具补偿值:按下数控系统控制面板上主功能键区的偏置量(Manu/Offset)键,CRT 显示屏上显示刀具补偿值设定画面,如图 3.20 所示;光标移至已设定了的补偿号为 NO.02 的一行上;按绝对坐标直径编程时,按下控制面板上地址/数字键区的 X 键,输入$+0.4$,按下输入(Input)键;按下地址/数字键区的 Z 键,输入-0.1,再按下输入(Input)键;按下地址/数字键区的 R 键,输入 NO.02 号刀的刀尖圆角半径值 $R0.8$ mm,再按下输入(Input)键;最后,按下地址/数字键区的 T 键,输入刀尖方位参数 3,再按下输入(Input)键。从而,分别输入了 X、Z、R、T 的补偿值。

OFFSET/WEAR		O0002		NO.400
NO.	X	Z	R	T
01	001.060	001.200	002.000	1
02	000.400	−000.100	000.800	3
03	001.008	001.430	000.000	0
04	000.020	000.090	000.000	0
05	000.520	000.000	000.000	0
ACTUAL POSITION (RELATIVE)				
U	476		W	532
ADRS		JOG	S	O T0500

图 3.20　刀具补偿值设定显示

刀具补偿值输入数控系统后,刀具运行轨迹便会自动校正。当刀具磨损后,需要修改已存储在相应存储器内的刀具补偿值时,操作顺序和过程与上述步骤相同。修改后的刀具补偿值,替换掉原刀补值。

3.4.2.2.3.4.2　刀具补偿值的直接输入。在实际编程时,也可以不用 G50 指令语句程序段,设定工件坐标系。而是编程人员在机床参考点范围内的机床坐标系中任选一加工起始点。当然,该点的位置应保证刀具在加工过程中不与卡盘或工件发生干涉。随即用试切法对刀,确定每一把所用刀具起始点坐标位置,并将这一坐标值作为刀具补偿值,直接输入相应刀号的存储器内。其操作步骤如下:手动返回机床参考点;任取一把加工中所用的刀具;锁紧卡盘,夹紧工件;按下偏置量(Menu/Offset)键,CRT 显示屏上显示偏置/几何量(Offset/Geometry)画面;将光标移至该刀具补偿号一行的 Z 值处;以手摇轮(Handle)模式移动溜板,轻轻触及工件右端面,沿 X 轴向退刀,主轴停止,按下位置记录(Position Record)键;用游标卡尺测量工件右端面至工件原点(即工件左端面)的距离;按下偏置量(Menu/Offset)键和 Z 坐标值键,输入工件右端面至原点的距离,再按下输入(Input)键。如果工件端面上需要留下精车余量,则可把该余量加入刀补值内。然后,将光标移至该刀具补偿号一行的 X 坐标值处;以手摇轮(Handle)模式移动溜板,轻轻触及工件外圆柱面,沿 Z 轴向退刀,主轴停止,按下位置记录(Position Record)键;用游标卡尺测量触及的工件直径;按下偏置量(Menu/Offset)键和 X 坐标值键,输入测量到的直径值,按下输入(Input)键。

对于其余各把所用刀具,只要按上述步骤同样地执行上述操作,逐把地完成其补偿值的输入。

3.4.2.2.3.4.3　刀具位置补偿值的修改。使用具有刀具补偿功能的刀具加工工件时,同样需要仔细监察加工过程和及时测量加工后的工件尺寸,一旦发现与零件图要求不符且偏大时,表明刀具已磨损了,就须修改刀具补偿值。

如图 3.21 所示,在批量加工过程中及时监察检查发现,由于刀具磨损,加工出的工件实际尺寸偏大。图中规定为 ϕ10 mm,而实际尺寸为 ϕ10.2 mm,即偏大了0.2 mm。故须修改原来的刀具位置补偿值。

设:X 轴原输入的刀具位置补偿值为 0.3 mm,则0.3 − 0.2 = 0.1 mm,即相对于原刀具补偿值而言刀具应伸出 0.1 mm。其修订时的操作方法如下:

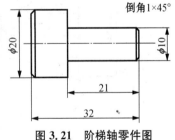

图 3.21　阶梯轴零件图

按下控制面板上主功能键区的偏置量(Menu/Offset)键,CRT 显示屏上显示偏置量/磨损(Offset/Wear)画面,如图 3.20 所示;把光标移至该刀具的补偿号上;当采用绝对坐标直径编程时,输入 X = 0.2;当采用相对坐标直径编程时,输入 U = −0.1,即比原补偿量伸出 0.1 mm,以补偿刀具的磨损;按下输入(Input)键,修改后的刀具补偿值即取代了原补偿值。

3.4.2.2.3.5　数控车床上防止碰撞的措施。数控机床是精密工艺装备,编程人员和机床操作者在工作中,必须严谨、细致,避免出错,更不允许由此而酿成碰撞事故。

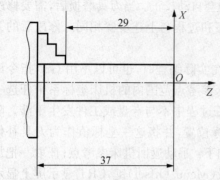

图 3.22　工件原点与卡爪间间距

3.4.2.2.3.5.1　程序内的坐标值不可超越卡爪。如图 3.22 所示,以工件右端面轴心为原点,设定工件坐标系。工件原点至卡爪端面的间距为 29 mm。因而,编程时,各程序段内 Z 向负值,就不允许小于 -29 mm,否则,就会发生刀具与卡爪碰撞事故。总之,编程人员在程序编制结束后,必须仔细检查一遍,一旦查出,立即纠正,以避免由此而造成事故。

3.4.2.2.3.5.2　根据工件形状规定刀具移动轨迹。如图 3.23 所示,工件原点位于右端面中心上,换刀点为 P_0,当切槽加工完成后,刀架应快速退回换刀点 P_0,编程时,若用下列程序段完成退刀:

N70 G00 X80 Z50;

则切槽刀刀尖的运动轨迹为一斜线,如图 3.23(a)所示。刀具在移动过程中,会与工件碰撞,两者都受损伤,甚至会降低机床精度。所以,应将上面的程序段改为:

N70 G00 X80;

N80 Z50;

按照这一程序退刀,刀具的运动轨迹如图 3.23(b)所示,避免了碰撞的可能性。

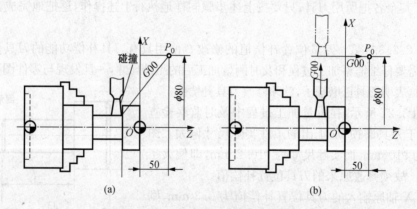

图 3.23　工件形状与刀具移动轨迹

3.4.2.2.3.5.3　注意程序中 G00 负值的计算。每一加工程序都在开始切削时,快速移动刀具接近工件,用准备功能 G00 指令,快速定位,接近工件加工表面。一旦编程时,刀具移动终点坐标 Z 的负值计算不当,将导致快速移动中的刀具与工件相撞。因此,编程时,必须对 G00 的负值计算仔细核对,避免出错。

3.4.2.2.3.6　数控车床的运行。当工件的加工程序输入数控系统后,经检查无误。各把刀具的位置补偿量和刀尖圆弧半径补偿量都已输入至相应的存储器内,就可执行机床的空运行。

3.4.2.2.3.6.1　机床的空运行。数控机床的空运行是在未安装上工件的条件下,自动地运行加工程序,操作人员必须按下列步骤完成空运行过程:

装夹刀具,各把刀具的补偿值,都输入到数控系统相应的刀补号存储器内;把机床操作面板上进给倍率(Feedrate Override)旋钮,旋至所需位置上,一般置于 100％倍率上;把单步运行(Single Block)开关、选择停止(Optional Stop)开关、空运行(Dry Run)开关扳至"ON"位置上;机床锁定(Machine Lock)开关扳至"OFF"位置上;尾座体退回原位,其上的套筒也退回;把卡盘夹紧;把操作模式选择(Mode)旋钮,置于存储器(Mem)操作模式下;按下数控系统控制面板上主功能键区的程序(PRGRM)键,选择欲加工的程序,确认 CRT 显示器屏上所显示的是欲执行的加工程序,并返回程序头;按下机床操作面板上的程序启动(Cycle Start)键,机床开始自动空运行,执行加工程序。这时,单步运行(Single Block)开关置于"ON"位置上,机床执行一个程序段后,自动停下。再按一下程序启动(Cycle Start)键,继续执行下一个程序段,直至整个程序执行完毕。

3.4.2.2.3.6.2　车床的首件试切和自动运行。机床空运行完毕,确认每一程序段和加工过程正确无误后,装夹上坯料,并进行切削加工。经过首件试切,以检查每一程序段和加工精度。当确认加工出来的零件,完全符合零件制造图的要求后,可把单步运行(Single Block)开关、选择停止(Optional Stop)开关、机床锁定(Machine Lock)开关和空运行(Dry Run)开关都扳至"OFF"位置上,便可自动地连续执行程序,进行工件的正式加工过程。

3.5　典型零件工艺文件的制订

数控加工工艺文件不仅是数控加工过程和产品验收的依据,也是操作者必须严格履行的技术规程。所以数控加工工艺文件的编制是数控加工工艺设计的主要内容,其中尤以数控加工工艺规程和刀具卡最为重要。前者阐明了数控加工顺序和加工要素;后者列出了所用刀具的使用规定。

企业应根据本单位的特点,制订自己的上述文件,逐渐累积形成本企业通用的完整的企业标准(企标)。并逐步向规范化、标准化方向发展,而扩展为行业标准(行标),最终形成统一的模式——国家标准。

3.5.1　盘套类零件的数控车削

图 3.24 所示为盘套类零件图-轴套零件制造图。生产批量较小,仅 30 件,但结构较复杂,且有形位公差和表面粗糙度要求,所以,适合选择数控车削加工。

3.5.1.1　零件图的工艺分析。如图 3.24 所示,该零件表面由内外圆柱面、内圆锥面、圆弧和螺纹表面等组成,有一定的形位公差要求和较高的表面粗糙度要求。图面上尺寸标注完整,符合数控加工尺寸标注要求,坯料材料为 45 钢,切削加工性较好。

根据以上分析,其加工工艺如下:

3.5.1.1.1　图面上的尺寸,均未注公差,编程时,直接取其基本尺寸即可。

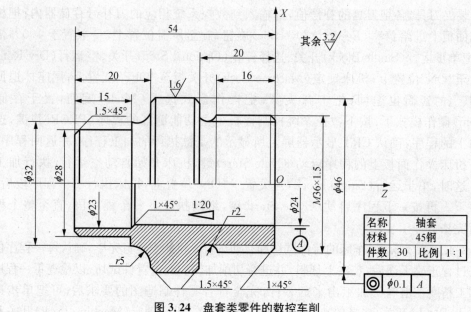

名称	轴套	
材料	45钢	
件数	30	比例 1:1

图 3.24　盘套类零件的数控车削

3.5.1.1.2　左右两端面是该零件尺寸的设计基准,在相应工序加工时,应该先把端面车平并倒角。

3.5.1.1.3　先以外圆柱面定位,加工内孔。镗削 1:20 锥孔与镗削 $\phi23$ 圆柱孔时,应调头装夹。

3.5.1.2　确定加工时的定位基准和装夹方案。

内孔加工时,以外圆柱面定位,用三爪自动定心卡盘装夹。

外表面加工时,以零件轴线为定位基准;为保证在一次装夹中加工出全部外表面,必须预先设计一圆锥定心安装心轴,如图 3.25 上双点划线图形所示,使用时,将已加工出锥孔的工件定心安装、夹紧在锥形心轴上,用三爪卡盘夹持心轴左端,心轴右端借中心孔用尾顶针顶紧,以提高其工艺系统的刚性。

3.5.1.3　确定加工顺序和进给路线。工件的加工顺序,通常都按由内到外、由粗到细、由近及远的原则安排,在一次装夹中,尽可能加工完较多的工件表面。针对上述零件的结构和技术要求应先加工完孔表面,然后,再加工工件外表面。加工外表面时的车削进给路线,应沿着零件各部分的外表面顺序进行,如图 3.25 所示。车削进给路线 1,用刀具号 T05;路线 2 用刀具号 T06。

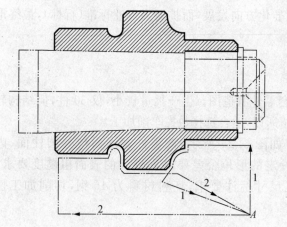

图 3.25　锥形心轴定心安装、夹紧方法和
外表面加工的进给路线

3.5.1.4　刀具选用。零件图上各加工表面都有不同的要求,须选用相应的刀具及其最佳几何参数,一起

填入刀具卡,如表 3.4 所示,以供编程和操作时使用。

表 3.4　刀　具　卡

产品名称、代号			零件名称	轴　套	零件图号	
序号	刀具号	刀具名称、规格	数　量	加工表面	刀尖圆角半径	备　注
1	T01	45°硬质合金端面车刀	1	车两端面、倒角	0.5	刀杆截面 25×25
2	T02	φ5 中心钻	1	钻中心孔		
3	T03	φ18 麻花钻	1	钻底孔		
4	T04	镗孔	1	镗内孔	0.4	刀杆截面 20×20
5	T05	93°右切刀	1	自右至左车外圆柱面	0.2	刀杆截面 25×25
6	T06	93°左切刀	1	自左至右车外表面	0.2	刀杆截面 25×25
7	T07	公制螺纹车刀	1	切 M36 螺纹	0.1	刀杆截面 25×25
编制		审核	批准	年 月 日	共　　页	第　　页

切削零件外表面时,为防止副后刀面与工件表面发生干涉,应选择较大的副偏角。必要时,可作图检验,并在程序复核和空运行,以及首件试切时,严加注意。本例中所用 93°外圆车刀,无论是左切刀或右切刀,其副偏角 $K'_r = 55°$,在数控车床上加工时,当采用前置式刀架时,按表 3.4 所示,使用刀具;当采用后置式刀架时,则刀具号 T05 应改为 93°左切刀,刀具号 T06 应改为右切刀。图 3.25 所示为采用前置式刀架时的切削进给路线。

3.5.1.5　切削用量选择。根据零件图上规定的加工表面质量要求、刀具材料和工件材料种类,参考切削用量手册,选用切削速度和每转进给量。然后,按下式计算机床主轴转速和进给速度:

$$n = 1\,000v_c/\pi D,\ \text{r/min}$$

式中: v_c 为切削速度,m/min; D 为工件最大外径,mm。

$$v_f = n \cdot f,\ \text{mm/min}$$

式中: f 为每转进给量,mm/r。

背切刀量:粗加工时,在机床功率和工艺系统刚性允许的条件下,尽可能选用较大的背切刀量,以便在最短时间内切下尽可能多的切屑,达到最高生产率;精加工时,为保证零件表面粗糙度要求,背切刀量 $a_p = 0.2 \sim 0.4$ mm 之间选择,这时,加工表面的粗糙度可达 $Ra0.32 \sim 1.25\ \mu m$;半精加工时,背切刀量 $a_p = 0.5 \sim 2.0$ mm 时,表面粗糙度可达 $Ra1.25 \sim 10\ \mu m$,以达到经济加工精度。

3.5.1.6　数控加工工艺卡的拟订。

以上分析的各项内容及其结论,作为零件加工工艺规程以一定形式填写在表格上,成为正式的工艺文件。因生产类型不同,所用的工艺文件名称也各异,常见的有工艺过程卡、工艺卡和工序卡等。

工艺过程卡:针对一个零件的整个加工过程来编写,还包括了所用毛坯的加工。由于其按工序为单位编写,故内容笼统、庞杂,仅仅是概念性的,编制也就简易,通常在单件、小批量生产中,常用这种工艺文件。

工艺卡:虽然也是针对零件整个加工过程来编写,但是,将工序细化到了工步,对每一个工步的切削用量等都予以明确规定,从而使工艺过程的可控性和可操作性明显提高。成批生产中,大多采用这一工艺文件。

工序卡:针对每一个工序进行编写,附有工序加工草图,注明定位与夹紧表面,用粗线标出加工表面、工序尺寸和粗糙度要求,详细规定各个工步的内容。所以在大批量生产中,以及成批生产中的重要零件,大多使用工艺过程卡和工序卡,或两者同时使用。

由此可知,图3.24所示零件的生产过程中,须采用工艺卡。它是编制该零件加工程序的主要依据,也是机床操作者按数控程序进行数控加工的指导性文件。其主要内容包括工步顺序、工步内容以及各工步所用刀具和切削用量等,如表3.5所示。

表3.5　工　艺　卡

单位		产品名称、代号		零件名称		零件图号	
				轴　套			
工序号	程序号	夹具名称		使用设备		车　间	
		三爪卡盘、锥形心轴		数控车床			
工步号	工 步 内 容	刀具号	规　格	主轴转速/r/min	进给速度/mm/min	背切刀量/mm	备注
1	车平一端端面	T01	刀杆截面 25×25	320		1	手动
2	钻 $\phi5$ 中心孔	T02	$\phi5$	950		2.5	手动
3	钻底孔 $\phi18$ 通孔	T03	$\phi18$	200		9	手动
4	粗镗内孔、倒角	T04	12×12	320	40	0.8	自动
5	精镗内孔、倒角	T04	12×12	400	25	0.2	自动
6	掉头车总长、倒角	T01	25×25	320		1	手动
7	粗镗 1∶20 锥孔	T04	12×12	320	40	0.8	自动
8	精镗 1∶20 锥孔	T04	12×12	400	20	0.2	自动
9	从右至左粗车外圆	T05	25×25	320	40	1	自动
10	从左至右粗车外圆	T06	25×25	320	40	1	自动
11	从右至左精车外圆	T05	25×25	400	20	1	自动
12	从左至右精车外圆	T06	25×25	400	20	0.1	自动
13	卡盘装夹,切螺纹	T07	25×25	320	1.5 mm/r	0.4	自动
14	切螺纹	T07	25×25	320	1.5 mm/r	0.1	自动
编制		审核		批准		年 月 日	第　页　共　页

3.5.2 轴类零件的数控车削

图 3.26 所示为轴类零件的数控车削加工,件数为 20 件,属单件、小批量生产类型,且结构复杂,又有表面粗糙度要求,故宜选择数控车削加工。

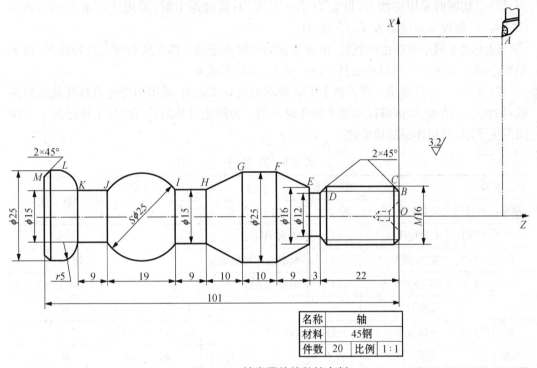

图 3.26 轴类零件的数控车削

名称	轴	
材料	45钢	
件数	20	比例 1:1

3.5.2.1 零件图的工艺分析。如图 3.26 所示,该零件表面由圆柱、球面和螺纹等组成,具有表面粗糙度要求,图面上尺寸标注完整,结构清晰。坯料为 45 钢材料,切削加工性较好。

根据上述分析,其加工工艺如下:

3.5.2.1.1 图 3.26 中零件尺寸均未注公差,故编程时,全部取其基本尺寸为尺寸设定值。

3.5.2.1.2 图 3.26 所示为采用后刀架刀具加工,所以加工 $S\phi25$ 球面和 $r5$ 圆弧面时,都是逆时针方向进行圆弧插补加工,用准备功能 G03 指令代码,以保证轮廓的准确性。

3.5.2.1.3 所用坯料是 45 钢棒料,选用 $\phi28$ 热轧圆钢。在数控车床上装夹时,左端伸出足够供切断的长度;右端面在加工时,先车平后,用 $\phi5$ 中心钻加工出中心孔。

3.5.2.2 确定工件的定位基准和装夹方案。为保证加工精度,尽可能使设计基准与零件加工时的定位基准重合,所以在数控车削加工时,将工件轴心线和左端面作为定位基准,以三爪自动定心卡盘夹持左端圆柱面,定心装夹,右端用活动顶针支承方式。

3.5.2.3 确定加工顺序和进给路线。以工件右端面圆心 O 为原点,建立起工件坐标系,起刀点设在 $A(50,30)$ 处。工件外表面上截面 B—C—D—E—F 的尺寸,在 X 轴方向上呈单调递增,因切削余量较大,可选用 90°外圆车刀,刀号设为 T02,进行外圆粗车循环加工(G71);而工件外表面 G—H—I—J—K—L—M 各截面部分,在 X 轴向上的尺寸分布为非单调函数轨迹,先递减,后递增,且切削余量也较大,可调用子程序加工,为了保证刀具不与锥面 GH 发生干涉,应采用较大副偏角 $K'_r = 35°$ 的外圆车刀,设定为 T03 号车刀;切槽、切断时采用切槽刀,设定为 T04 号车刀;螺纹加工时,采用螺纹单一固定循环 G92 切削,螺纹车刀设定为 T05 号车刀。

以上加工顺序是按由粗到精、由近及远的原则确定的。即先从右到左进行粗车,留下精车余量 0.25 mm。然后从右到左进行精车,最后车螺纹。

3.5.2.4　刀具选用。零件图上不同要求的各加工表面,采用相应的刀具及其几何参数,如表 3.6 所示,以供编程和加工操作时应用。为防止刀具副后刀面与工件已加工表面间发生干涉,可用作图法检验之。

表 3.6　刀 具 卡

产品名称、代号			零件名称	轴	零件图号	备　注
序号	刀具号	刀具名称、规格	数　量	加 工 表 面	刀尖圆角半径/mm	
1	T01	ϕ5 中心钻	1	钻 ϕ5 中心孔		
2	T02	90°外圆车刀	1	车端面和轮廓表面		左切刀
3	T03	93°外圆车刀	1	车轮廓表面		$K'_r = 35°$ 左切刀
4	T04	切槽刀	1		主切削刃长 3 mm	$\lambda_s = 0°$
5	T05	外螺纹车刀	1	切螺纹	$\varepsilon_r = 60°$, $r_\varepsilon = 0.15$	
编制		审核	批准	年 月 日	第　　页	共　　页

3.5.2.5　切削用量的选用。切削用量的选择方法,与上例相同。先选择背切刀量(a_p),然后,选择进给速度(v_f),最后,选用切削速度(v_c)。再按切削速度计算式,求出机床主轴转速(n)值。

3.5.2.6　填写零件加工工艺卡。将上述各项分析内容及结论,填入前表所示的零件数控加工工艺卡内。它是该零件加工程序编制的依据和加工该零件时机床操作者的指导性工艺文件。

3.6　数控车削的加工实例

上节中综合分析了典型零件的工艺文件的制订,无论是轴类零件,还是盘套类零件,都须通过对零件图的工艺分析,确认该零件结构设计的合理性和正确性,并符合数控加工工艺的要求。由此再计算编程尺寸,确定工艺基准和装夹方案、加工顺序和加工路线,以及刀具选用、切削用量选择。最后,将这些选择和分析计算结果,汇总起来,拟订出零件的数控加工工艺卡和刀具卡。随后,根据这些文件,编写该零件的加工顺序,并遵循程序的规定,操纵机床,执行加工工艺工程,生产出符合零件图规定的零件。

本节中,将继续以图 3.26 所示的轴类零件的数控车削为实例,完成该零件数控加工的过程。

当零件的数控加工工艺卡和刀具卡制订后,如何贯彻这些文件。关键在于切实编制好加工程序,具体列出加工工步顺序、每一工步的要求和工艺参数,以供机床操作者具体执行。这一重要且细致的工作,大致可归纳如下:

3.6.1 零件图的图面分析

3.6.1.1 首先,必须仔细读图,充分理解图面要求和技术条件。

3.6.1.2 划分组成零件表面的基本几何元素。

3.6.1.3 按照零件的设计尺寸和公差值,计算出编程尺寸。

3.6.1.4 按相邻几何元素,逐一计算相关节点位置坐标值。

3.6.2 加工工艺分析

3.6.2.1 根据零件各部分尺寸精度、表面粗糙度要求和形位公差值大小,拟订出经济加工方案。

3.6.2.2 选定加工顺序和进刀路线。

3.6.2.3 刀具及其几何参数的选用。

3.6.2.4 定位基准和装夹方法的确定。

3.6.2.5 切削用量的选择与计算。

3.6.3 相关计算

零件加工中的一些相关数据,例如图 3.26 所示的公制螺纹 M16,就须进行相关计算后,才能决定加工方案和切削用量等。用螺纹切削加工指令 G33 切削等螺距螺纹。这时,进给倍率(Feedrate Override)旋钮和快速倍率(Rapid Override)旋钮都无效,只是设定在 100% 而已;且使用恒转速指令 G97,不能采用恒表面切削速度指令 G96,因为这是等螺距加工,必须维持主轴每转一转,刀具相对于工件纵向进给恒定距离-螺距。

在数控车床上加工螺纹时,如在普通卧式车床上一样,也须留有进刀槽和退刀槽,如图 3.27 所示。其槽宽可按下式计算之:

$$\delta_1 = n \cdot P/400, \quad \delta_2 = n \cdot P/1\,800;\text{也可 } \delta_1 \geqslant 2(\text{导程}), \delta_2 \geqslant 1(\text{导程})_\circ$$

式中:n 为主轴转速,r/min;P 为工件螺距,mm。

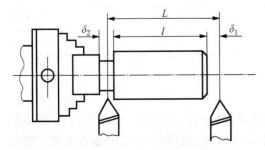

图 3.27 螺纹加工时的进退刀槽

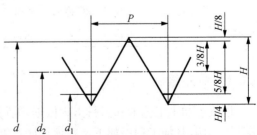

图 3.28 螺纹加工数值计算

图 3.28 所示为螺纹加工时的数值计算。从图 3.26 可知,所加工的螺纹 $M16$ 是公制普通紧固螺纹,粗牙,公称直径(大径)16 mm,螺距 2 mm。

为切削出全牙深,刀尖应从大径 $d(\phi16\ mm)$ 外,切深至小径(底径)d_1,即总背切刀量 $a_p = (d - d_1)/2 + H/8$。从图 3.28 可知:H 是螺纹牙型原始等边三角形的高:

$$H = P\sin 60° = 0.866P$$

所以,$H/8 + (d - d_1)/2 = H/8 + 5H/8 = 3H/4 = 0.649\ 5P = 1.299\ mm$,取 1.3 mm。

总背切刀量和进给次数直接影响螺纹加工的质量,故分成四次进给,其每次的背切刀量分别为 $a_{p_1} = 0.5\ mm$、$a_{p_2} = 0.5\ mm$、$a_{p_3} = 0.2\ mm$、$a_{p_4} = 0.1\ mm$。

3.6.4　数控加工工艺文件的制订

将以上各项加工工艺及其参数的分析计算和选取结果,扼要地填写在企业规定格式的工艺文件上,常用的如数控加工工艺卡和刀具卡,以供编程人员和机床操作者遵照执行,如表 3.7 和表 3.6 所示。

表 3.7　工　艺　卡

单　位		产品名称、代号		零件名称	材　料	零件图号	
				轴	45 钢		
工序号	程序编号	夹具名称		夹具编号	使用设备	车　间	
		三爪卡盘、活动顶针			数控车床		
工步号	工步内容	刀具号	刀具规格	主轴转速 n/r·min	进给速度 v_f/mm·min	背切刀量/ mm	备注
1	车平端面	T02	刀杆截面 25×25	700	100	$a_p = 1$	自动
2	钻中心孔	T01	$\phi5$	500	100	$a_p = 2.5$	自动
3	粗车前段	T02	刀杆截面 25×25	700	400	$a_p = 1$	自动
4	精车前段	T02	刀杆截面 25×25	800	200	$a_p = 0.2$	自动
5	切退刀槽	T04	刀杆截面 25×25	500	200		自动
6	切螺纹	T05	刀杆截面 25×25	400		$a_p = 0.15 - 1$	自动
7	粗精车后段	T03	刀杆截面 25×25	600	300	$a_p = 0.2 - 1$	自动
8	倒角,割断	T04	刀杆截面 25×25	500	200		自动
编制		审核		批准	年　月　日	第　页	共　页

3.6.5　程序编制

以数控加工工艺卡和刀具卡为依据,编写出该零件的加工程序。仍以图 3.26 所示的零件为实例,其加工程序如下。在该程序右侧,为零件加工过程中相应的操作工艺。读者可对照着左侧的程序段,仔细地阅读和理解之。

O0001　　　　　　　　　　　　　　　　　主程序文件号

N10 G50 G90 G00 X80 Z30；　　　　　　　以工件右端面圆心为原点,建立工件坐标系,绝对值编程。

N20 T0202；　　　　　　　　　　　　　　调用 02 号外圆车刀。

N30 M04 S700；　　　　　　　　　　　　主轴反转,转速 $n = 700$ r/min。

N40 G00 X30 Z−1；　　　　　　　　　　快速定位于(30, −1)。

N50 G96 S10 M08；　　　　　　　　　　恒线速度切削,v_c 10 m/min,切削液开。

N60 G01 X0 F100；　　　　　　　　　　车平端面切至 0 为止,以防中心处突起,v_f 100 mm/min。

N70 G00 X80 Z30 M09；　　　　　　　　快速退刀至起刀点,因处在右端面上,无碰撞之虞,切削液停。

N80 T0200；　　　　　　　　　　　　　取消 T02 号刀刀补。

N90 T0101 G97 S500；　　　　　　　　调用 T01 号刀(中心钻),主轴转速 $n = 500$ r/min。

N100 G00 X0 Z0 M08；　　　　　　　　快速定位于(0, 0),切削液开。

N110 G01 Z−8 F100；　　　　　　　　直线插补切至(0, −8),v_f 100 mm/min,钻中心孔,深 8 mm。

N120 G00 Z2，M09；　　　　　　　　　快速退刀至(0, 2),切削液停。

N130 X80 Z30；　　　　　　　　　　　继续退至换刀点。

N140 T0100；　　　　　　　　　　　　取消 T01 号刀刀补(中心钻用毕)。

N150 M05；　　　　　　　　　　　　　主轴停止。

N160 M00；　　　　　　　　　　　　　程序暂停,暂停自动运行,保存各模态信息,手动装顶针。

N170 M04 S700；　　　　　　　　　　重新启动主轴反转,$n = 700$ r/min。

N180 T0202；　　　　　　　　　　　　调用 T02 号刀(外圆车刀)。

N190 G00 X27 Z2；　　　　　　　　　粗车外圆循环 G71 切削进给的起点(27, 2)。

N200 G71 U1 R0.5；　　　　　　　　　粗车外圆循环,$a_p = 1$ mm,退刀量 0.5 mm,U 为 X 轴向增量值。

N210 G71P230 Q270 U0.4 W0.2 G98 F400；　粗车外圆循环,从程序段 N230～N270,v_f 400 mm/min,X 轴向精加工余量 0.4 mm 直径值;Z 轴向精加工余量 0.2 mm。

N220 G00 X8，M08；　　　　　　　　快速定位于(8, 2),依旧绝对坐标编程,切削液开。

N230 G01 U8 W−5 F200；　　　　　　直线插补倒角 2×45°,切至终点(16, −3),v_f 200 mm/min。

N240 U0 Z—26；　　　　　　　车外圆柱面 $\phi16$，长 25 mm，混合编程直径值编程。

N250 U9 W-9；　　　　　　　直线插补切圆锥面至 F 截面，相对坐标编程。

N260 U0 W—10；　　　　　　　继续以直线插补车外圆柱面至截面 G 上，相对坐标编程。

N270 G70 P230 Q270 S800；　　精车外圆柱面循环 G70，从程序段 N230～N270，$n = 800$ r/min。

N280 G00 X80 Z30，M09；　　　快速定位于换刀点(80，30)，切削液停。

N290 T0200；　　　　　　　　　取消外圆车刀刀补。

N300 T0404 S500；　　　　　　调用 T04 号切槽刀，$n = 500$ r/min。

N310 G00 X17 Z—26，M08；　　切槽刀左刀尖快速定位于(17，—26)，切削液开。

N320 G01 X12 F200；　　　　　直线插补切削至直径 $\phi12$，v_f 200 mm/min。

N330 G00 X17，M09；　　　　　切槽刀快速退刀至 $\phi17$ 处，切削液停。

N340 Z—23.5；　　　　　　　　继续退至(17，—23.5)。

N350 G01 X12 Z—26；　　　　　直线插补倒角 $2 \times 45°$，切至终点(12，—26)。

N360 G00 X27，M09；　　　　　切槽刀快速退刀至 $\phi27$ 处，切削液停。

N370 X80 Z30；　　　　　　　　继续退刀至(80，30)。

N380 T0400；　　　　　　　　　取消 T04 号切槽刀刀补。

N390 T0505 S400；　　　　　　调用 T05 号螺纹车刀，$n = 400$ r/min。

N400 G00 X18 Z2，M08；　　　　快速进刀至外螺纹单一固定循环切削起点(18，2)，切削液开。

N410 G92 X15 Z—25 F2；　　　调用螺纹单一固定循环 G92，每指令一次，进行一次循环，螺距 $P = 2$ mm，$a_{p_1} = 0.5$ mm。

N420 G92 X14 Z—25 F2；　　　第二次循环，$a_{p_2} = 0.5$ mm。

N430 G92 X13.6 Z—25 F2；　　第三次循环，$a_{p_3} = 0.2$ mm。

N440 G92 X13.4 Z—25 F2；　　第四次循环，$a_{p_4} = 0.1$ mm。

N450 G00 X17，M09；　　　　　T05号螺纹车刀快速退刀至 $\phi17$ 处，切削液停。

N460 X80 Z30；　　　　　　　　继续退至(80，30)。

N470 T0500；　　　　　　　　　　　取消 T05 号螺纹车刀刀补。

N480 T0303 S600；　　　　　　　　　调用 T03 号外圆车刀，$n = 600$ r/min。

N490 G00 X29 Z－45，M08；　　　　　快速定位于（29，－45），切削液开。

N500 M98 P0002 L6；　　　　　　　　调用子程序"P0002"6 次。

N510 G00 X80 Z30，M09；　　　　　　快速退刀至换刀点（80，30），切削液停。

N520 T0300；　　　　　　　　　　　取消 T03 号刀刀补。

N530 T0404 S500；　　　　　　　　　调用 T04 号刀（切槽刀），$n = 500$ r/min。

N540 G00 X26 Z－102，M08；　　　　　T04 号刀左刀尖快速定位于（26，－102），切削液开。

N550 G01 X21 F200；　　　　　　　　直线插补切削至 $\phi21$ 处，v_f 200 mm/min。

N560 G00 X26；　　　　　　　　　　T04 号刀（切槽刀）快速径向退刀至 $\phi26$ 处。

N570 X25 Z－100；　　　　　　　　　继续快速移至（25，－100）。

N580 G01 X21 Z－102；　　　　　　　直线插补切削至（21，－102），即倒角 $2\times45°$。

N590 X0；　　　　　　　　　　　　切至轴心线，防止留下凸台突起，割断。

N600 G00 X80 Z30，M09；　　　　　　T04 号刀快速退至（80，30）换刀点，切削液停。

N610 T0400；　　　　　　　　　　　取消切槽刀刀补。

N620 M05；　　　　　　　　　　　　主轴停止。

N630 M02；　　　　　　　　　　　　程序结束。

P0002　　　　　　　　　　　　　　子程序文件名

N10 G91 G00 U－4；　　　　　　　　用增量坐标将 T03 号刀（75°外圆车刀）快速定位于（25，－45），即刀位点在 G 截面上。

N20 G01 U－10 W－10 F300；　　　　　直线插补切削至（15，－55），即 H 截面上，相对坐标编程。

N30 U0 W－9；　　　　　　　　　　继续直线插补切削至（15，－64），即 I 截面上。

N40 G03 U0 W－19 R12.5；　　　　　　逆时针方向圆弧插补切削至（15，－83），即 J 截面上。

N50 G01 U0 W－9；　　　　　　　　直线插补切削完 $\phi15$ 圆柱面，长 9 mm，至 K 截面上。

N60 G03 U10 W－5 R5;　　　　　逆时针方向圆弧插补切削至 L 截面为止。

N70 G01 U0 W－3;　　　　　　直线插补切削 $\phi25$ 外圆柱面，长 3 mm，至（25，－100）。

N80 G00 U1 W60;　　　　　　　快速退刀至（26，－39）。

N90 M99;　　　　　　　　　　　返回主程序。

习　题

1. 图 3.29 所示是什么视图？在什么机床上如何观察？其中：

（1） Z 表示什么轴？ X 表示什么轴？其正、负方向如何确定？

（2） O 是什么点？是固定点还是任意浮动点？

（3） O_1 是什么点？是固定点还是浮动点？

（4） $\phi\alpha$ 和 β 是什么尺寸？是恒定的还是任意选取的？

（5）这台机床的刀架是前置式刀架，还是后置式刀架？

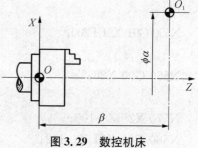

图 3.29　数控机床

2. 机床回零操作后，经过对刀，已确定了刀具的刀位点距工件设计基准的距离，如图 3.30 所示。试设定：

（1）编程坐标系程序段。

（2）该坐标系原点（零点）在何处？

（3）该刀位点在上述坐标系中称为什么点？在加工过程中，又称为什么点？

（4）这种机床是前置式刀架，还是后置式刀架？为什么？

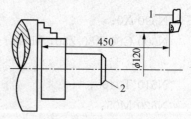

图 3.30　数控机床

3. 与普通机床相比，数控车床的进给传动系统的特点何在？带来了哪些优越性？

4. 图 3.31 所示，经对刀建立了工件坐标系，三爪卡盘悬臂装夹法加工公制锥体的锥面，其尺寸如下表所示。试说明：

程序 1	程序 2	程序 3
O0001	O0002	O0003
N01G92X180Z160;	N01G92X180Z160;	N01G92X180Z160;
N02G36G01X25Z108M04S400;	N02G37G01X12.5Z108M04S400;	N02G36G01X25Z108M04S400;
N03X45Z0F300;	N03U10W－108F300;	N03U20Z0F300;
N04X180;	N04U45;	N04X180;
N05G00Z160;	N05G00W160;	N05G00Z160;
N06M30;	N06M30;	N06M30;

（1）工件坐标系原点在哪里？

（2）刀具的对刀点在哪里？

（3）该数控车床是前置式刀架，还是后置式刀架？

（4）程序 1、2 和 3 有什么不同？

（5）程序 1 是按绝对值编程，还是相对值编程？

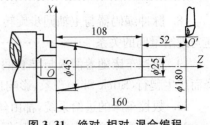

图 3.31　绝对、相对、混合编程

（6）程序 1 是按直径编程，还是半径编程？

（7）程序 2 和程序 3 呢？

（8）程序 3 的第三段 N03 内既有绝对坐标值，又有相对坐标值，这称为什么编程？

思 考 题

一、判断

1. 在数控机床上装夹工件时，应使工件坐标系和机床坐标系的坐标轴方向保持一致 ……………………………………………………………………（　　）

2. 用于定义工件形状和刀具相对于工件运动的坐标系，是工件坐标系 ……（　　）

3. 工件原点，也称为工件零点或编程零点 ……………………………………（　　）

4. 工件坐标系原点，应选在工件的对称中心上 ……………………………（　　）

5. 工件坐标系原点，最好与工件的设计基准或装配基准重合 ……………（　　）

6. 国标 GB/T 3208—1999 规定了准备功能 G 代码和辅助功能 M 代码的功能和用途，因而所有机床的编程格式都相同、指令的功能也一致 …………………（　　）

7. 模态指令一经执行，持续有效，直至被其同组的其他指令取消或代替为止 ……………………………………………………………………………………（　　）

8. 数控机床开机后，必须进行回零操作，以建立机床坐标系 ………………（　　）

9. 数控机床加工前，必须对刀，以建立工件坐标系在机床坐标系中的位置关系 ………………………………………………………………………………………（　　）

10. 对刀点，也称起刀点，是工件加工程序的起点 …………………………（　　）

11. 数控机床的准备功能指令 G53，只能在绝对值编程方式下才有效 ………（　　）

12. 工件坐标系选择指令 G54～G59 是通过 CRT 显示器和手动数据输入（MDI）以参数设置方式下设定的 …………………………………………………（　　）

13. 在前置式刀架的数控机床上，X 轴的正向指向车床前面 ………………（　　）

14. 在后置式刀架的数控机床上，X 轴的正向指向车床后面 ………………（　　）

15. 在大型精密数控车床上，水平导轨-水平刀架溜板配置方式用得较多 ……（　　）

16. 中小型数控车床上，常选用排屑容易的倾斜导轨配置方式，尤其是水平导轨-斜刀架溜板配置方式 ……………………………………………………………（　　）

17. 从电动机到主轴，数控车床只经一级传动，且是同步带传动，所以传动精度高

‥‥（　　）

18. 脉冲编码器与主轴同步旋转,将脉冲信号传给数控系统,严格控制主轴转速与进给量间的关系 ‥‥‥‥‥‥‥‥‥‥‥‥‥‥‥‥‥‥‥‥‥‥‥‥‥‥‥‥‥‥（　　）

19. 数控车床随着溜板与导轨间相对移动速度的提高,引起两者摩擦系数下降而产生爬行(Stick-Slip)现象,影响机床的定位和传动精度 ‥‥‥‥‥‥‥‥（　　）

20. 数控车床的进给系统,都由丝杆-螺母滑动摩擦副驱动工作台 ‥‥‥‥（　　）

21. 经济型数控车床采用开环伺服控制和步进电机,且有刀尖圆角半径补偿功能 ‥‥‥‥‥‥‥‥‥‥‥‥‥‥‥‥‥‥‥‥‥‥‥‥‥‥‥‥‥‥‥‥‥‥‥‥‥‥（　　）

22. 全功能型数控车床采用半闭环或闭环伺服控制,从而具有高精度、高效率 ‥‥‥‥‥‥‥‥‥‥‥‥‥‥‥‥‥‥‥‥‥‥‥‥‥‥‥‥‥‥‥‥‥‥‥‥‥‥（　　）

23. 车削加工中心配置有刀库-换刀机构,可进行车、铣、钻、镗、铰、攻丝等切削加工 ‥‥‥‥‥‥‥‥‥‥‥‥‥‥‥‥‥‥‥‥‥‥‥‥‥‥‥‥‥‥‥‥‥‥（　　）

24. 卧式数控车床适用于加工长度短而直径大的盘状重型复杂件 ‥‥‥（　　）

25. 数控加工精车时,切削用量的选择原则,以提高生产力为主 ‥‥‥‥（　　）

26. 刀具的刀位点是确定刀具位置的基准点 ‥‥‥‥‥‥‥‥‥‥‥‥‥（　　）

27. G95F2 指令为主轴每转进给量 2 mm/r ‥‥‥‥‥‥‥‥‥‥‥‥‥（　　）

二、填空

28. 利用数控机床加工,当产品需要改型时,只要调整＿＿＿＿和＿＿＿＿等,即可加工出新规格的零件。

29. 按控制系统的功能特点,数控车床可分为：1. ＿＿＿＿,2. ＿＿＿＿,3. ＿＿＿＿三类。

30. 为了加工任意曲线、圆弧等＿＿＿＿须严格控制刀具的＿＿＿＿,由联动＿＿＿＿进行连续的＿＿＿＿,这就是＿＿＿＿联动 CNC 数控机床。

31. 零件加工程序常用的代码,有：1. ＿＿＿＿；2. ＿＿＿＿；3. ＿＿＿＿；4. ＿＿＿＿；5. ＿＿＿＿等。

32. 每一程序之首,单独一行列出＿＿＿＿,如：O0001,以区别于其他程序。

33. 为区别每一程序段,在每一段之首,列出＿＿＿＿,如 N10 等。

34. 令机床数控系统作好加工方式准备功能的＿＿＿＿,称为＿＿＿＿或＿＿＿＿,如：直线插补、刀具补偿等。

35. 在数控机床上加工工件时,所使用的坐标系,称为＿＿＿＿。为编程和加工方便起见,常与＿＿＿＿重合。

36. 每一程序段(Block)均由＿＿＿＿所组成。它由＿＿＿＿、＿＿＿＿构成,例如程序号 O0001、准备功能字 G01 等。

37. 数控车床(NC 车床)是用＿＿＿＿操纵的车床,将编制好的＿＿＿＿输入车床＿＿＿＿,通过＿＿＿＿控制机床的切削运动。

38. 经济型数控车床的各运动部件都由＿＿＿＿带动,每接收一个＿＿＿＿,它就转过一个＿＿＿＿,刀具就以相应的进给量,进行切削加工。这一进给量,称为＿＿＿＿。

39. 数控车床的典型结构,由＿＿＿＿、＿＿＿＿、＿＿＿＿、＿＿＿＿和＿＿＿＿等

组成。

40. 刀具的定位基准点，称为_____。如车刀的_____或_____，钻头、中心钻的_____等。

41. 为减少尺寸计算和累积误差，以及便于检查，对刀点应与零件的_____和_____重合。

42. 刀具的定位基准点，称为_____。如车刀的_____或_____，钻头、中心钻的_____等。

43. 为减少尺寸计算和累积误差，以及便于检查，对刀点应与零件的_____和_____重合。

三、选择

44. 数控机床都是取平行于实现切削运动的主轴轴线为(　　)，且刀具远离工件的方向为(　　)。

(1.1)　X 轴；　　　(1.2)　Y 轴；　　　(1.3)　Z 轴；　　　(1.4)　A 轴；

(2.1)　正方向；　　(2.2)　负方向。

45. 程序段 G90G01X40Z120F30;表示(　　)。

(1) 刀具由 X40 移到 Z120；　　　　　　(2) 刀具快速移到 X40Z120；

(3) 按进给速度移到 X40Z120；　　　　　(4) 从 X40Z120 快速移到 30 处。

46. 为使数控车床主传动系统具有高精度、高效率、低噪声、无振动，必须(　　)。

(1) 尽可能加大传动链长度；　　　　　　(2) 尽可能缩短传动链长度；

(3) 尽可能提高制造精度。

第4章 数控铣削加工工艺与操作方法

4.1 概述

数控铣床是一种用途广泛的数控机床,在金属切削加工中占有十分重要的地位。世界上首台数控机床就是一台三坐标立式数控铣床。目前,大多是指工作台台面宽度在400 mm以下,规格较小的升降台式数控铣床。规格较大,台面宽度在500 mm以上的,其加工功能已趋近于加工中心。

数控铣削工艺以普通铣床的加工工艺为基础,结合数控铣床的特点,综合运用多方面的知识,以处理数控铣削过程中的工艺问题,包括了刀具、加工工艺、零件的结构工艺性和程序设计等内容。所以本章的教学宗旨,在于从工程实际应用的目的出发,系统地阐述数控铣削工艺所涉及的基本原理与操作实践,以便通过本课程的系统学习,与其他课程内容相互融会贯通,而能独立地设计零件的加工工艺,以充分发挥数控铣削的特点,完成相关零件的铣削。

4.1.1 数控铣床的类型

4.1.1.1 按主轴布置形式分类。

4.1.1.1.1 立式数控铣床。其主轴轴线垂直于水平面,是数控铣床中最常见、应用最广的一类,其各坐标轴的控制方式如下:

4.1.1.1.1.1 工作台作纵、横向移动和上下升降移动,主轴只作主运动,小型数控铣床都属这一类布置方式,与普通铣床结构甚为相似。如图4.1(a)所示。

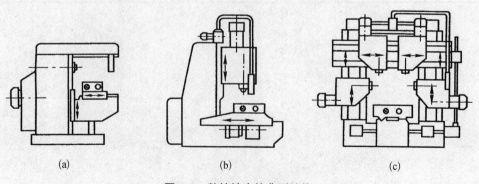

图 4.1 数控铣床的典型结构

(a) 小型 (b) 中型 (c) 大型

4.1.1.1.1.2　工作台可进行纵、横向移动,主轴除作主运动外,还可作上下升降运动。中型数控铣床都属这一控制方式,如图 4.1(b)所示。

4.1.1.1.1.3　龙门架移动式,主轴可在龙门架的横向和垂直导轨上上下移动,而龙门架沿床身立柱垂直导轨可作上下移动,大型数控铣床都属这种结构形式,也称为数控龙门铣床,如图 4.1(c)所示。

4.1.1.1.2　卧式数控铣床。其主轴呈水平状态。配有数控转盘的卧式数控铣床,工件在一次定位安装中,可通过转盘改变工位,进行多工位加工。对于箱体零件的加工,有明显的优越性。明显地节省了辅助时间,提高了生产率。

4.1.1.1.3　立卧两用数控铣床。其主轴可以手动或自动地变更其轴线方位,从而兼具立式和卧式数控铣床的功能,适用性更强。目前已有带数控主轴头的铣床,其主轴轴线的位置可以任意调整,从而加工出与水平面呈不同角度的工件表面。

4.1.1.2　按数控系统的功能分类。

4.1.1.2.1　经济型数控铣床。该类机床系采用了经济型数控系统,常用步进电机为伺服驱动动力源。由脉冲分配器电路,指令步进电机转过相应于脉冲信号的步距角,经过减速装置,带动丝杆-螺母机构,转换为进给部件的直线位移,可进行 X 轴向和 Y 轴向的联动进给。其移动速度和位移量,由脉冲频率和脉冲数决定之。

这类机床结构简单,功能较少,主轴转速和进给速度不高,调试方便,维修简单,价格较低。其加工精度主要取决于伺服驱动系统的性能。在精度和速度要求不高,驱动力矩不大的场合,应用较多。

4.1.1.2.2　全功能型数控铣床。这类机床通常都采用半闭环或闭环伺服控制系统,如图 1.9 和图 1.10 所示。其控制系统通常都采用标准型数控系统,功能全,加工精度高,应用范围广,不仅能加工平面轮廓,如图 4.2 所示;也能加工变截面空间曲面,如图 4.4 所示的飞机机身纵向大梁,工件形状似变截面特形槽钢,两腿与腰呈锐角相接,腰高沿长度方向连续变化,中间高两端矮。铣削时,用圆柱铣刀周边刃切削。除主运动外,进给运动

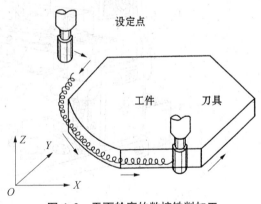

图 4.2　平面轮廓的数控铣削加工

有:绕主轴轴线上点 O_1 作连续摆动,同时,X、Y、Z 三坐标轴作联动移动。也就是这类机床可实现四轴联动,显著扩大了机床的工艺适用性。

4.1.1.2.3　高速切削数控铣床。速度和精度是数控铣床的主要指标,涉及机床的生产效率和产品质量。高速切削和强力切削是铣削加工的发展方向。高速切削数控铣床具有高性能的主传动系统,传递功率大,刚度高,抗震性好,热变形小;进给传动精度高,配有功能齐全的电脑(CNC)系统和伺服系统;并配置切削性能良好的刀具系统和合理的几何参数。切削时的主轴转速大多在 8 000～40 000 r/min,进给速度在 10～30 m/min,常用于加工面积较大的空间曲面或大型箱体和大型模具等。

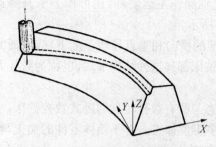

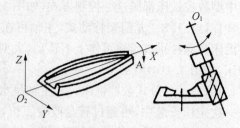

图 4.3　模具空间曲面的数控铣削　　　　图 4.4　数控铣削飞机机身纵向大梁

这类机床大多为双柱龙门结构,具有整体高刚性和高强度,并兼具卧式和立式主轴的铣削功能。

4.1.2　数控铣床的结构

图 4.5 所示为立式数控铣床的结构,是中小型规格数控铣床的通用型式。

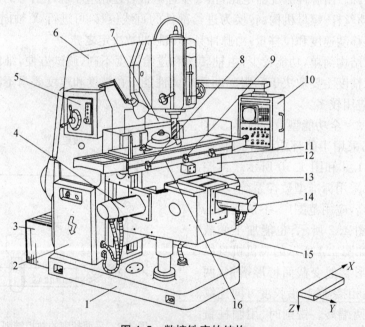

图 4.5　数控铣床的结构

1-底座;2-电器箱;3-变压器箱;4-升降台伺服电动机;5-操作面板;6-床身;7-数控装置;8、9、11-限位挡块(终点开关);10-操纵台(控制面板);12-横滑板;13、14-纵、横向进给伺服电动机;15-升降台;16-工作台

4.1.2.1　结构配置和技术参数。如图 4.5 所示,机床主轴轴线与其工作台台面相互垂直。床身 6 固定在机床底座 1 上,安装并支承着各部件;操纵台 10 装有 CRT (Charactron Tube,字码管)、各种功能的开关、按钮和指示灯;工作台 16 和横拖板 12 安装在升降台 15 上,通过伺服电动机 13、14、4 可分别驱动工作台、横拖板和升降台,实现 X、Y、Z 三个方向的调整运动或进给运动;电气箱 2 内装有机床电气部分的接触器、继电器等;床身后面是变压器箱 3;机床数控系统安装在数控柜 7 内;终点开关(挡铁)8、11 控制

工作台的纵向行程限位;挡铁 9 为纵向参考点挡铁;主轴变速手柄和开关、按钮等,都集中在机床左侧的操作面板上,以供调整转速和主轴转向、启动、停止等,以及切削液泵的启动、关闭之用。

下面以 XK5040A 数控立式铣床为例。列出其主要技术参数:

工作台面积(长×阔)	1 600×400 mm
工作台纵向行程(X 轴方向)	900 mm
工作台横向行程(Y 轴方向)	375 mm
工作台垂直行程(Z 轴方向)	400 mm
工作台后面至床身垂直导轨距离	30～405 mm
工作台 T 形槽槽数、槽宽、槽间距	3×18×100 mm
主轴孔锥度	7：24,BT50 号(GB)10944—89
主轴孔直径	ϕ27 mm
主轴套筒移动距离	70 mm
主轴端至台面间的距离	50～450 mm
主轴轴线至垂直导轨的距离	430 mm
主轴转速范围	30～1 500 r/min
主轴转速级数	18 级
纵向进给量	10～1 500 mm/min
横向进给量	10～1 500 mm/min
垂直进给量	10～600 mm/min
主电动机功率	7.5 kW
机床外形尺寸(长×宽×高)	2 495×2 100×2 170 mm

机床的 CNC 系统配置有 FANUC - 3MA 数控系统;半闭环控制检测与反馈系统,其检测装置为脉冲编码器;各坐标轴的最小移动量和最小设定量达 1 μm;可控制轴数为 X、Y、Z 三坐标轴,联动轴数为两轴。

4.1.2.2　数控铣床传动系统。

4.1.2.2.1　主传动系统。数控立式铣床的主运动是机床主轴的旋转运动,由主电动机(7.5 kW,1 450 r/min)驱动,如图 4.6 所示。经三角带轮 ϕ140/ϕ285 mm 传动至轴Ⅰ,经三联滑移齿轮组传至轴Ⅱ,再由三联齿轮组传至轴Ⅲ,经双联滑移齿轮组传至轴Ⅳ,经 45°圆锥齿轮副传至垂直轴Ⅴ,然后经圆柱齿轮副带动机床主轴旋转。其传动路线表达式:

$$\text{电动机} - \phi140/\phi285 - \text{①} \begin{Bmatrix} 19/36 \\ 22/33 \\ 16/39 \end{Bmatrix} \text{②} \begin{Bmatrix} 28/37 \\ 18/47 \\ 39/26 \end{Bmatrix} \text{③} \begin{Bmatrix} 82/38 \\ 19/71 \end{Bmatrix} \text{④} - 29/29 - \text{⑤} - 67/67 - \text{⑥(主轴)}$$

欲改变主轴转速,可通过机床左侧的操作面板上的变速手柄,移动齿轮箱内的滑移齿轮副,而得 18 档转速,供不同材料、各种规格、各级精度要求的工件加工之需。

4.1.2.2.2　进给传动系统。机床的进给传动分别为工作台的纵向进给、横向进给和垂直进给运动。纵向和横向进给运动均独立驱动,由 FB - 15 型直流变速伺服电动机驱

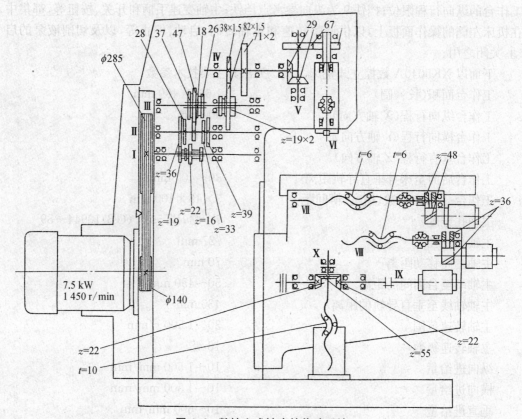

图 4.6 数控立式铣床的传动系统

动,经圆柱斜齿轮副 48/48 或 36/36,带动纵向或横向滚珠螺丝杆转动,驱动与之配合的滚珠螺母平移运动,而该螺母直接连接在工作台或横拖板上,从而,只要变换电动机转速,工作台就产生相应的纵向或横向进给,两者的进给量都在 10~1 500 mm/min 之间。

垂直进给运动也是独立驱动,由 FB-25 型直流变速伺服电动机驱动,经圆锥齿轮副 22/55,带动垂直进给滚珠丝杆,驱动工作台产生位移。其中,每根丝杆的螺距,如图 4.6 所示。

图 4.7 所示为数控铣床的垂直进给机构及其阻尼装置:伺服电动机 1 通过十字联轴节,带动圆锥齿轮 2、3,使垂直丝杆转动,升降台上升或下降。锥齿轮 3 还带动锥齿轮 4。而锥齿轮 2 和 4 分别处在锥齿轮 3 的两侧,使之受力平衡,传动平稳,也保持垂直丝杆仅承受旋转力矩,不受到弯矩作用,达到良好的运动精度和工作平稳性。

同时,当锥齿轮 4 转动时,带动其右侧单向超越离合器的星形体 5。伺服电动机驱动铣床升降台上升时,锥齿轮 4 带动星形体 5 逆时针方向快速转动,由于星形体的运动超前于套筒 7,滚柱 6 顺时针方向转动,压缩弹簧销 10,并离开楔缝,从而套筒 7 与星形体间的运动联系便自动断开,摩擦阻尼装置不起作用,升降台轻快地上移。而当工作台需要下降时,星形体 5 顺时针方向转动,由于它和滚柱间的摩擦力,带动着滚柱转动,使滚柱 6 绕自身轴线,作逆时针方向转动,而滚向星形体与套筒 7 间楔形缝隙内,于是滚柱被楔缝紧压在星形体 5 和套筒 7 之间,而使套筒也随之同步转动。由花键与套筒相配合的内摩擦片

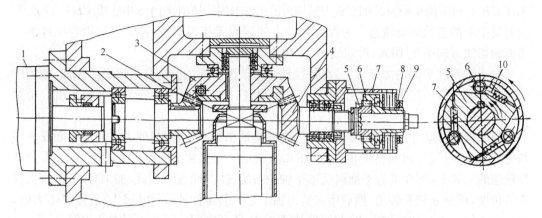

图 4.7　数控铣床升降台阻尼装置

1-伺服电动机；2、3、4-锥齿轮；5-星形体；6-滚柱；7-套筒；8-螺母；9-锁紧螺母；10-弹簧销

也同步旋转，与固定在壳体上的外摩擦片间发生相对运动。因其两端由压缩弹簧和螺母已调节好，具有足够的摩擦力，起到必需的阻尼作用。据此，因滚珠丝杆无自锁作用，所以垂直滚珠丝杠上的部件会因自重而下落，所以这一型号的数控铣床具有升降台阻尼装置，如图 4.7 所示，起着制动装置的作用。其制动力的大小，可用螺母 8 予以调节。调节时，应先松开锁紧螺母 9，再把螺母 8 调节好压紧后，锁紧自锁螺母 9，以减缓或阻止工作台自行下落。

4.1.3　加工对象与工艺路线

　　数控铣削是机加工中主要的数控加工方法之一，从两轴联动的平面类零件的铣削，至需要五轴联动的空间曲面立体轮廓的铣削，都可以加工。所以，数控铣削的加工对象为：

　　4.1.3.1　平面类零件的加工工艺。所谓平面类零件，是指所加工的表面为平面且平行或垂直于定位面，或者与水平面的夹角呈定值的零件。其中，也包括从铣削加工而言，能够展开为平面的简单曲面，如图 1.7 所示。在数控铣床上加工的大多数工件，属于此类，通常可在可控轴数为三坐标轴、联动轴数为两轴或两轴半的铣床上加工。

　　加工平面时，可采用圆柱铣刀（卧式铣床）或面铣刀（立式铣床），其加工精度和表面粗糙度，参见表 2.6 所示。

　　至于平面轮廓的加工方法，图 4.8 所示由于平面轮廓是由若干个基本几何元素构成的，如由直线或圆弧组成，且可展开为平面。从而，可采用可控轴数为三坐标轴、联动轴数为二轴半的数控铣床铣削。图 4.8 所示工件的加工面为外周平面轮廓

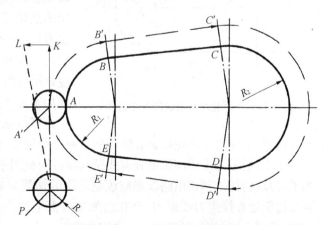

图 4.8　平面轮廓的数控铣削

$ABCDEA$,可采用半径为 R 的立铣刀圆周刃沿工件的周边切削,图 4.8 中虚线 $A'B'C'D'E'A'$ 为刀具中心的进给运动轨迹。为保证接刀点的表面无接刀痕迹,铣刀必须沿着工件加工表面的切线方向 PA' 切入,沿切线 $A'K$ 切出,然后离开工件。

对于定斜度平面的加工方法,在数控铣床上铣削斜面的方法与上述平面相似,使用的铣刀也相同。所不同的是需要借助于夹具等附件,把工件或刀具安装至所需角度。常采用以下各种方法:

当零件外形尺寸不大时,可用相应斜度的垫铁垫平和校正之,使工件的加工面安装成与进给方向平行后,进行铣削加工,如图 4.9 所示。在立式数控铣床上加工时,大多数数控铣床的立铣头,可在垂直平面内绕水平轴左右旋转 45°角度。因此,加工时,可以按工件所需角度,调整立铣头转角,然后用立铣刀加工之。若零件外形尺寸较大,斜度又不大时,则可用直纹曲面行切法加工之,其原理与图 2.24 所示空间曲面的铣削方法相同。

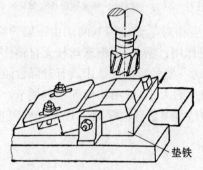

图 4.9　单件小批量生产加工斜面

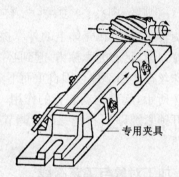

图 4.10　批量生产加工斜面

加工方法确定后,就须选择其加工路线。图 4.11 所示为平面类零件轮廓的铣削实例,其加工方法,可选用两坐标轴联动数控铣床加工,采用立铣刀圆周刃切削其外轮廓表面。其加工路线也就是刀具的切入路线、切削过程中刀具的进给路线和刀具的切出路线,也应针对数控铣床的特点,按工件技术要求予以考虑。

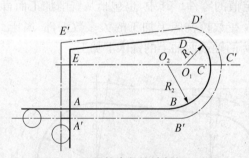

图 4.11　平面轮廓数控铣削加工路线

一般数控铣床都具有刀具半径补偿功能,所以编程时可按照零件轮廓进行编程。若所选用的立铣刀半径为 R,则 $A'B'C'D'E'A'$ 即是刀具中心线沿进给路线的运动轨迹。刀具切入工件时,应避免沿零件轮廓的法向切入,应该沿零件轮廓的延长线切向切入,以避免在加工处产生并留下刀痕,影响零件表面质量;同理,在切离工件时,应避免在工件轮廓上直接退刀,而应沿零件轮廓延长线切向按原进给速度切离工件。

图 4.12 所示为采用圆弧插补方式铣削零件上整圆平面曲线的加工路线,由于是外表面加工,刀具的切入和切出路线都应该是轮廓的切线方向上,以进给速度切入或退刀,而不可从切削处直接进刀或退刀,会在已加工表面上留下刀痕;铣削内圆弧平面曲线轮廓时,也应遵循上述规则,即切向切入或切出规则。不过,受内孔狭小空间的制约,只好从圆弧切入或切出,如图 4.13 所示。这样安排加工路线可以提高零件表面的加工精度和表面

质量,使已加工表面平滑光洁,没有接刀刀痕。不过编程时,应增加切入和切出程序段。具有直线和圆弧插补功能的数控铣床,都可按上述方法加工相关零件。对于非圆曲线的平面轮廓,应在编程前数值计算时,用直线和圆弧线段去逼近计算出各相关节点后,也按上述方法去加工之。

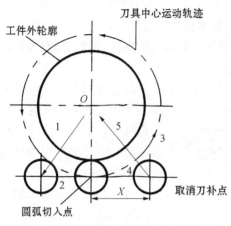

图 4.12　外圆轮廓数控铣削加工路线

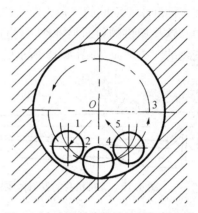

图 4.13　内圆轮廓数控铣削加工路线

图 4.14 所示为大尺寸直纹曲面数控铣削时的加工路线图,其中,图 4.14(a)所示为球头铣刀沿工件表面的直素线进行切削进给,然后,在切削进给的延长线上作间歇性横向进给后,继续沿直素线切削,一行一行地进行切削,所以称为行切法加工,常用于航空发动机叶片的加工。图 4.14(b)所示为沿着直纹曲面的曲素线进行切削进给的加工方法。这两种加工路线和切削方法,各有优点,前者图 4.14(a)每次沿直素线进给加工,刀位点计算简易,程序简化,可以精确保证素线的直线度,整个切削加工过程,符合直纹面的形成规律;后者,加工方案图 4.14(b)的刀具进给路线是按曲线函数式或曲线列表数据计算确定的,因而,便于成品零件的检验,要求与曲线函数式的特征点或列表数据相应,曲面形状的准确度就较高。当然,其程序较长,编程较烦。由于该曲面的边界没有其他表面阻挡,所以球头立铣刀应从边界外就开始切削进给,且切削进给至边界外,才作横向进给,如图 4.14 所示。

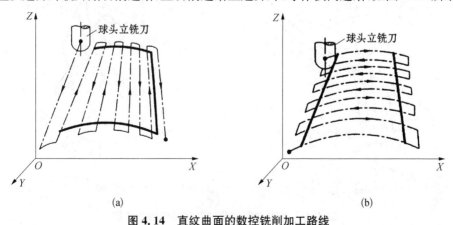

(a)　　　　　　　　　　　　　　　　(b)

图 4.14　直纹曲面的数控铣削加工路线

(a)沿直母线切削进给　(b)沿曲母线切削进给

此外,应尽可能避免在切削过程中进给停顿,以免在停顿处留下刀痕,影响零件加工质量。为提高零件表面精度和改善粗糙度,可采用粗精加工多次切削进给的方法,精加工余量取 0.2～0.5 mm 为宜。精铣时,应采用顺铣,以减小零件已加工表面的粗糙度和变质层厚度。

4.1.3.2 斜面类零件的加工工艺

加工面和水平面间的夹角为定值的斜面,其本身仍然是平面,而可归纳为平面类零件一类中。这里所讲的斜面类零件,是指加工面与水平面间的夹角,沿加工面长度方向,呈连续变化的一类平面,如图 4.15 所示的变斜角机梁椽条上表面。

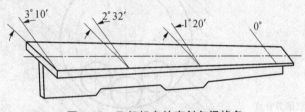

图 4.15 飞机机身的变斜角梁椽条

这类变斜角斜面,不可能展开为平面,但其形成运动的素线是直线,所以,加工过程中,加工表面与立铣刀圆周刃的理论接触线是一条直线。

对于曲率变化不大的变斜角面,可以采用 X、Y、Z 和 A 轴四轴联动数控铣床或加工中心,采用立铣刀圆周刃,以圆弧插补方式摆角加工,如图 4.16 所示。加工时,应保证立铣刀圆周刃与工件加工表面在全长上,始终以规定的切削用量和加工路线进行切削进给,刀具应绕轴 A 连续地摆动变角 α 值。

对于曲率变化较大的变斜角直纹面,宜采用 X、Y、Z、A 和 B 坐标轴五轴联动数控铣床,其中,X、Y、Z 三轴为移动坐标轴,轴 A 和 B 为转轴,以圆弧插补方式,作连续地摆角加工,以便加工时,保证刀具圆周刃与工件被加工表面在整个切削宽度上始终贴合,如图 4.16(b)所示。图中 $\angle A$ 是零件斜面直素线与坐标轴 Z 的夹角 α 在 ZOY 平面上的投影;$\angle B$ 是夹角 α 在 XOZ 平面上的投影。所采用的铣刀仍然是立铣刀,以圆周刃进行切削。

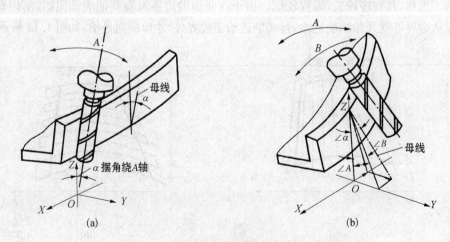

图 4.16 变斜角直纹面的数控铣削加工路线

(a)斜角变化小时 (b)斜角变化大时

4.1.3.3　曲面类零件的加工工艺。加工表面为空间曲面的零件,称为曲面类零件,如涡轮叶片、螺旋桨等。这些曲面不可能展开成平面。形成空间曲面的素线和该素线的轨迹运动都不是直线,所以加工这类表面时,不可能再用立铣刀的圆周刃进行切削。加工时,铣刀与加工表面间,始终只能是点接触。通常都采用球头铣刀,以至少两轴半联动在数控铣床上加工。如果曲面更复杂些,而需要刀具在切削过程中作连续摆动时,就应采用四轴或五轴联动铣削加工。所以,空间曲面的加工应按曲面形状、所用刀具和加工精度要求,选择相应的加工方法和工艺过程。

对于曲率变化不大、精度要求不高的空间曲面,采用数控铣床以两轴半联动坐标的行切法进行加工,如图 4.17 所示。这时,以 Y、Z 两坐标轴的联动插补,可逼近曲线段,完成沿此线的进给运动。刀具绕自身轴线的旋转运动,完成切削运动,即主运动。并沿 X 轴向完成间歇性的周期性横向进给运动。球头铣刀的端部沿 YOZ 平面与空间曲面相截的相贯线,进行铣削。横向进给 ΔX 距离后,再铣削另一条相邻曲线。这样逐行切削出完整的加工表面的方法,称为行切法。当然,行距 ΔX 愈小,铣刀直径愈大,已加工表面的表面粗糙度就愈光洁。

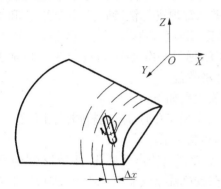

图 4.17　曲率变化较小的空间曲面数控铣削加工路线

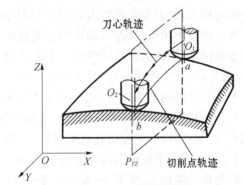

图 4.18　曲率变化较大的空间曲面数控铣削加工路线

对于曲率变化较大、加工精度要求较高的空间曲面,就应采用数控铣床或镗铣削加工中心,以 X、Y、Z 三坐标轴联动插补的行切法进行加工,如图 4.18 所示。图中 P_{YZ} 平面是平行于坐标平面 YOZ 的行切面,它与加工表面的相贯线是 ab 曲线。由于采用了三坐标轴联动切削加工,球头铣刀在加工表面上的切削点,始终位于平面曲线 ab 上。从而,可获得加工精度较高的空间曲面,而常用作精加工工艺方法。

对于船舶用螺旋桨和涡轮叶片等形状复杂的空间曲面,就须用五坐标联动插补加工。图 4.19 所示,半径为 R_i 的圆柱面与螺旋桨叶面的相贯线 AB 是一条螺旋线,其导程角为 λ_i;在轴向剖面内,与叶面的相贯线是叶片的径向叶形线 EF,其在叶片外缘处的倾角为 α。

加工时,先建立以原点为 O 的坐标系,采用近似逼近法进行切削加工,如线段 mn 是由 C 坐标轴旋转 $\Delta\theta$ 转角与 Z 轴向位移 ΔZ 联动合成的。当叶面上 AB 螺旋线段加工完毕后,球头立铣刀沿径向移动 ΔX,改变柱剖面半径 R_i,继续加工与之相邻的另一条叶形线,依次加工,即可切削出整个叶面。为了保证球头铣刀端部始终与切削表面贴合,铣刀还要作绕坐标 A 和绕坐标轴 B 形成 θ_i 和 α_i 的摆动运动。但是,由于刀具的摆动运动,使

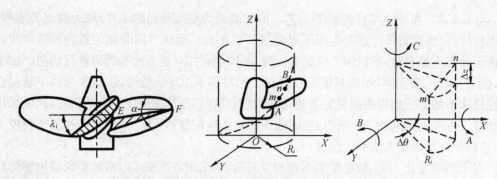

图 4.19　螺旋桨叶面空间复杂曲面数控铣削加工路线

球头铣刀的端部切削点发生偏移,所以,必须在摆动运动的同时,还应作整个直角坐标系的附加位移,以保证铣刀端部中心始终位于编程值所限定的切削位置上。综上所述,就须采用五坐标轴联动的加工。

　　4.1.3.4　箱体类零件的加工工艺。

　　所谓箱体类零件是指既有孔系又有空腔的零件。这类零件都要进行多工位孔、轮廓和平面的加工,公差要求较高者,尤其是形位误差。常须进行铣、钻、扩、镗、锪、铰和螺纹加工等工序。所用刀具较多,如果用普通机床加工,工装多,须多次装夹、找正,多次测量,精度也难保证;采用数控铣床或加工中心进行加工,通过一次装夹,可完成95%的加工内容,质量稳定,尺寸重现性好,显著提高了技术-经济效益。

　　箱体类零件的加工方法、加工路线和具体方案大致如下:

　　4.1.3.4.1　同一箱体零件上,既有加工面,又有加工孔时,应先铣削加工面,然后,再加工孔;加工孔时,应先完成孔系的粗加工,然后,再精加工;

　　4.1.3.4.2　毛坯选为铸件时,孔径＞ϕ30 mm 者都应铸出毛坯孔,然后,在普通机床上进行毛坯的粗加工,留下 4～6 mm 直径余量,在数控铣床或加工中心上,进行加工面和孔系的粗精加工,按粗镗-半精镗-孔端倒角-精镗四个工步完成之;

　　4.1.3.4.3　孔径＜30 mm 的孔,可不铸出毛坯孔。其加工步骤:锪平端面-钻中心孔-钻-扩-孔端倒角-铰孔等工步;对于有同轴度位置公差要求的小孔,孔径＜30 mm 者,应选用锪平端面-钻中心孔-钻-半精镗-孔端倒角-精镗或铰孔等工步;

　　4.1.3.4.4　加工孔系时,应先加工大孔,再加工小孔,尤其是孔距接近的工况下;跨距大的箱体同轴孔,尽可能采用调头加工,以缩短刀排的长径比,提高刀具刚度,改善加工质量;

　　4.1.3.4.5　螺纹加工时,M6～M20 的螺纹孔,一般都在数控铣床或加工中心上完成。M6 以下、M20 以上者,仅在数控铣床或加工中心上加工出底孔,攻螺纹可安排在其他工序完成之。当然,这须按企业现有设备和技术条件而定。

4.2　数控铣削加工的工序设计

4.2.1　夹具的选用

　　数控铣床和加工中心上工件的装夹方法和要求,与普通机床一样,要求定位、夹紧,以便可靠、稳定地进行铣削加工。选用时,应尽可能减少工件在加工中的安装次数,在一次安装中,把零件上所要求加工的表面,尽可能多的加工出来。

4.2.2　刀具的选用

数控铣床和加工中心加工内容广泛,与机床配套使用的刀具和夹具种类繁多,尤其加工中心上的换刀机构又要求刀具更换迅速,把通用性很强的刀具与配套装夹工具系列化、标准化,而组成了现用的工具系统。选用工具系统进行加工,尽管工具成本高些,却能可靠地保证加工质量,最大限度地提高生产率,充分发挥加工装备的效能。

我国已建立了这类工具系统,由主轴连接锥柄、延伸拉杆和相应的刀具组成。经适当组合后,可完成钻孔、扩孔、铰孔、镗孔、攻螺纹等各种加工工艺。由于所使用的标准繁多,选用时,应注意所用的刀具系统,必须与所用机床相适应。

选用刀具时,应按工件加工部位的形状、表面质量要求、工件材料的热处理状态和可切削性,以及加工余量等,选用刚性好,耐用度高的刀具。如果磨损快,不仅影响零件加工精度和表面粗糙度,还会增加换刀和对刀次数,不仅影响生产效率,还会在已加工表面上留下接刀痕迹。此外,刀具切削部分几何参数的选择与排屑性能也很重要,理想的切屑是长度为 100 mm 以下的卷状屑和定向落下的 C 形屑、6 形屑,它们的优点是,不缠绕到工件或刀具上,不飞溅,切削力较稳定,便于清理。而这些又主要取决于刀具切削部分的几何形状和刀具几何角度参数的正确选择。

数控铣床和加工中心上使用的刀具,包括面铣刀、立铣刀、球头铣刀、键槽铣刀、三面刃盘铣刀、单边角和双边角铣刀、鼓形铣刀和各种孔加工刀具,如中心钻、浅孔钻、麻花钻、锪钻、铰刀、镗刀、丝锥等。选用铣刀类型的主要依据,是零件上加工表面的几何形状和材料类型。

4.2.2.1　铣削直纹曲面类零件时,应采用立铣刀,以圆周刃铣削工件被加工表面,保证刀具在被加工表面上的切削点,就是该直纹曲面的直素线。图 4.20 所示为立铣刀。

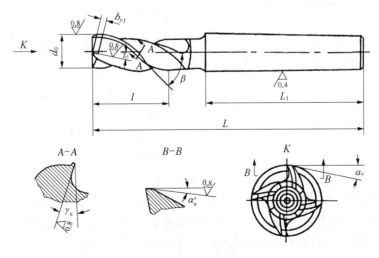

图 4.20　立 铣 刀

4.2.2.2　铣削空间曲面类零件时,应选用球头铣刀,以端面刃铣削工件被加工表面。粗加工时,选用两个刀齿的;半精加工和精加工时,用四个刀齿的球头铣刀。

4.2.2.3　铣削较大平面时,应选用机夹硬质合金可转位面铣刀;较小些的平面依次可用机夹-焊接式面铣刀、整体焊接式硬质合金面铣刀和整体高速钢面铣刀,其选择原则主要从提高生产率和加工质量来考虑。

4.2.2.4　铣削键槽时,必须按零件图上规定的尺寸精度来选用相应的键槽铣刀,按国标规定,直柄键槽铣刀直径为 $2\sim22$ mm;锥柄键槽铣刀直径为 $14\sim50$ mm。键槽铣刀直径的偏差有 e8 和 d8 两种。其圆柱面和端面上都有切削刃,端面切削刃一直延伸至中心,工作时能作轴向进给运动。它们都为两个刀齿,齿数少,螺旋角小,容屑量大。图 4.21 为键槽铣刀。

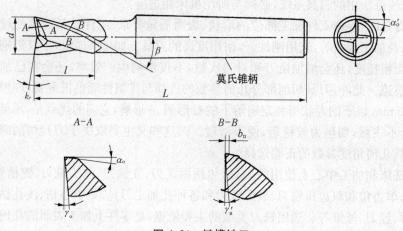

图 4.21　键槽铣刀

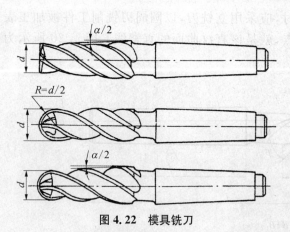

图 4.22　模具铣刀

4.2.2.5　加工孔和孔系时,应按零件上规定的孔径,选用相应尺寸的各种定值孔加工刀具或可调整镗刀来加工。

4.2.3　铣削用量的选用

铣削加工的切削用量,包括铣削时的切削速度、进给速度、背切刀量和侧吃刀量。机床-刀具-工件系统的刚性是限制切削用量的主要因素。所选用的切削用量,不仅须介于机床主传动功率、主轴转速范围、进给速度范围内,还应使机床-刀具-工件系统不发生颤震。同时,不同的工件材料,其可切削性各异,应选用与之相应的刀具材料。选用恰当,达到良好切削状态的标志是:在高速切削下,能有效地形成较理想的切屑,又具有较小的刀具磨损量和较好的表面加工质量。选用较高的切削速度,较小的背吃刀量和进给量,可以获得良好的表面粗糙度。适当的恒切削速度,较小的背吃刀量和进给量,可获得较高的加工精度。切削液应同时具有冷却、润滑、清洗和防锈作用,必须按加工条件具体选用,以提高刀具耐用度和加工质量,如图 4.23 所示。

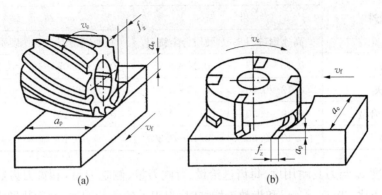

图 4.23　铣削时的切削用量要素

(a) 圆周铣　(b) 端铣

4.2.3.1　背吃刀量 a_p 和侧吃刀量 a_e 的选择

背吃刀量 a_p 为平行于铣刀轴线测量的切削层尺寸,单位为mm,端铣时,a_p 为切削层深度;而用圆柱铣刀周铣时,为被加工表面的宽度。侧吃刀量 a_e 为垂直于铣刀轴线测量的切削层尺寸,单位为mm,端铣时,a_e 为被加工表面宽度;而周铣时,a_e 为切削层深度,如图 4.23 所示。图中 f_z 为每齿进给量,单位为mm/z,当铣刀转过一个刀齿时,刀具与工件沿进给方向的相对位移。

a_p 和 a_e 的选取根据工件加工余量大小和零件表面质量的要求而定。如果零件图规定的表面粗糙度值为 Ra12.5～25 μm 时,留给周铣的加工余量＜5 mm;留给端铣的加工余量 6 mm 时,只要粗铣一次进给即可。当余量更大时,受机床-刀具-工件工艺系统刚性和机床动力的制约,可分成两次进给完成之。当零件图规定的表面粗糙度值为 Ra3.2～12.5 μm 时,加工工序应分为粗铣和半精铣两步进行,粗铣留下 0.5～1.0 mm 余量,供半精铣时切除之。当零件图上规定的表面粗糙度要求为 Ra0.8～3.2 μm 时,工序设计时应分为粗铣-半精铣-精铣三步进行。半精铣时,背吃刀量 a_p(端铣)或侧吃刀量 a_e(周铣)取 1.5～2.0 mm;精铣时,端铣背吃刀量 a_p 取为 0.5～1.0 mm,周铣侧吃刀量 a_e 取为 0.3～0.5 mm。

4.2.3.2　进给量 f 的选用。

铣削加工的进给量 f(mm/r)是指主轴每转一转,刀具相对于工件沿进给方向的位移量。而进给速度 v_f 可按下式计算:

$$v_f = n \cdot f = n \cdot z \cdot f_z$$

式中:v_f 为进给速度,指单位时间内铣刀相对于工件沿进给运动方向的位移量,mm/min;n 为主轴转速,r/min;z 为铣刀齿数;f_z 为每齿进给量,mm/z。

根据工件材料的性能、所用刀具材料、零件图上规定的表面粗糙度要求等因素,选用每齿进给量 f_z 值。工件材料强度和硬度越高,f_z 应小些;硬质合金铣刀的每齿进给量 f_z 远比相应的高速钢刀具大些;零件表面粗糙度要求愈高,所选用的 f_z 值就应越小些;机床-刀具-工件工艺系统刚性差时或刀具强度低时,应取 f_z 值小些。表 4.1 所示为常用刀具和工件材料时的铣刀每齿进给量选用范围。

表 4.1 铣刀每齿进给量选用范围

工件材料	每齿进给量 f_z/mm/z			
	粗　铣		精　铣	
	高速钢铣刀	硬质合金铣刀	高速钢铣刀	硬质合金铣刀
钢	0.10～0.15	0.10～0.25	0.02～0.05	0.10～0.15
铸铁	0.12～0.20	0.15～0.30	0.02～0.05	0.10～0.15
铝及铝合金	0.20～0.30	0.125～0.38	0.05～0.15	0.05～0.30
铜	0.10～0.25	0.15～0.30	0.05～0.10	0.05～0.20

铣削速度 v_c 与刀具耐用度、每齿进给量、背吃刀量、侧吃刀量,和铣刀齿数成反比,与铣刀直径成正比,当 f_z、a_p、a_e 和齿数 z 增加时,刀刃上的负荷增加,切削热增大,刀具磨损加剧,制约了切削速度;但铣刀直径加大,改善了散热条件,而可提高切削速度。

表 4.2 为铣削速度的选用范围。

表 4.2 铣削速度选用范围

工件材料	硬度(HBS)	铣削速度 v_c/m/min	
		高速钢铣刀	硬质合金铣刀
钢	<225	18～42	66～150
	225～325	12～36	54～120
	325～425	6～21	36～75
铸铁	<190	21～36	66～150
	190～260	9～18	45～90
	260～320	4.5～10	21～30
铝及其合金	95～100	180～300	360～600
铜		30～90	180～300

铣刀磨损基本规律与车刀相似,高速钢铣刀铣削时,切削厚度较小,刀齿对加工表面挤压、滑擦较严重,所以其磨损主要出现在后刀面上;硬质合金铣刀铣削时,切削速度高,切屑沿前刀面滑动剧烈,因而前后刀面同时磨损,但前刀面磨损较小,且都是正常磨损状态。

由于铣削是断续切削,尤其对于脆性较高的硬质合金铣刀,当刀齿不仅承受着机械冲击,还受到热应力,这是脆性材料刀具造成早期破损而失去切削能力的主要外因。切削用量的选择就显得十分重要。切削用量选得太小,尤其切削速度过低,铣刀刚开始工作时,刀具温度低,刀齿脆性大,刀齿切入工件时,受到机械冲击,易产生低速性破损。且低速下,刀齿的前刀面上容易黏附切屑,再次切入工件时,所黏附的切屑,受冲击而脱落,也会导致低速性破损。与此相反,如果铣削用量选得过大,尤其是铣削速度过高,由于刀齿经受着机械性反复冲击和热冲击后,刀齿材料发生疲劳,形成裂纹而导致破损,出现了高速性破损。此外,当铣刀切削部分几何参数,以及切削用量都选择不当时,在切削力冲击下,往往也会造成无裂纹前兆的崩刃。上述三者都是硬质合金铣刀不正常破损现象,也是数控铣削时合理使用硬质合金铣刀而须解决好的工艺设计问题。在数控铣削整体风机叶轮时,我们曾遇到过上述问题,材料为 321 钢号(ASTM 标准,经固溶处理),选用整体硬质合金球头铣刀,由于用量过低,而致造成低速性破损;同时,切削液的合理选用,也有助于提高刀具耐用度和铣削质量,宜采用不含氯离子的无泡极压切削液。刀齿切削部分的空泡现象,会造成气穴侵蚀(Cavitation Phenomenon),加剧刀具破损。

实践得出,在数控铣削加工程序设计时,既要合理选用铣削用量各要素,还须合理组合 v_c 和 f_z 值,如图 4.24 所示。当切削用量选择合理,各要素组合适当时,就能处在不产生破损的安全切削区域内正常工作。由图示可知,如果工序设计时,选用了较低的铣削速度 v_c 和较小的进给量,就易发生低速性破损;而一旦选用了过高的铣削速度和过大的进给量时,还会出现高速性破损。所以,数控加工时的工序设计尤为重要。

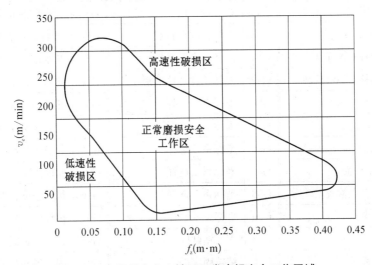

图 4.24 硬质合金立铣刀正常磨损安全工作区域

其次是恰当地选用刀具或刀片的硬质合金牌号,应选用韧性高、抗热裂纹敏感性小,又具有较好的热硬性和耐磨性的材料,铣削钢材时,宜选用 YS30、YS25 牌号的硬质合金,它是我国湖南株洲硬质合金厂生产的超细晶粒硬质合金。用于中速大进给量铣削不锈钢时,比常用牌号硬质合金提高耐用度 3~5 倍。铣削铸铁时,可选用 YD15 牌号的硬质合金,它是属于亚细晶粒型,用它铣削硬度较高的合金铸铁、可锻铸铁、球墨铸铁时,铣削效率可提高 50%,铣刀耐用度可成倍提高。

合理选择铣刀-工件的相对安装位置,也可减少铣刀破损发生率,因为铣刀安装位置,不仅直接改变了对称铣削或非对称铣削状态,还影响着刀齿切入接触角和切离角的大小,既影响刀齿切入工件时接触点的位置,还影响刀齿切入过程中铣削面积的增大速率,直接影响着刀具的耐用度。

国标规定:铣刀磨损限度,以刀齿后刀面磨损带宽度为准,硬质合金面铣刀铣削钢材时,$VB = 1.0 \sim 1.2 \, mm$,铣削铸铁时,$VB = 1.5 \sim 2.0 \, mm$。硬质合金铣刀的耐用度:

$T=80\sim 600\min$。这些数据都是正常磨损状态下的额定值。

由此可知,数控铣削工序的设计,是多因素的系统设计,须仔细推敲后,还应试切,不应希冀一蹴而就。

4.3 数控铣削加工的装刀与对刀

每种数控铣床的数控系统,按功能要求和编程需要,规定一定的程序格式,但其功能代码及其功用基本一致,使用时,可按机床说明书参照执行。表 4.3 为准备功能 G 代码;表 4.4 为辅助功能 M 代码。

表 4.3　常用的准备功能 G 代码及其功用

代码	功　能	代码	功　能	代码	功　能
G00	快速点定位	G42	右刀径补偿	G83	深孔钻削固定循环
G01	直线插补	G43	刀具长度正补偿	G85	镗削固定循环
G02	圆弧插补 CW,正转	G44	刀具长度负补偿	G89	镗削固定循环
G03	圆弧插补 CCW,反转	G49	刀具长度补偿取消	G90	绝对坐标编程
G04	暂停	G54	坐标系 1 选择	G91	相对坐标编程
G17	XY 加工平面	G55	坐标系 2 选择	G92	工件坐标系设定
G18	ZX 加工平面	G56	坐标系 3 选择	G94	每分钟进给
G19	YZ 加工平面	G57	坐标系 4 选择	G95	每转进给
G27	返回参考点检查	G58	坐标系 5 选择	G96	恒线速度控制
G28	返回参考点	G59	坐标系 6 选择	G97	恒线速度控制取消
G29	从参考点返回	G73	深孔钻削固定循环	G98	返回固定循环起始点
G36	直径编程	G76	精镗固定循环	G99	固定循环返回 R 点
G37	半径编程	G80	固定循环取消		
G40	刀径补偿取消	G81	钻削固定循环-钻、锪、铰		
G41	左刀径补偿	G82	钻削固定循环		

表 4.4　常用的辅助功能 M 代码及其功能

代码	功　能	代码	功　能	代码	功　能	代码	功　能
M00	程序停止	M05	主轴停止转动	M13	M03+M08	M23	镜像取消
M01	选择停止	M06	自动换刀	M18	主轴定向解除	M30	程序结束,复位并返回程序头
M02	程序结束	M07	切削液泵开	M19	主轴定向	M98	调用子程序
M03	主轴正转启动	M08	切削液泵开	M21	X 轴镜像	M99	子程序结束
M04	主轴反转启动	M09	切削液泵停	M22	Y 轴镜像		

在数控机床上,由各种功能代码编辑成的数控加工程序指令,控制着刀具与各坐标轴之间的相对位移,而实现加工进给工艺过程。这就必须建立起工件-刀具-机床之间相对位置的坐标系。

4.3.1　对刀点及其选择

为了编制铣削加工程序,必须先确定刀具在工件坐标系中的起点位置,即执行程序时,刀具相对于工件运动的起点,常称为程序起始点或起刀点。而该起始点就须通过对刀操作过程来确定之,所以又称为对刀点。

对刀点位置的设置原则是:须便于编程前零件图上相关节点的数值计算,又能使编程简单化;还要使工件便于找正、安装;加工过程中又便于作程序间检查;优化加工精度和生产效率。为此,对刀点应尽可能与零件的设计基准或工艺基准重合,例如以零件上孔中心或相互垂直的平面轮廓的交点,取为对刀点。如果找不到合适部位,也可用零件上的工艺孔来对刀,因为零件上的孔中心线和外轮廓平面,以及工艺孔中心常作为设计基准或零件加工时的工艺基准使用。

4.3.2　对刀方法和对刀工具的选用

对刀前,先把工件正确定位安装在工作台上,较小的工件常用机用平口钳或专用夹具;大件可直接用螺栓-压板安装在工作台上。安装时,不仅要准确定位,还要精确地使工件的基准面或基准线的方向,与 X、Y、Z 轴的方向相互一致,而且,刀具在切削时不会碰到夹具或工作台,然后再夹紧工件。

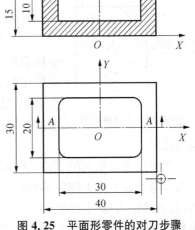

4.3.2.1　平面形工件的对刀方法和步骤。图 4.25 所示零件,需要在数控铣床上加工上表面和内腔各表面,其对刀方法和步骤如下:

4.3.2.1.1　X、Y 轴向对刀:

4.3.2.1.1.1　选用机用平口虎钳,将工件定位安装在数控铣床工作台上,工件的各定位基准面与加工面方向,应与 X、Y、Z 轴方向相互一致,四周外侧面留出对刀工具的检测位置空间。

4.3.2.1.1.2　手动方式下,使 X、Y、Z 轴都分别返回机床参考点。

图 4.25　平面形零件的对刀步骤

4.3.2.1.1.3　以快速进给方式,分别移动 X 轴、Y 轴和 Z 轴。将光电寻边器插入铣床主轴孔,安装在主轴上,其轴线与主轴轴线重合。让寻边器触头接近工件 X 向的对刀基准面-工件的左侧。

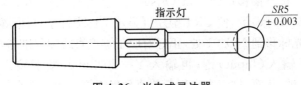

图 4.26　光电式寻边器

4.3.2.1.1.4 改用微调操作,以手摇轮进给方式,转动手摇脉冲发生器慢慢移动机床 X 轴,使寻边器触头缓缓地与工件左侧面接触,直至寻边器指示灯亮。记下参考坐标系中的 X 坐标值,如 -250.500。

4.3.2.1.1.5 降低工作台台面高度,让寻边器触头越过工件上表面,然后,快速移动工作台和主轴,使寻器触头接近工件右侧。

4.3.2.1.1.6 改用微调操作,以手动进给方式,转动手摇脉冲发生器,慢慢移动机床 X 轴,使寻边器触头缓缓地与工件右侧面接触,直至寻边器指示灯亮。记下参考坐标系下的 X 坐标值,如 -200.500。

4.3.2.1.1.7 寻边器触头的直径为 10 mm(SR5,触头球半径 5 mm),则工件的长度为 40 mm,由此可知,图 4.25 中工件坐标系原点 O 在参考坐标系中的 X 坐标为 -225.500。

4.3.2.1.1.8 同理,测出工件坐标系原点 O 在参考坐标系中的 Y 坐标为 -200.000。

4.3.2.1.2 Z 轴向对刀。

4.3.2.1.2.1 卸下寻边器,装上铣刀。

4.3.2.1.2.2 擦净铣床工作台台面和 Z 向设定器底面,将 Z 向设定器置于工件上表面上。

4.3.2.1.2.3 快速移动主轴或升高工作台,使铣刀端面接近 Z 向设定器上端面。

4.3.2.1.2.4 改用微调手动操作,使铣刀端面缓缓接触到设定器上表面,直至其指示灯亮。

4.3.2.1.2.5 记下这时参考坐标系下的 Z 坐标,如 -260.600。

4.3.2.1.2.6 当设定器的基准高度为 100 mm 时,则工件坐标系原点 O 在参考坐标系中的 Z 坐标值为 -375.600 mm。通常使用的 Z 轴设定器基准高度有 50 和 100 两种,其磁性底座可吸附在机床工作台上或工件表面上,对刀精度可达 0.005 mm。通过与寻边器相似的光电指示灯或机械指针,测出刀具与设定器

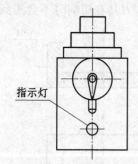

指示灯

图 4.27 Z 向设定器

是否接触。

用上述方法得到的 X、Y、Z 坐标值,决定了工件坐标系原点 O 和参考点的相对位置。因为参考点是机床上固定不变的点,是刀具回零后抵达的极限点。所以,对刀过程及其操作,就是确定刀具-工件之间的相对位置,以刀具相对于工件坐标系原点的值,来确定工件坐标系的位置。由于参考点是在 X、Y、Z 轴正方向的极限位置上,所以工件坐标系原点相对于参考坐标系(机床坐标系)的偏移值应是负值。

4.3.2.1.2.7 按下偏移量(Menu/Offset)键,使数控系统 CRT 显示屏进入偏移量设置页面;再按下翻页(Page)键,使 CRT 显示屏显示工件坐标系页面;按光标移动(Cursor)键中的下移键,使光标移到 NO.01 处,正好对应于零点直线偏移准备功能指令 G54,输入 $X-225.500$,按下输入(Input)键;再输入 $Y-200.000$,按下输入键;最后输入 $Z-375.600$,按下输入键,从而,这三个坐标偏置值预置于第一个工件坐标系原点的偏置值存

储器中。

如果还要输入第二、第三……个工件坐标系在参考坐标系中的偏置值,可再按翻页(Page)键进入工件坐标系页面的第二页,再按光标移动(Cursor)键的下移键,移至 NO. 02 处,对应于零点偏置指令 G55,再作数值输入。

4.3.2.1.2.8　如果在加工过程中,要使用第一坐标系,只要在程序中加入 G54 指令的程序段,就可选用该坐标系。相应地加入 G55、G56……指令,可以选用其余各坐标系。

实用中,如 Siemens 802 S/C 数控系统就直接采用零点(工件坐标系原点)偏置指令(G54～G59),通过上述对刀操作,建立起工件坐标系,以供编程和执行加工过程。其优点是一旦设定了工件坐标系后,不会因机床断电而丢失,因此,批量加工的工件,就应使用和参考点位置相对固定的工件坐标系,通过零点偏置指令 G54～G59 来调用,比较方便了。

而另一部分机床数控系统,如 Fanuc－O 数控系统、华中数控 HNC－21T 数控系统等,都采用工件坐标系设定指令 G92(或 G50)设定工件坐标系,执行该指令后,数控系统就将该指令后的 X、Y、Z 坐标值,设定为刀具当前位置在工件坐标系中的坐标。通过对刀操作,设定刀具相对于工件坐标系的位置来确定工件坐标系。其对刀操作步骤如下:

安装工件,其基准面或基准线方向,必须与 X、Y、Z 轴的方向相互一致,且切削时刀具不会碰到夹具、机床等,然后,定位、夹紧;

手动方式下,使 X、Y、Z 轴都分别返回机床参考点;

将光电寻边器插入铣床主轴(Z 轴)巢内,其轴线与主轴轴线重合,也可不用对刀仪器,直接插入所用刀具系统。以快速进给方式,使触头或刀具接近工件 X 向对刀基准面-工件右侧面。

改用微调操作,以手摇轮进给方式,转动手摇脉冲发生器,慢慢地移动机床 X 轴,使触头或刀具轻轻地与工件右侧面相互接触,直到指示灯亮,如装上铣刀直接对刀时,必须启动主轴旋转。

安装工件前,先测准工件的实际尺寸,如图 4.25 所示,即 $40 \times 30 \times 15$ mm,使用的立铣刀直径为 10 mm,这时,主轴中心相对于 X 轴原点的位置为:$40/2 + 10/2 = 25$ mm。

主轴停止转动。将机床操作面板上操作模式选择旋钮,转至手动数据输入(MDI)方式,然后再按下数控系统控制面板上的程序(PRGRM)键,系统就进入手动数据输入方式下的程序输入状态,并在 CRT 显示屏上显示所输入的数据。输入 G92,按下输入(Input)键,再输入这时的刀具中心(或寻边器中心)的 X 坐标 X25,按下输入(Input)键。此时,已将刀具中心或寻边器中心相对于工件坐标系的 X 坐标输入存储器内。

同理,按上述步骤再对 Y 轴进行同样操作。这时,刀具中心对工件坐标系的坐标为:$-30/2 + (-10/2) = -20$ mm。在手动数据输入(MDI)方式的程序输入状态下,输入 G92 和 Y－20,并按输入(Input)键,这时,刀具的 Y 轴坐标也已设定。

然后,对 Z 轴作同样操作。这时刀具中心相对于工件坐标系的 Z 坐标为:$Z = 0$,输入 G92 和 Z0,按下输入(Input)键,这样,Z 坐标也已设定。

4.3.2.2　回转形工件的对刀方法和步骤。对于回转形工件,如果仍然采用上述方法进行对刀操作,其基准面的找正,就比较困难。通常应用工件圆周表面,作为对刀基准面,然后采用百分表进行对刀操作,较为适宜,操作也方便。其操作方法和步骤如下:

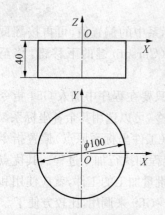

图 4.28　回转形零件的对刀步骤

4.3.2.2.1　X、Y 轴向对刀。

4.3.2.2.1.1　安装工件将图 4.28 所示工件在数控铣床工作台上定位、安装。用手动方式使机床 X、Y、Z 轴都分别返回机床参考点。

4.3.2.2.1.2　卸下铣刀刀柄系统。将百分表磁性表架直接吸附在主轴端上。沿 X 轴和 Y 轴移动工作台，使机床主轴中心线（即刀具中心线）大致已处在回转形工件的中心处。调节磁性表架的伸缩杆长度和转角，使百分表量头触及工件的外圆周表面。

4.3.2.2.1.3　徒手慢慢转动主轴，使百分表量头沿着工件外圆周表面移动，并观察百分表指针的偏摆状况，沿 X 轴、Y 轴前后、左右调整工作台位置。反复调整多次后，主轴慢慢转动时，百分表指针基本上指在同一位置，不再摆动。这时的主轴中心，就是 X、Y 轴的原点。

4.3.2.2.1.4　将机床操作面板上的操作模式选择旋钮，转换成手动数据输入（MDI）方式，然后按下控制面板上的程序（PRGRM）键，系统进入手动数据输入（MDI）方式下的程序输入状态。输入程序段 G92 X0 Y0，按下输入（Input）键。这时，铣刀中心线（主轴中心）的 X、Y 轴坐标都已设定，且都为零。

4.3.2.2.2　Z 轴向对刀。

4.3.2.2.2.1　卸下百分表表架，装上铣刀。

4.3.2.2.2.2　用上述同样方法设定 Z 轴坐标。这时，立铣刀端面中心，正好与工件坐标系原点 O（见图 4.28）重合，则起刀点处在工件坐标系原点上，也是编程起点。设定起刀点的程序段为：G92 X0 Y0 Z0。

综合上述可知，零点偏置准备功能指令 G54～G59 对刀方式建立的工件坐标系，是按机床上固定不变的点-参考点的相对偏置量建立起来的，只要参考点不变化，该工件坐标系的相对位置也就无变化，具有相对固定性。所以在批量生产时，不因停机而丢失。而 G92（或 G50）对刀方式建立的工件坐标系，是按刀具当前所处位置建立的坐标系，一经关机，所建立的工件坐标系就会丢失，重新开机后，必须再经对刀，再行建立工件坐标系才妥。

X、Y、Z 三个轴的对刀顺序，可以随意选择。如果工件上的对刀基准面，不允许出现对刀痕迹，可在刀具端面与工件基准面之间垫一块厚度准确的垫片（工作量块）。加工过程中，工件不能相对于工作台发生松动，一旦工件在机床工作台上的位置出现变化，或刀具在主轴上的规定高度出现变化后，都必须重新对刀来建立工件坐标系。

4.3.3　换刀点及其选择

由于数控铣床适用范围广泛，铣刀的种类和规格繁多，在零件加工时，需要经常更换刀具，程序编制时，就应考虑设置换刀点。换刀点的位置应根据换刀时刀具不会与工件、夹具和机床相碰的原则而定。数控铣床都采用手动换刀，充分发挥机床操作人员的主动性,通常只要把换刀点设在零件外面,使换刀方便即可。至于加工中心,它有刀库和自动换刀装置(ATC,Automatic Tool Changer),所以它的换刀点是一固定的位置。

4.4　数控铣床的操作方法

4.4.1　安全操作规程

数控铣床操作人员必须充分了解零件的加工要求、工艺路线、机床性能后,方可操纵机床,为了正确、合理地使用机床,保证加工过程的正常运转,必须严格遵守操作规程。

4.4.1.1　工件安装前,必须做到:

4.4.1.1.1　每次开机前,检查润滑油是否充裕,切削液是否足够。

4.4.1.1.2　机床通电后,检查各开关、按钮是否灵活,机床有无异常现象。

4.4.1.1.3　检查电压、油压、气压是否处在正常状态,须进行手动润滑的部位,应先行润滑。

4.4.1.1.4　各坐标轴手动回参考点。如有某一轴回参考点前已处在零点位置上,应先将其移离参考点 100 mm 以外,然后使之手动回零。

4.4.1.1.5　确认机床处在正常状态后,启动机床空运行 15 min 以上,达到运动部件热平衡状态。

4.4.1.1.6　程序输入时和输入完后,应反复校对,包括每一程序段的代码、指令、地址、数值、正负号、小数点和语法的校对。

4.4.1.1.7　按所加工工件的工艺规程规定,仔细定位、安装夹具。

4.4.1.1.8　尚未安装工件时,空运行一次程序,以考核程序的正确性、刀具长度选择和夹具安装的合理性。

4.4.1.2　刀具、工件安装时,必须做到:

4.4.1.2.1　刀具补偿值(长度、半径)输入偏置量页面后,对刀具补偿号、补偿值、正负号、小数点等进行仔细核对和确认。

4.4.1.2.2　工件安装时,其装夹元件,如螺栓-压板等是否与刀具相碰。

4.4.1.2.3　检查刀具安装方向及其旋转方向是否符合工艺规程要求。

4.4.1.2.4　检查所用刀具的刀柄在主轴孔内是否已拉紧。

4.4.1.3　工件试切时,必须做到:

4.4.1.3.1　无论是首次加工的零件,还是不定期重复加工的零件。首件均需按照零件图制订的工艺规程、工序卡和刀具调整卡,进行逐段程序的试切。

4.4.1.3.2　单段程序试切时,所用快速倍率开关须置于较低档。

4.4.1.3.3　每把刀首次使用时,须验证其实际长度和半径与所给补偿值是否符合。

4.4.1.3.4　手动操作时,在进行 X、Y 轴向移动前,先将 Z 轴置于抬刀位置上。在坐标轴移动过程中,不可只看 CRT 屏幕上坐标位置的变化,而应注视刀具-工件的相对位移,到位后,再看 CRT 屏幕,并进行适当微调。

4.4.1.3.5 对于初学者而言,编程时,尽量少用 G00(快速移动)指令,尤其是 X、Y、Z 三轴联动的数控铣削,更应注意。空运行时,譬如退刀或返回参考点等时,应把 Z 轴先提升,远离工件,然后再移动 X、Y 轴,即多抬刀,少斜插。常常由于快速斜插,刀具会与工件碰撞而发生刀具破损事故。

4.4.1.3.6 试切时,先快速进刀,距工件表面 30～50 mm 时,须以进给速度(v_f, mm/min)进刀,以避免冲击作用。

4.4.1.3.7 用渐进的方法调整切削量,例如镗孔,可先试镗一小段长度,检测合格后,才镗出全长。

4.4.1.4 工件加工时,必须做到:

4.4.1.4.1 加工过程中,刀具刃磨或更换,须重新测量刀具长度,修改刀补值和刀补号。

4.4.1.4.2 铣床在加工过程中出现报警时,立即按照报警号查找原因,及时解除,切勿关机了事。否则开机后仍处在报警状态。

4.4.1.4.3 整批零件加工完后,应再次核对刀具号、刀补值,应与加工程序、偏置量页面、工序卡、刀具卡上的刀具号、刀补值完全相同。

4.4.1.4.4 正在加工时,不可擅自调整刀具或测量工件尺寸。

4.4.1.4.5 自动加工过程中,须时刻监视机床工作状况,不可擅离岗位,时刻注意防止出现故障。

4.4.1.4.6 及时检查加工件尺寸,注意刀具磨损状态。

4.4.2 操作方法

4.4.2.1 Fanuc-3MA 数控系统的控制面板和机床操作面板。

XK5040A 型数控铣床的操纵台置于机床右上方,数控系统控制面板(见图 3.13)和机床操作面板(见图 4.29)都列于操纵台台面上,台面左上部为 CRT 显示器。各按钮和开关的名称、用途说明如下:

4.4.2.1.1 数控系统启动开关。需用专用钥匙把锁打开,才能启动数控系统,如图 4.29 左下角 1 所示。

4.4.2.1.2 操作方式选择(Mode Select)旋钮,如图 4.29 上 23 所示,自左至右,共七种方式可选用:

4.4.2.1.2.1 编辑(Edit)方式,选择位置 1,可供程序输入、存储、编辑、修改或删除,也可将存储器中的程序调用。

4.4.2.1.2.2 自动(Auto)方式,选择位置 2,执行存储器中的程序,进行自动循环加工;或对已存入存储器中的程序,进行检索。

4.4.2.1.2.3 手动数据输入(MDI)方式,选择位置 3,供手动数据输入,用键盘直接输入程序段,并可即时执行。

4.4.2.1.2.4 手摇脉冲发生器(Manual Pulse Generator)方式,选择位置 4,这时,摇动脉冲发生器手轮 4,手动使工作台沿着 X、Y、Z 轴移动。每次只可操纵一根轴,由手摇轴选择按钮 3 来选定所操纵的轴。手摇脉冲发生器手轮上,每格对应于工作台的进给量,

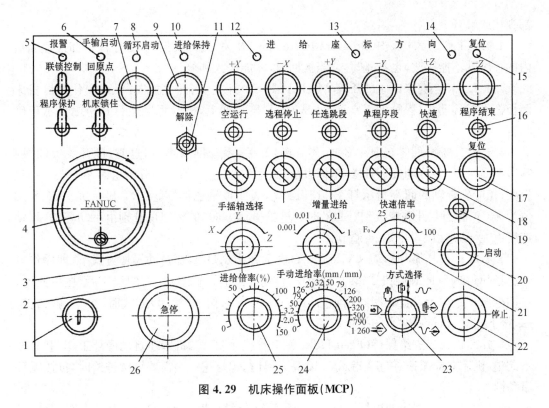

图 4.29　机床操作面板(MCP)

分为四档,0.001 mm、0.01 mm、0.1 mm、1 mm,由增量进给旋钮 2 来选用,即可精确定位。

4.4.2.1.2.5　点动进给(Jog)方式,选择位置 5,这时,可连续缓缓进给。

4.4.2.1.2.6　手摇脉冲发生器示教(Teach in Handle)方式,选择位置 6,用手摇脉冲发生器操纵机床运动到所要求位置;这时,机床有录返功能,在程序(PRGRM)状态下,可用各键编制程序,用输入(Input)键输入存储器,且随即可用上述程序使机床运行。

4.4.2.1.2.7　点动进给示教(Teach in Jog)方式,选择位置 7,用手动连续缓缓进给操纵机床。

4.4.2.1.3　启动(Start)按钮 20,位于面板右下方,按下时,启动数控系统,其上指示灯 19 亮,CRT 显示器显示 X、Y、Z 的当前坐标值,然后,利用功能显示键和翻页(Page)键,选取所需画面。键 22 为停止(Stop)按钮,按下此键,数控系统关闭。

4.4.2.1.4　紧急停机(Emergency Stop)键 26,当机床在手动操作或自动运行期间,出现不正常情况,按下此键,可立即停机。此时,电动机电源断开,数控系统变为复位状态。按启动(Start)键 20,即可恢复正常。停机后,应立即找出原因,予以消除。启动后必须先手动回参考点。

4.4.2.1.5　复位(Reset)键 17,按下此键,使程序回到起始程序段,同时,CRT 显示屏上光标移到 NO.1 程序段位置上,且复位灯 15 亮。当手松开时,复位灯 15 熄。

4.4.2.1.6　报警指示灯 5 和手动输入启动指示灯 6,当报警时,指示灯 5 亮;当手动数据输入(MDI)方式下,输入启动时,指示灯 6 亮。

4.4.2.1.7　连锁控制(Interlock Control)开关,可执行连锁控制,使机床和数控系统都锁住或解开。

4.4.2.1.8 程序保护(Program Protection)开关,当开关扳向"程序保护"时,存储器内的程序既不能更改,也不能写入;当扳回时,才能写入和修订。

4.4.2.1.9 机床锁住(MLK,Machine Lock)开关,当开关扳向"机床锁住"时,机床溜板都不能移动,但程序可正常运行,从 CRT 显示器上,检验程序运行和坐标显示正确与否。

4.4.2.1.10 回零(ZRN,Zero Return)开关,手动回参考点,这时,此开关扳向"回零",即回原点,并分别按下"进给坐标方向"六个按钮之一,使各轴分别返回参考点。一旦返回,相应坐标轴的回零指示灯 12、13、14 亮,表明该轴已回零。CRT 显示屏上 X、Y、Z 值均为 0。而当此开关未扳到"回零"时,"进给坐标方向"的按钮可分别由手动移动,移动速度由"手动进给率"开关 24 调节。

4.4.2.1.11 循环启动(Cycle Start)键 7 和指示灯 8,在自动操作方式下,即操作方式选择(Mode Select)旋钮 23 转至位置 2,自动方式时,选定要执行的程序后,按下此键,自动操作开始运行。在此期间指示灯 8 亮;手动数据输入(MDI)方式时,数据输入完毕后,按下此键,执行所输入的指令。

4.4.2.1.12 进给保持(Feed Hold)键 9 和指示灯 10,机床在自动循环工作期间,按下此键,机床立即减速、停止,指示灯 10 亮,循环指示灯熄。当需要继续进给时,再按循环启动键。

4.4.2.1.13 程序结束指示灯 16,当程序运行结束时,指示灯亮。按下复位(Reset)键,灯熄。恢复数控系统工作,可再进行循环启动。

4.4.2.1.14 快速(Rapid)开关 18,当手动快速进给时,其所需移动的轴,可由 $+X$、$-X$、$+Y$、$-Y$、$+Z$、$-Z$ 键选用,若同时扳动快速开关 18,则为快速连续进给。其进给速度用"快速倍率"开关 21 调节,共四档:0、25%、50%、100%,若进给速度取 20 mm/min,而快速倍率取 50% 档时,则实际速度仅为 10 mm/min。快速倍率开关在 G00 快速位移,G27、G28、G29 回参考点以及固定循环中的快速进给和手动返回参考点时,均起作用。

进给倍率旋钮 25 的用途,则只用以调节进给速度大小。

4.4.2.1.15 单程序段(Single Block)开关,可使程序单段运行。在自动操作方式下,开关置于"ON"位置时,执行一个程序段后,自动停止。再按一下循环启动(Cycle Start)键 7,则再运行一个程序段。开关置于"OFF"位置时,则程序连续执行。

4.4.2.1.16 任选跳段(Block Delete)开关,与所编程序相互配合,开关置于"ON"位置时,对于程序开头有"/"符号的程序段,被跳过;置于"OFF"位置时,则程序连续执行。

4.4.2.1.17 选择停止(Optional Stop)开关,开关置于"ON"位置时,当程序运行到M01 时,暂停运行,主轴也停止,冷却液停止,指示灯亮。按下循环启动(Cycle Start)键,继续执行下面的程序。当开关置于"OFF"位置时,M01 指令功能无效。

4.4.2.1.18 空运行(Dry Run)开关,开关置于"ON"位置时,程序中的"F"指令无效,溜板以"进给倍率"(Feedrate Override)开关指定的速度移动,而且溜板快速移动也有效。开关置于"OFF"位置时,"F"指令有效,检验程序时使用之。

4.4.2.1.19 工作台超程保护(Stroke End Protection),机床设有两道限位保护,一道是数控系统的软限位,当行程达软限位时,工作台运动停止并报警,这时,只要向反方向稍稍移动工作台,即可复位。一旦行程越过软限位,触及硬限位的机床行程终点开关时,机床工作台也停止并报警。可是,这时的机床控制电源已全部断开,为了复位,就需要按"超程解除"(Stroke End Release)键 11,同时按相应的工作台移动键,才能恢复正常状态。

4.4.2.2 Fanuc 系统数控铣床的操作步骤:

4.4.2.2.1 电源的接通与断开。

4.4.2.2.1.1 接通电源,开启数控系统。

4.4.2.2.1.1.1 检查强电柜(电源柜)内空气开关是否接通,关好柜门,打开主电源开关。

4.4.2.2.1.1.2 用专用钥匙把机床数控系统的锁打开,启动数控系统,接通数控系统电源。

4.4.2.2.1.1.3 按下数控系统启动(Start)键 20,指示灯 19 亮,CRT 显示屏上显示 X、Y、Z 坐标,可开始工作。

4.4.2.2.1.2 电源的断开。

4.4.2.2.1.2.1 当自动循环工作结束,自动循环启动(Cycle Start)指示灯熄,程序结束,指示灯 16 亮。

4.4.2.2.1.2.2 机床各运动部件都停止运动。

4.4.2.2.1.2.3 按下停止(Stop)键,断开数控系统电源。

4.4.2.2.1.2.4 最后切断电源柜上机床电源开关。

4.4.2.2.2 手动操作。

4.4.2.2.2.1 手动回零。当机床处在下列三种情况之一时,必须进行返回参考点操作:开始工作,机床电源刚接通;机床停电后,再次接通数控系统电源;机床在急停或报警信号解除后刚恢复工作。

返回参考点的操作,以手动方式完成,每次只能操纵一根坐标轴。当坐标位置远离参考点时,按下坐标轴正向移动键后放开,坐标轴运动自动保持到返回参考点,直至参考点指示灯亮为止。具体步骤如下:把操作面板上的"回零点"(ZRN,Zero Return)开关扳向回零点一侧,它与进给坐标方向的六个键 $+X$、$-X$、$+Y$、$-Y$、$+Z$、$-Z$ 联用,当回零点开关扳到"回零点"位置时,同时分别按下这六个键之一,即可使机床自动返回参考点。此时,相应坐标的指示灯 12、13、14 分别亮,这时,如果再按六个键中的任何一个,机床也不会有任何动作。在 CRT 显示屏上表明 X、Y、Z 坐标值均为 0。如果同时扳动快速(Rapid)开关 18,则快速连续移动,移动速度可用"快速倍率"(Rapid Override)旋钮调节之。

上述操作时,若误操作,按错了坐标值负向移动键,则坐标轴负向移动约 40 mm 后,会自动停止下来。这时,再按下正向移动键,才能使该轴返回参考点。

如果坐标位置已处在参考点上,指示灯却不亮。这时,应该按下该轴的负方向移动键,使坐标位置先离开参考点,然后再按下正方向移动键,使坐标轴返回参考点。

若操作不当,使坐标轴超程,报警灯亮。解除这一误操作的方法:把"回零点"(ZRN)开关扳向另一侧;把操作方式选择(Mode Select)旋钮 23 转至位置 4,手摇脉冲发生器

(Manual Pulse Generator)方式;并由"手摇轴选择"(Manual Axis Select)旋钮3选择所操纵的坐标轴;由"增量进给"旋钮选用每转一格,工作台在相应方向的进给量。然后按下该坐标轴的负向键,用手摇轮将该坐标向负方向移动,脱离超程位置后,再返回参考点。

4.4.2.2.2.2 手动进给,用手动操作方式,可使 X、Y、Z 任一坐标轴作进给运动,操作步骤如下:

4.4.2.2.2.2.1 转动"操作方式选择"(Mode Select)旋钮23转至位置5,手动进给(Jog)方式。

4.4.2.2.2.2.2 按机床工作台进给方向的需要,按下+X、−X、+Y、−Y、+Z、−Z 六个键之一,即可使工作台手动连续进给。

4.4.2.2.2.2.3 进给速度用"手动进给率"(Manual Feedrate)旋钮24调节,同时,可用"进给倍率"(Feedrate Override)旋钮25进一步调节进给速度。

4.4.2.2.3 自动运行操作。机床的自动运行,也称为机床的自动循环。自动运行前,必须使各坐标轴返回参考点。

4.4.2.2.3.1 按内存操作,即执行存储器内的程序,其步骤如下:

4.4.2.2.3.1.1 转动"操作方式选择"(Mode Select)旋钮23至位置2,自动(Auto)方式。

4.4.2.2.3.1.2 这时,数控系统已启动,指示灯19亮,CRT显示屏上显示 X、Y、Z 坐标。按下机床控制面板上的程序(PRGRM)键。

4.4.2.2.3.1.3 键入准备运行的程序号。CRT显示屏上显示存储器内的所需程序号。

4.4.2.2.3.1.4 按光标移动(Cursor)键的下移键,将光标移至所选程序的程序号下面。

4.4.2.2.3.1.5 按下循环启动(Cycle Start)键7,驱动程序,开始自动运行,指示灯8亮。

4.4.2.2.3.1.6 CRT显示屏上显示正在运行的程序。程序运行结束时,结束指示灯16亮。

若自动运行过程中遇到下列情况之一时,按下循环启动键7,机床却不运行:进给保持键已按下或操作方式选择(Mode Select)旋钮转错位置;程序尚在检索中;机床处在报警状态下;数控系统尚未进入工作状态,如未按下数控系统启动(Start)键,指示灯19未亮,或CRT显示屏上显示出"Not Ready"。

4.4.2.2.3.2 机床的急停。机床自动运行或手动运行中一旦发生异常情况,应立即停止机床的运动。可使用两种措施,完成这一操作。

4.4.2.2.3.2.1 使用"急停"(Emergency Stop)键26。在机床运行时,按下急停键,机床的主轴运动和进给运动都会立即停止工作,电动机的电源断开,除润滑油泵外,机床的动作全部停止,同时,CRT显示屏上出现CNC数控系统未准备好(Not Ready)报警信号。应立即找出原因,排除故障。然后。再按启动(Start)键20,恢复正常。由于是机床运行过程中停止,所执行的程序尚在运行途中,所以启动后须先手动返回参考点。这是使用急停键后,必不可少的操作。

4.4.2.2.3.2.2 使用"进给保持"(Feed Hold)键9。机床运行时,按下进给保持键

9,机床即减速停止,或在执行完辅助功能(M)、主轴功能(S)和刀具功能(T)指令后停止,指示灯亮,循环启动指示灯 8 熄。但是机床仍处于待机状态,因未断开工作电源。一旦急停解除后,只要按下循环启动(Cycle Start)键 7,就可以继续进给,指示灯 8 亮,恢复机床运动状态。不需要进行返回参考点的操作。

4.5 典型零件工艺文件的制订

零件加工工艺文件的编制,是数控加工工艺设计的主要内容,企业根据本单位的管理能力和技术条件,制订自己的工艺文件,加工和检验操作者都必须遵照上述文件,严格执行,以使企业获取更好的技术-经济效益。

4.5.1 平面槽形凸轮零件的数控铣削

图 4.30 所示为平面槽形凸轮零件,光坯已由前道加工工序完成。本道工序由数控铣床加工凸轮槽和轴孔。由于其槽形由不同几何元素构成,且节点处必须过渡圆润,两孔定位精度要求较高,所以适宜选用数控机床加工,且批量小,仅 10 套。

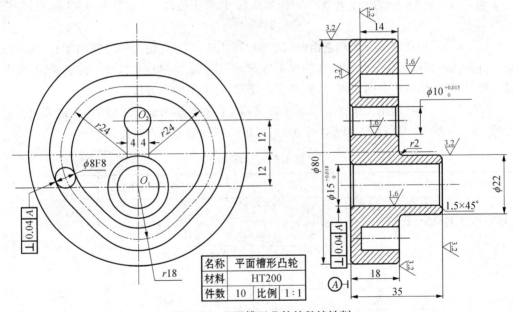

名称	平面槽形凸轮	
材料	HT200	
件数	10	比例 1:1

图 4.30 平面槽形凸轮的数控铣削

4.5.1.1 零件图工艺分析。如图 4.30 所示,该零件的凸轮槽两侧曲线轮廓,由直线和圆弧构成,图中各几何元素间的关系,已叙述清晰完全。凸轮槽两侧面和 $\phi15^{+0.018}_{0}$、$\phi10^{+0.015}_{0}$ 两个孔表面的表面粗糙度要求较高,为 $Ra1.6\ \mu m$;凸轮槽两侧和 $\phi15^{+0.018}_{0}$ 孔与底面 A 有垂直度要求。图面上尺寸标注完整,符合数控加工尺寸标注要求。材料为 HT200 灰口铸铁,切削加工性较好。加工量为 10 套,小批量生产。

根据以上分析,凸轮槽内、外侧面和两个孔的加工应分粗、精加工两个阶段进行,以保证表面粗糙度要求。用底面 A 定位,提高装夹刚度,以满足垂直度要求。

4.5.1.1.1 图 4.30 上的尺寸,未注公差者,编程时,直接取其基本尺寸为编程尺寸。

4.5.1.1.2 本工序所用坯料已是光坯,底面 A 是设计基准,数控铣削加工时,作为加工基准。

4.5.1.1.3 图 4.30 中高精度尺寸,都换算成平均尺寸,供编程使用:

$\phi15^{+0.018}_{0}$ 换算成 $\phi15.009\pm0.009$;$\phi10^{+0.015}_{0}$ 换算成 $\phi10.0075\pm0.0075$,以其平均尺寸作为编程尺寸设定值。

4.5.1.2 确定加工时的定位基准和装夹方案。工件光坯表面,尤其是其底平面都已经过精加工,保证与机床纵向工作台平面贴合平整。在工作台近一端处装上侧放着的 V

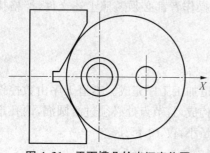

图 4.31　平面槽凸轮光坯定位图

形铁,其夹角为 120°,平分角线与台面中间一根 T 形槽的槽宽平分线重合,还须用百分表校验确认后,擦净各配合面,装上工件光坯,X 轴负方向与 V 形铁紧贴,从而光坯的 X 轴线也就与 120° 角的平分角线重合,所以,V 形铁是以后各工序的定位基准。然后,工件的两侧和 X 轴的另一端,以螺栓-压板机构夹紧。垫铁须等高,两端面应平行。夹紧点位于光坯边缘,不会在加工时碰刀,如图 4.31 所示。

4.5.1.3 确定加工顺序和进给路线。加工顺序应按照先粗后精的原则制订,为保证加工精度,粗、精加工应分开。两孔的加工方案,可采用钻孔-粗铰-精铰。凸轮槽内、外两侧的铣削,都要从切线方向切入,为提高表面质量,可采用顺铣方式铣削。

4.5.1.4 刀具选用。根据零件图的要求和零件的结构特征,应选用相应的刀具及其几何参数,并填入"刀具卡",如表 4.5 所示,以供编程和加工操作时使用。

表 4.5　刀　具　卡

产品名称或代号			零件名称		平面槽形凸轮	图号	
序号	刀具号	刀　　具			加工表面	备　注	
		名称、规格	数量、刀长/mm				
1	T01	$\phi5$ 中心钻		1	钻 $\phi5$ 中心孔		
2	T02	$\phi14.6$ 钻头	1	45	钻 $\phi15$ 孔粗加工		
3	T03	$\phi9.6$ 钻头	1	30	钻 $\phi10$ 孔粗加工		
4	T04	$\phi15$ 铰刀	1	45	铰 $\phi15$ 孔精加工		
5	T05	$\phi10$ 铰刀	1	30	铰 $\phi10$ 孔精加工		
6	T06	20×10,90° 锪钻	1	35	$\phi10$ 孔口倒角 1.5×45°		
7	T07	25×15,90° 锪钻	1	35	$\phi15$ 孔口倒角 1.5×45°		
8	T08	$\phi6$ 高速钢立铣刀	1	25	粗铣凸轮槽内外侧	底部圆角 $R0.5$	
9	T09	$\phi6$ 硬质合金立铣刀	1	25	精铣凸轮槽内外侧		
编制		审核		批准		年　月　日	共　页　第　页

4.5.1.5　切削用量的选择。对于 $\phi 15^{+0.018}_{0}$、$\phi 10^{+0.015}_{0}$ 两个孔留铰精加工余量为 0.2 mm,加工时主轴转速和进给速度,可参照表 2.15 孔加工刀具和切削用量参数表以及表 3.2 数控加工工艺卡选取。至于凸轮槽内外侧面,以高速钢立铣刀粗铣,硬质合金立铣刀精铣时的切削速度和进给量,参照表 4.1 和表 4.2 选取之。如取粗铣时的切削速度为 $v_c = 18$ m/min,精铣时的切削速度为 30 m/min,则粗铣时的主轴转速:

$$n = 1\,000 v_c / \pi D = 955 \text{ r/min}$$

而精铣时的主轴转速为:$n = 1\,590$ r/min

粗铣时的铣刀每齿进给量取为:$f_z = 0.12$ mm/z;精铣时为:$f_z = 0.1$ mm/z,则粗铣时的进给速度:$v_f = f_z \cdot z \cdot n = 343$ mm/min;精铣时的进给速度为:$v_f = 477$ mm/min。

4.5.1.6　数控加工工艺卡的拟订。从上述分析的各项内容及其结论,包括各工步内容、所用刀具及其切削用量,都填入平面槽形凸轮数控加工工艺卡(见表 4.6)中。

表 4.6　数控加工工艺卡

企业名称			产品名称、代号			零件名称	图号
						平面槽凸轮	
工序号			程序编号		夹具名称	机床	车间
					螺栓-压板		
工步号	工步内容	刀具号	刀具规格/mm	主轴转速/r/min	进给速度/mm/min	背吃刀量/mm	手动
1	底面 A 定位装夹钻中心孔	T01	$\phi 5$	950		2.5	手动
2	钻 $\phi 14.6$ 孔	T02	$\phi 14.6$	200	30	7.3	自动
3	钻 $\phi 9.6$ 孔	T03	$\phi 9.6$	200	30	4.8	自动
4	铰 $\phi 15$ 孔	T04	$\phi 15$	127	25.4	0.2	自动
5	铰 $\phi 10$ 孔	T05	$\phi 10$	127	25.4	0.2	自动
6	锪 $\phi 10$ 孔口倒角 $1.5 \times 45°$	T06	$20 \times 10, 90°$	200	30	1.5	自动
7	锪 $\phi 15$ 孔口倒角 $1.5 \times 45°$	T07	$25 \times 15, 90°$	200	30	1.5	自动
8	粗铣凸轮槽内侧面	T08	$\phi 6$	955	343	14	自动
9	粗铣凸轮槽外侧面	T08	$\phi 6$	955	343	14	自动
10	精铣凸轮槽外侧面	T09	$\phi 6$	1 590	477	14	自动
11	精铣凸轮槽内侧面	T09	$\phi 6$	1 590	477	14	自动
12	翻转 180° 锪 $\phi 15$ 孔口倒角	T07	$25 \times 15, 90°$	200	30	1.5	自动
13	锪 $\phi 10$ 孔口倒角	T06	$20 \times 10, 90°$	200	30	1.5	自动
编制		审核		批准		年月日	第　页	共　页

其中最后一项,工件翻转 180° 重新装夹时,须垫上一垫块,材质为 HT100,外径 $\phi 70$,

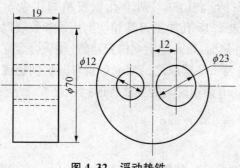

图 4.32　浮动垫铁

如图 4.32 所示。然后,依照图 4.31 所示精确定位后,螺栓-压板夹固。制订工艺卡时,须视企业现有设备和技术条件而定。

4.5.2　箱盖类零件的数控铣削

图 4.33 所示为泵盖零件图,件数为 15 件,属小批量生产类型,坯料材料为灰口铸铁 HT200,尺寸为 170 mm×110 mm×30 mm。

4.5.2.1　零件图工艺分析。如图 4.33 所示,该零件由孔系、曲面台阶和轮廓,以及上下平面构成。图中各尺寸标注清晰完整,符合数控加工尺寸标注要求,三个孔精度和表面粗糙度要求较高,且与基准面 A 有形位公差要求。材料为 HT200 灰口铸铁,切削加工性较好,加工量为 15 套,小批量生产。

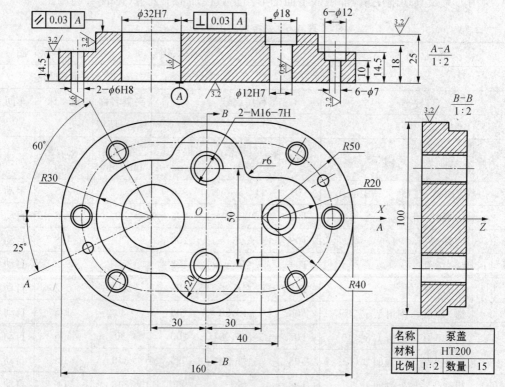

图 4.33　泵盖的数控铣削

根据上述分析,且坯料为矩形截面的铸铁,生产纲领为小批量生产,所以生产方式以划线-藉正-通用夹具定位装夹方案。其加工边界线和孔中心都打上样冲眼,作为加工标志。

4.5.2.1.1　图面上的尺寸未注公差者,编程时,直接取其基本尺寸为编程尺寸设定值。

4.5.2.1.2　底面 A 为设计基准,加工标志都打在阶梯面上。以划线为准,在普通机床上车光或铣出底面 A,车光为准。其加工方案:粗车-半精车或粗铣-精铣,参见表 2.6

平面的加工方案及其应用。

4.5.2.1.3　图中高精度尺寸都换算成平均尺寸,供编程时使用:

$\phi 6H8(^{+0.018}_{0})$,换算成 $\phi 6.009\pm 0.009$; $\phi 32H7(^{+0.025}_{0})$,换算成 $\phi 32.0125\pm 0.0125$; $\phi 12H7(^{+0.018}_{0})$,换算成 $\phi 12.009\pm 0.009$,以平均尺寸作为编程尺寸设定值。

4.5.2.2　加工方案的选择。

4.5.2.2.1　上平面和台阶面的表面粗糙度为 $Ra3.2\ \mu m$,选用数控粗铣-精铣加工方案,参见表 2.6 平面的加工方案及其应用。

4.5.2.2.2　孔 $\phi 32H7$,表面粗糙度 $Ra1.6\ \mu m$,选用数控钻中心孔-钻孔-粗镗-半精镗方案。

4.5.2.2.3　孔 $\phi 12H7$,表面粗糙度 $Ra0.8\ \mu m$,选用数控钻中心孔-钻孔-粗铰-精铰方案。

4.5.2.2.4　孔 6 - $\phi 7$,表面粗糙度 $Ra3.2\ \mu m$,没有尺寸公差要求,选用数控钻中心孔-钻孔-铰孔方案,参见表 2.5,实体材料上孔表面的加工方案及其应用。

4.5.2.2.5　孔 2 - $\phi 6H8$,表面粗糙度 $Ra1.6\ \mu m$,选用数控钻中心孔-钻孔-铰孔方案。

4.5.2.2.6　孔 $\phi 18$ 和 6 - $\phi 10$,表面粗糙度 $Ra12.5\ \mu m$,没有尺寸公差要求,选用数控锪孔方案,因为已由前道工步加工出通孔,就只需用带导柱的平底锪钻,加工出圆柱头螺钉的沉头孔座即可。

4.5.2.2.7　螺纹孔 2 - M16 - 7H,选用先钻底孔,对于脆性材料(铸铁)可按下式计算钻头直径:

$$d = D - (1.05 \sim 1.1)P$$

式中: d 为钻头直径,mm; D 为内螺纹大径,mm; P 为螺距,mm。

而 M16 为粗牙,螺距 $P = 2\ mm$,由式可知,应选取 $d = 13.8\ mm$ 的麻花钻加工出螺纹底孔。

4.5.2.3　确定定位基准和装夹方案。坯料外形较规整,上表面、台阶面和孔系,在数控加工时,选用平口机用虎钳定位装夹;铣削四周轮廓表面时,采用一面(底平面 A)两销(孔 $\phi 32H7$ 和孔 $\phi 12H7$ 两孔的定位销)定位、装夹方案,如图 4.34 所示。每次定位安装时,须用百分表沿两孔中心连线的 X 轴与工作台纵向行程方向线相互校验,保证两者重合,因为图中 2 是菱形销,间隙较大,会出现转角误差。

4.5.2.4　加工顺序和进给路线。根据基面先行、先面后孔、先粗后精的原则,选择加工顺序。 A 面是设计基准也是工艺基准,先在普通铣床上平口机用虎钳装夹,按工件上的划线标记校验正确后,定位夹紧。用 $\phi 125\ mm$ 硬质合金面铣刀进行粗铣-精铣,粗铣时用逆铣,精铣时用顺铣。背吃刀量 a_p 值尽量小些,粗铣时,按边界线光出表面,留精铣余量 0.5 mm。面铣刀从一端切入,另一端切出。

上面是在普通机床上的加工工序。底面 A 达到设计图要求后,进入数控铣削加工工序,其加工顺序如工艺卡所示。

4.5.2.5　刀具的选用。

4.5.2.5.1　工件底面 A 的铣削。在普通立式升降台式铣床上,选用硬质合金可转

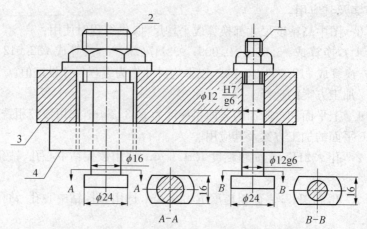

图 4.34   加工泵盖四周表面时一面两销定位装夹方案

1-带螺纹圆柱销;2-带螺纹菱形销;3-工件;4-底板

位面铣刀,直径125 mm的细齿铣刀加工。铣刀直径的选择是依据侧吃刀量 a_e 和国标(GB)制规定的铣刀直径系列。尽可能使铣刀直径足以覆盖工件的加工宽度,且留出适当的切入接触角和切出切离角,使铣削过程较平稳,加工质量较好,刀具耐用度提高,生产效率较高,并消除或减少多次进给带来的接刀刀痕。所以,本工序中所选用的铣刀,就只需各一次进给,即可完成整个底面 A 的粗铣或精铣工步,不会出现接刀问题,提高了表面加工质量。

4.5.2.5.2   工件上表面的数控铣削。在数控铣床上,用平口机用虎钳装夹,仍选用 ϕ125 mm硬质合金面铣刀加工,分粗铣和精铣两个工步。

4.5.2.5.3   台阶面和四周轮廓表面的铣削。选用立铣刀进行加工。铣刀直径大小受工件加工表面上最小曲率半径的限制,所以选用直径 $d = 12$ mm的立铣刀为宜。

4.5.2.5.4   各孔加工工步所用刀具。均根据零件图标定的孔径大小和坯料划线时标出的加工余量来选择,参见下列刀具卡。

表 4.7   刀 具 卡

产品名称、代号			零件名称	泵盖	零件图号	
序号	刀具号	刀具名称、规格		数量	加工表面	备　注
1	T01	d125 mm硬质合金面铣刀		1	铣削工件上表面	
2	T02	d12 mm硬质合金立铣刀		1	铣削工件台阶面及其四周表面	
3	T03	d3 mm中心钻		1	钻中心孔	
4	T04	d27 mm钻头		1	钻 ϕ32H7孔	
5	T05	镗刀		1	粗镗-半精镗-精镗 ϕ32H7孔	
6	T06	d11.8 mm钻头		1	钻 ϕ12H7孔	
7	T07	18×11 mm锪钻		1	锪 ϕ18沉头孔座	
8	T08	d12 mm铰刀		1	铰 ϕ12H7孔	

序号	刀具号	刀具名称、规格	数量	加 工 表 面	备　注
9	T09	d13.8 mm 钻头	1	钻 2 - M16 螺纹底孔	
10	T10	钻尖角 $2\phi=90°$ 锪钻	1	锪 2 - M16 螺纹口倒角	
11	T11	M16 机用丝锥	1	攻 2 - M16 内螺纹	
12	T12	d6.8 mm 钻头	1	钻 6 - ϕ7 底孔	
13	T13	10×5.5 mm 锪钻	1	锪 6 - ϕ7 底孔沉头座	
14	T14	d7 mm 铰刀	1	铰 6 - ϕ7 孔	
15	T15	d5.8 mm 钻头	1	钻 2 - ϕ6H8 底孔	
16	T16	d6 mm 铰刀	1	铰 2 - ϕ6H8 孔	
17	T17	d35 硬质合金立铣刀	1	铣削工件四周轮廓	
编制		审核		批准	年　月　日　　第　页　共　页

4.5.2.6　切削用量的选用。

4.5.2.6.1　工件底面 A 在普通立式铣床上铣削,用直径 d125 mm 硬质合金立铣刀,粗铣和精铣,切削速度 v_c 和每齿进给量 f_z 可参照表 4.1 和表 4.2 选取之。如粗铣时的切削速度 $v_c = 70$ m/min,则粗铣时的主轴转速为 $n = 1\,000v_c/\pi d = 178$ r/min。

而精铣时的切削速度 $v_c = 85$ m/min,则精铣时的主轴转速为 $n = 216$ r/min。

粗铣时的铣刀每齿进给量取为 $f_z = 0.15$ mm/z,精铣时取为 $f_z = 0.1$ mm/z,则粗铣时的进给速度为 $v_f = f_z \cdot z \cdot n = 213$ mm/min;精铣时的进给速度为 $v_f = 172$ mm/min。

4.5.2.6.2　工件上平面的铣削。在数控铣床上,平口机用虎钳定位装夹。安装时,用百分表校验固定钳口定位面,须平行于工作台纵向(X 轴向)移动方向线,方可将虎钳紧固在工作台上。垫上底板后,以底面 A 和与固定钳口接触面为工件定位面。按划出的边界线标志为准,用百分表校验正确后夹固。用 d125 mm 硬质合金面铣刀来加工平面。粗铣时的铣削用量参数为:

$$v_c = 70 \text{ m/min}; \quad n = 178 \text{ r/min}; \quad f_z = 0.15 \text{ mm/z}; \quad v_f = 213 \text{ mm/min}。$$

精铣时: $v_c = 85$ m/min; $\quad n = 216$ r/min; $\quad f_z = 0.10$ mm/z; $\quad v_f = 172$ mm/min。

粗铣时,按边界线标志,留下精铣余量 0.5 mm,即精铣时的背吃刀量 $a_p = 0.5$ mm;并经试切,须保证零件图上的尺寸要求。

4.5.2.6.3　台阶面及其四周表面的铣削。用 d12 mm 立铣刀铣削,按上表取铣削速度 $v_c = 40$ m/min,则主轴转速 $n = 1\,000v_c/\pi d = 1\,060$ r/min,再按机床铭牌上,相近且低些的数值,如取机床铭牌上具有的 1 000 r/min 为实用转速。粗精加工均可用。

粗铣时的铣刀每齿进给量,取为 $f_z = 0.15$ mm/z,则其进给速度为 $v_f = f_z \cdot z \cdot n = 450$ mm/min。留下精铣余量 0.5 mm,所以粗铣余量将分三次进给切除之,其背吃刀量应 <4 mm。

精铣时的铣刀每齿进给量取为 $f_z = 0.10$ mm/z,则其进给速度为 $v_f = f_z \cdot z \cdot n =$

300 mm/min, 背吃刀量 $a_p = 0.5$ mm; 并检查工序尺寸, 以保证零件图上尺寸要求。

4.5.2.6.4 钻各孔的中心孔, 用 d3 mm 中心钻, 背吃刀量 1.5 mm, 参照表 2.16 和表 3.2, 取 $v_c = 21$ m/min, 则主轴转速为 $n = 1\,000 v_c / \pi d = 668$ r/min。取每转进给量 $f = 0.2$ mm/r, 则进给速度为 $v_f = f \cdot n = 133$ mm/min。

4.5.2.6.5 钻 $\phi 32$H7 孔, 用 d27 mm 麻花钻, 取切削速度为 21 m/min, 则主轴转速 $n = 1\,000 v_c / \pi d = 247$ r/min。取每转进给量 $f = 0.2$ mm/r, 则进给速度为 $v_f = f \cdot n = 49$ mm/min; 背吃刀量 $a_p = 13.5$ mm。

4.5.2.6.6 镗孔 $\phi 27$ 至 $\phi 30$ (粗镗), 用通孔镗刀, 取切削速度 $v_c = 45$ m/min, 则主轴转速 $n = 477$ r/min。取每转进给量 $f = 0.3$ mm/r, 则进给速度为 $v_f = f \cdot n = 143$ mm/min; 背吃刀量 $a_p = 1.5$ mm。

4.5.2.6.7 半精镗孔 $\phi 30$ 至 $\phi 31.6$, 用通孔镗刀, 取切削速度 $v_c = 70$ m/min, 则主轴转速 $n = 705$ r/min。取每转进给量 $f = 0.2$ mm/r, 则进给速度为 $v_f = f \cdot n = 141$ mm/min; 背吃刀量 $a_p = 0.8$ mm。

4.5.2.6.8 精镗 $\phi 31.6$ 至 $\phi 32$, 用通孔镗刀。取切削速度 $v_c = 80$ m/min, 则主轴转速 $n = 796$ r/min, 每转进给量 $f = 0.1$ mm/r, 则进给速度为 $v_f = f \cdot n = 79$ mm/min; 背吃刀量 $a_p = 0.2$ mm。

4.5.2.6.9 钻 $\phi 12$H7 的中心孔至 $\phi 11.8$ mm, 用 d11.8 mm 麻花钻。取切削速度 $v_c = 21$ m/min, 则主轴转速为 $n = 566$ r/min。取每转进给量 $f = 0.2$ mm/r, 则进给速度为 $v_f = f \cdot n = 113$ mm/min; 背吃刀量 $a_p = 5.9$ mm。

4.5.2.6.10 锪 $\phi 18$ 孔沉头座, 用 $d \cdot d_1 = 18 \times 11$ 平底锪钻锪沉头座。取切削速度 $v_c = 10$ m/min, 则主轴转速为 $n = 176$ r/min。取每转进给量 $f = 0.2$ mm/r, 则进给速度为 $v_f = f \cdot n = 35$ mm/min; 背吃刀量 $a_p = 3.5$ mm。

4.5.2.6.11 粗铰 $\phi 12$H7 孔, 用 d12 mm 圆柱机用铰刀。取切削速度 $v_c = 5$ m/min, 则主轴转速 $n = 132$ r/min。取每转进给量 $f = 0.4$ mm/r, 则进给速度为 $v_f = f \cdot n = 52.8$ mm/min; 背吃刀量 $a_p = 0.1$ mm。

4.5.2.6.12 精铰 $\phi 12$H7 孔, 用上述同一把铰刀, 按上述切削用量进行第二次进给, 修光孔壁表面。

4.5.2.6.13 钻 2-M16 底孔至 $\phi 13.8$ mm, 用 d13.8 mm 钻头。取 $v_c = 21$ m/min, 则主轴转速 $n = 484$ r/min。取每转进给量 $f = 0.2$ mm/r, 则进给速度为 $v_f = f \cdot n = 96$ mm/min; 背吃刀量 $a_p = 6.9$ mm。

4.5.2.6.14 锪 2-M16 底孔孔口倒角, 用钻尖角 $2\phi = 90°$ 的锪钻, 取切削速度 $v_c = 10$ m/min, 则主轴转速 $n = 230$ r/min。取每转进给量 $f = 0.2$ mm/r, 则进给速度为 $v_f = f \cdot n = 46$ mm/min; 背吃刀量 $a_p = 1.5$ mm。

4.5.2.6.15 攻 2-M16 内螺纹, 用 M16 机用丝锥攻内螺纹。取切削速度 $v_c = 5$ m/min, 则主轴转速 $n = 99$ r/min。取每转进给量 $f = 2$ mm/r, 则进给速度为 $v_f = f \cdot n = 198$ mm/min; 背吃刀量 $a_p = 1.1$ mm。

4.5.2.6.16 钻 6-$\phi 7$ 底孔至 $\phi 6.8$ mm, 用 d6.8 mm 钻头。取 $v_c = 15$ m/min, 则主轴转速 $n = 702$ r/min。取每转进给量 $f = 0.2$ mm/r, 则进给速度为 $v_f = f \cdot n =$

140 mm/min；背吃刀量 $a_p = 3.4$ mm。

4.5.2.6.17　锪 6-ϕ10 孔沉头座，用 $d \times d_1 = 10 \times 5.5$ mm 平底锪钻锪沉头座。取切削速度 $v_c = 5$ m/min，则主轴转速 $n = 159$ r/min。取每转进给量 $f = 0.2$ mm/r，则进给速度为 $v_f = f \cdot n = 31$ mm/min；背吃刀量 $a_p = 1.6$ mm。

4.5.2.6.18　铰 6-ϕ7 孔，用 d7 mm 圆柱机用铰刀。取 $v_c = 2.5$ m/min，则主轴转速 $n = 113$ r/min。取每转进给量 $f = 0.4$ mm/r，则进给速度为 $v_f = f \cdot n = 45$ mm/min；背吃刀量 $a_p = 0.1$ mm。

4.5.2.6.19　钻 2-ϕ6H8 底孔至 ϕ5.8 mm，用 d5.8 mm 麻花钻。取 $v_c = 15$ m/min，则主轴转速 $n = 823$ r/min。取每转进给量 $f = 0.2$ mm/r，则进给速度为 $v_f = f \cdot n = 164$ mm/min；背吃刀量 $a_p = 2.9$ mm。

4.5.2.6.20　铰 2-ϕ6H8 孔，用 d6 mm 圆柱机用铰刀。取 $v_c = 2$ m/min，则主轴转速 $n = 106$ r/min。取每转进给量 $f = 0.5$ mm/r，则进给速度为 $v_f = f \cdot n = 53$ mm/min；背吃刀量 $a_p = 0.1$ mm。

4.5.2.6.21　粗铣工件四周轮廓，用 d35 mm 硬质合金立铣刀。取切削速度 $v_c = 60$ m/min，则转速 $n = 545$ r/min。取每齿进给量 $f_z = 0.15$ mm/z，则进给速度为 $v_f = f_z \cdot z \cdot n = 245$ mm/min；背吃刀量 $a_p = 14.5$ mm。

4.5.2.6.22　精铣工件四周轮廓，仍用 d35 mm 硬质合金立铣刀。仍用相同的切削速度和主轴转速，取每齿进给量 $f_z = 0.1$ mm/z，则进给速度为 $v_f = f_z \cdot z \cdot n = 163$ mm/min；背吃刀量 $a_p = 14.5$ mm，侧吃刀量 $a_e = 0.5$ mm（即精铣余量）。

4.5.2.7　填写零件加工工艺卡。

将以上各项分析内容和计算结果，填入表 4.8 所示的零件数控加工工艺卡内，以供该零件加工程序编制时使用，并作为零件加工工艺过程的指导性工艺文件，供机床操作人员使用。

表 4.8　泵盖零件数控加工工艺卡

企 业 名 称		产品名称或代号	零件名称	零件图号
			泵　盖	
工序号		夹具名称	机　床	车　间
程序号		机用平口虎钳、螺栓-压板	数控立铣床	

工步	工 步 内 容	刀具号	刀具规格	主轴转速/ r/min	进给速度/ mm/min	背吃刀量/ mm	备注
1	粗铣上表面	T01	d125	178	213		自动
2	精铣上表面	T01	d125	216	172	0.5	自动
3	粗铣台阶面和四周	T02	d12	1 000	450		自动
4	精铣台阶面和四周	T02	d12	1 000	300	0.5	自动
5	钻所有孔的中心孔	T03	d3	668	133	1.5	自动
6	钻 ϕ32 底孔 ϕ27	T04	d27	247	49	13.5	自动

工步	工步内容	刀具号	刀具规格	主轴转速/ r/min	进给速度/ mm/min	背吃刀量/ mm	备注
7	粗镗 ϕ32 孔至 ϕ30	T05		477	143	1.5	自动
8	半精镗 ϕ30 至 ϕ31.6	T05		705	141	0.8	自动
9	半精镗 ϕ31.6 至 ϕ32	T05		796	79	0.2	自动
10	钻 ϕ12 底孔 ϕ11.8	T06	d11.8	566	113	5.9	自动
11	锪 ϕ18 沉头座 T07	T07	18×11	176	35	3.1	自动
12	粗铰 ϕ12H7 孔	T08	d12	132	52.8	0.1	自动
13	精铰 ϕ12H7 孔	T08	d12	132	52.8	0.1	自动
14	钻 2 - M16 底孔 ϕ13.8	T09	d13.8	484	96	6.9	自动
15	锪 2 - M16 孔孔口倒角	T10	2ϕ90°	230	46	0.5	自动
16	攻 2 - M16 螺纹孔	T11	M16	99	198	1.1	自动
17	钻 6 - ϕ7 底孔至 ϕ6.8	T12	d6.8	702	140	3.4	自动
18	锪 6 - ϕ10 沉头孔	T13	10×5.5	159	31	1.6	自动
19	铰 6 - ϕ7 孔	T14	d7	113	45	0.1	自动
20	钻 2 - ϕ6H8 底孔 ϕ5.8 `	T15	d5.8	823	164	2.9	自动
21	铰 2 - ϕ6H8 孔	T16	d6	106	53	0.1	自动
22	粗铣四周轮廓	T17	d35	545	245	14.5	自动
23	精铣四周轮廓	T17	d35	545	163	14.5	自动
编制		审核		批准		年 月 日	共　页　第　页

4.6　数控铣削的加工实例

　　上节综合分析了平面槽形凸轮和泵盖的数控铣削加工工艺以及加工过程工艺文件的制订。通过对零件的工艺分析,可进一步确认该零件结构设计的合理性,且符合数控铣削加工工艺的技术要求。

　　然后,根据零件图上的图面各项要求,计算编程尺寸设定值,确定铣削时的工艺基准和装夹方案、加工顺序和进给路线,以及刀具选用、切削用量选择。将这些结果都汇总起来,拟订出该零件的数控铣削加工工艺卡和刀具卡。

　　随后,根据这些文件,编写出该零件的加工程序,并遵照该程序的具体规定,操纵机床,执行加工工艺过程,生产出符合零件图要求的成品。

　　本节将以图 4.30 所示的平面槽形凸轮零件的数控铣削为实例,介绍该零件数控加工的工艺过程。

当零件的数控加工工艺卡和刀具卡制订后,如何切实执行这些文件,关键在于仔细编制好加工程序,具体列出加工步骤顺序、每一工步的要求和工艺参数,供铣床操作人员具体执行。这些重要且细致的过程,可归纳如下:

4.6.1 零件图的图面分析

4.6.1.1 首先,须仔细读图,充分理解图面要求和技术条件。

4.6.1.2 划分组成零件表面的基本几何元素。

4.6.1.3 按照零件的设计尺寸和公差值,逐一计算出编程尺寸设定值。

4.6.1.4 按照各个相邻几何元素,逐一计算相关节点位置的坐标值。

4.6.2 加工工艺分析

4.6.2.1 根据零件图上基本尺寸公差等级、表面粗糙度要求和形位公差值大小,拟订出经济加工方案。

4.6.2.2 选定加工顺序和进刀路线。

4.6.2.3 刀具及其几何参数的选用。

4.6.2.4 定位基准和装夹方法的确定。

4.6.2.5 切削用量的计算和确定。

4.6.3 相关的数学计算

4.6.3.1 节点 C 坐标的计算。如图 4.30 和图 4.35 所示,已知圆心 $O_1(0, 0)$、$O_2(24, 0)$、$O_3(12, 4)$、$O_4(12, -4)$,其半径分别为:$r_1 = 18, r_3, r_4 = 24$,则线段 O_1O_3 的斜率:

$$m_1 = 4/12,$$

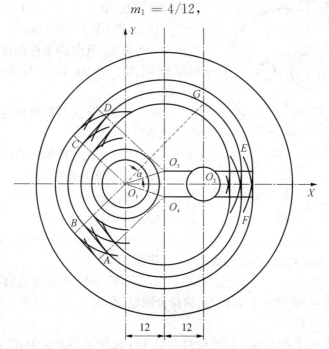

图 4.35　各几何元素相关节点的数值计算

作线段 $O_1G /\!/ CD$，则 $O_1G \perp O_1C$ 和 O_3D，

O_1G 的斜率，$m_2 = (m_1 + \tan\alpha)/(1 - m_1\tan\alpha)$，

$\alpha = \sin^{-1}(r_3 - r_1)/O_1O_3 = \sin^{-1}0.474\,341\,6$，所以 $\tan\alpha = 0.538\,815\,8$，而 $m_2 = 1.063\,078$

从而，节点 C 的坐标，可由下列联立方程式解出：

$Y - Y_1 = -(X - X_1)/m_2$ ·········· O_1C 的直线方程式

$(X - X_1)^2 + (Y - Y_1)^2 = 18^2$ ·········· 圆 O_1 的圆方程式

化简：$Y = -0.940\,664X$

$\qquad X^2 + Y^2 = 18^2$

代入，得：$X = \pm 13.110\,95$，负值符合题意，取：$X = -13.110\,95$

代入，得：$Y = 12.333$

即节点 C 坐标为：$C(-13.110\,95，12.333)$。

4.6.3.2　节点 D 坐标的计算。

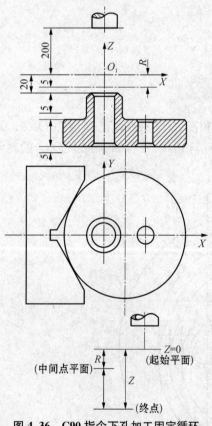

图 4.36　G90 指令下孔加工固定循环

同理，由图 4.35，按下列联立方程组解出：

$Y - Y_3 = -(X - X_3)/m_2$

·········· O_3D 的直线方程式

$(X - X_3)^2 + (Y - Y_3)^2 = 24^2$

·········· 圆 O_3 的圆方程式

化简：$Y = 15.287\,973 - 0.940\,664X$，

$\qquad X^2 + Y^2 - 24X - 8Y = 416$

代入，得：$X = 29.481\,267$ 和 $-5.481\,267$，负值符合题意，取 $X = -5.481\,267$

代入，得：$Y = 20.444$。

4.6.3.3　节点 A 坐标的计算。按照轴对称原理可知：A 点的坐标为 $A(-5.481\,267，-20.444)$。

4.6.3.4　节点 B 的坐标为 $B(-13.110\,95，-12.333)$。

4.6.3.5　节点 E 坐标的计算。

按下列联立方程组求解：

$Y = 4$ ·········· O_3E 的直线方程式

$(X - 12)^2 + (Y - 4)^2 = 24^2$

·········· 圆 O_3 的圆方程式

化简：$Y = 4$

$\qquad X^2 + Y^2 - 24X - 8Y = 416$

代入，得：$X = 36$ 和 -12，其中正值符合题意，取 $X = 36$。

代入，得：$Y = 4$。

4.6.3.6　节点 F 的坐标。按照轴对称原理可知，F 点的坐标为 $F(36，-4)$。

4.6.4 数控铣削加工工艺文件的编制

将上述各项结果,扼要地填写于规定格式的工艺文件上,常用的如数控铣削加工工艺卡和刀具卡等,以供编程人员和机床操作者遵照执行,如表 4.5 和表 4.6 所示。

4.6.5 程序编制

以数控铣削加工工艺卡和刀具卡为依据,编制好该零件的加工程序。仍以图 4.30 平面槽形凸轮的数控铣削为实例,其数控铣削程序如下。在该程序的右侧,为零件加工过程相应的操作工艺。可对照左侧的各程序段,仔细地阅读并理解之。

O0005	程序文件号
N01 G92 X0 Y0 Z0*	设定工件坐标系;
N02 G17 G90 G00 Z200.0 T01 M00*	在 XY 平面内,绝对值编程,主轴快速升至 200 mm,装 T01 号刀,中心钻。程序、主轴、切削液都停止;
N03 G43 Z0 H01*	刀具长度正补偿,补偿地址和补偿量由 H01 表示,刀位点在起始平面 Z0 上;
N04 M03 S950*	主轴顺时针方向旋转,950 r/min;
N05 G99 G81 X0 Y0 Z−32.0 R−15.0 F100*	钻孔循环钻中心孔 O_1,深 12 mm,进给速度 $v_f=100$ mm/min,返回 R 点平面上。参见图 4.36;
N06 G98 X24.0 Z−49.0*	钻中心孔 O_2,深 12 mm,返回起始平面 Z0 处;
N07 G00 Z200.0 M05*	主轴快速提升至 200 mm 高度上,主轴停;
N08 G49 T03 M00*	取消刀长补偿,换上 T03 号刀,麻花钻,主轴、切削液、程序停;
N09 G43 Z0 H03 M03*	刀长正补偿,主轴下降,刀位点至 Z0 起始平面上,主轴正转;
N10 G98 G81 X24.0 Y0 Z−60.0 F100*	钻孔固定循环,进给量 $v_f=100$ mm/min,钻通至 Z−60 mm 为止,返回起始平面 Z0 处,钻通了孔 O_2;
N11 G00 Z200.0 M05*	提升主轴至 Z200 mm 处,主轴停;
N12 G49 T02 M00*	取消刀补,换上 T02 号刀,程序、主轴、切削液停;
N13 G43 Z0 H02 M03*	刀长正补偿,主轴正转并下降,刀位点至 Z0 起始平面上;

N14 G98 G81 X0 Y0 Z－60.0 F100*　　　　钻孔固定循环，v_f＝100 mm/min，钻通至终点 Z－60 mm 处，返回起始平面 Z0 处，钻通孔 O_1；

N15 G00 Z200.0 M05*　　　　提升主轴至 Z200 mm 处，主轴停；

N16 G49 T04 M00*　　　　取消刀补，换上 T04 号刀，程序、主轴、切削液停；

N17 G43 Z0 H04 M03*　　　　刀长正补偿，主轴正转并下降，刀位点至 Z0 起始平面上；

N18 G98 G81 X0 Y0 Z－60.0 F100*　　　　T04 号刀（铰刀）定位于 O_1(0, 0)之上，起始平面之上，用孔加工固定循环，v_f＝100 mm/min，铰通至－60 mm 为止，返回 Z0 起始平面上；

N19 G00 Z200.0 M05*　　　　提升主轴至 200 mm 高度上，主轴停；

N20 G49 T05 M00*　　　　取消刀补，换上 T05 号刀，程序、主轴、切削液停；

N21 G43 Z0 H05 M03*　　　　刀长正补偿，刀位点降至 Z0 起始平面，主轴正转；

N22 G98 G81 X24.0 Y0 Z－60.0 F100*　　　　铰刀 T05 用孔加工固定循环，v_f＝100 mm/min，铰通至 Z－60 mm 处。返回起始平面上；

N23 G00 Z200.0 M05*　　　　提升主轴至 200 mm 高度，主轴停；

N24 G49 T06 M00*　　　　取消刀具补偿，换上 T06 号刀，锪钻，程序、主轴、切削液停；

N25 G43 Z0 H06 M03*　　　　刀长正补偿，补偿量和地址指令 H06，主轴下降，刀位点至 Z0 起始平面上，主轴正转；

N26 G98G81X24.0Y0Z－38.5 P300F50*　　　　ϕ10 孔口倒角，在孔口上停 300 ms，v_f＝50 mm/min，用固定循环 G81，返回起始平面上；

N27 G00 Z200.0 M05*　　　　提升主轴至 Z200 mm 高度上，主轴停；

N28 G49 T07 M00*　　　　取消刀长补，换上 T07 号刀，锪钻，程序、主轴、切削液停；

N29 G43 Z0 H07 M03*　　　　刀长正补偿，地址、补偿量指令 H07，主轴下降，刀位点至 Z0 起始平面上，主轴正转；

N30 G98G81X0Y0Z－21.5 P300F30

　　T07 号刀,锪钻,孔口倒角,v_f＝30 mm/min,在孔口上停 300 ms,用孔加工固定循环,返回起始平面;

N31 G00 Z200.0 M05*

　　提升主轴至 200 mm 高度上,主轴停;

N32 G49 T08 M00*

　　取消刀长补,换上 T08 号刀,立铣刀,程序、主轴切削液停;

N33 G17G00X36.0Y－4.0 Z100.0M03S955*

　　X-Y 平面内,快速进给至 F(36,－4)点之上 100 mm 处,主轴正转,955 r/min。参见图 4.35;

N34 G01 Z30.0 F500 M08*

　　以直线插补进给速度 500 mm/min,至 F(36,－4)之上 30 mm 处,切削液泵开;

N35 Z－37.0 F343*

　　以直线插补,进给速度 343 mm/min 进刀至 Z－37 处,与工件加工表面触及,刀位点处在槽中心线上;

N36 Y4.0 Z－40.0*

　　直线插补进给至 Y4 处,边进给边切深至Z－40处;

N37 Y－4.0 Z－43.0*

　　直线插补从 Y4 进给至 Y－4 处,切深至 Z－43 mm 处,沿槽中心线进给;

N38 Y4.0 Z－46.0*

　　直线插补进给,从 Y－4 进给至 Y4 处,加深至 9 mm,背吃刀量 a_p＝3 mm;

N39 Y－4.0 Z－49.0*

　　直线插补进给,从 Y4 进给至 Y－4 处,a_p＝3 mm,加深至 12 mm;

N40 Y4.0 Z－51.0*

　　直线插补进给,从 Y－4 进给至 Y4 处,背吃刀量 a_p＝2 mm,加深至 14 mm;

N41 G17 G01 G41 X36.0 Y－4.0 H07*

　　在 X-Y 平面内,以直线插补 v_f＝343 mm/min 粗切凸轮槽内侧,从 E 点切至 F 点,刀径左补偿地址和补偿量指令 H07;

N42 G02 X－5.481 Y－20.444 R24.0*

　　在 X-Y 平面内,顺时针方向圆弧插补,v_f＝343 mm/min,刀径右补偿切凸轮槽 R24 处内侧面,从 F 点至 A 点,顺铣;

N43 G17 G01 X－13.111 Y－12.333*

　　在 X-Y 平面内,直线插补切内侧

面处 A 至 B,刀径左补偿,顺铣;

N44 G02 X－13.111 Y12.333 R18.0*

在 X-Y 平面内,顺时针圆弧插补 $v_\mathrm{f}=343$ mm/min;刀径左补偿,切槽内侧面至点 C,顺铣;

N45 G17 G01 X－5.481Y20.444*

在 X-Y 平面内,直线插补进给 $v_\mathrm{f}=343$ mm/min,刀径左补偿切槽内侧面至点 D,顺铣;

N46 G02 X36.0 Y4.0 R24.0*

在 X-Y 平面内,顺时针圆弧插补 $v_\mathrm{f}=343$ mm/min,刀径左补偿切凸轮槽内侧面至点 E 为止;

N47 G17 G01 X36.0 Y－4.0*

在 X-Y 平面内,直线插补切槽内侧面至点 F 为止。刀径左补偿, $v_\mathrm{f}=343$ mm/min。顺铣;

N48 G01 G40 X36.0 Y4.0*

在 X-Y 平面内,用 G40 程序段取消刀具左补偿,刀具至 E(36,4)处;

N49 G17 G42 G01 X36.0 Y－4.0*

在 X-Y 平面内,直线插补顺铣凸轮槽外侧面至点 F(36,－4)为止。刀径右补偿;

N50 G02 X－5.481 Y－20.444 R24.0*

在 X-Y 平面内,顺时针方向圆弧插补,顺铣 $R24$ 圆弧槽外侧至点 A 为止, $v_\mathrm{f}=343$ mm/min;

N51 G01 X－13.111 Y－12.333*

直线插补,刀径右补偿,顺铣凸轮槽外侧面至点 B 为止, $v_\mathrm{f}=343$ mm/min;

N52 G02 X－13.111 Y12.333 R18.0*

在 X-Y 平面内,顺时针方向圆弧插补,顺铣凸轮槽外侧面,刀径右补偿 $v_\mathrm{f}=343$ mm/min,切至点 C 为止;

N53 G01 X－5.481 Y20.444*

在 X-Y 平面内,直线插补,刀径右补偿,顺铣凸轮槽外侧面至点 D 为止;

N54 G02 X36.0 Y4.0 R24.0*

在 X-Y 平面内,顺时针方向圆弧插补,刀径右补偿 $v_\mathrm{f}=343$ mm/min,顺铣槽外侧面至点 E 为止;

N55 G01 X36.0 Y－4.0*

在 X-Y 平面内,直线插补,刀径右补偿,顺铣槽外侧面, $v_\mathrm{f}=343$ mm/min,切至点 F 为止;

N56 G01 G40 X36.0Y4.0*

用程序段 G40 取消刀径补偿,刀

N57 G00 Z200.0 T09 M00*

N58 G17G42G00 X36.0Y－4.0H09 S1590*

N59 G01 Z30.0 F500 M08*

N60 Z－37.0 F477*

N61 Y4.0 Z－40.0*

N62 Y－4.0 Z－43.0*

N63 Y4.0 Z－46.0*

N64 Y－4.0 Z－49.0*

N65 Y4.0 Z－51.0*

N66 G17 G01 X36.0 Y－4.0*

N67 G02 X－5.481Y－20.444 R24.0*

N68 G17 G01 X－13.111 Y－12.333*

N69 G02 X－13.111 Y123,33 R18.0*

N70 G17G01 X－5.481 Y 20.444*

具移至点 E；

刀具快速定位于 Z200 mm 高度处，换上精铣 T09 号刀，程序、主轴、切削液停；

在 X-Y 平面内，刀径右补偿，顺铣精加工槽外侧面，主轴转速 1 590 r/min；

直线插补，v_f＝500 mm/min，刀具以切削速度下降至 F 点之上 30 mm 处，切削液泵开；

直线插补 v_f＝477 mm/min，进刀至 Z－37 处，触及工件表面；

直线插补进给至 E 点，背吃刀量 a_p＝3 mm，边进给边切深至 3 mm；

直线插补进给至 F 点，背吃刀量 a_p＝3 mm，边进给边切深至 6 mm；

直线插补进给至 E 点，背吃刀量 a_p＝3 mm，切深至 9 mm，刀径右补偿，切削槽外侧面；

直线插补进给至 F 点，背吃刀量 a_p＝3 mm，切深至 12 mm；

直线插补，进给至 E 点，背吃刀量 a_p＝2 mm，切深至 14 mm；

在 X-Y 平面内，直线插补，v_f＝477 mm/min，刀径右补偿，顺铣凸轮槽外侧面至 F 点，背吃刀量 a_p＝14 mm，每齿进给量 f_z＝0.1 mm；

在 X-Y 平面内，顺时针方向圆弧插补 v_f＝477 mm/min，刀径右补偿，顺铣凸轮槽 R24 外侧面至 A 点为止。吃刀量都同上；

在 X-Y 平面内，直线插补，刀径右补偿顺铣槽外侧面；

在 X-Y 平面内，顺时针方向圆弧插补，刀径右补偿，顺铣凸轮槽 R18 外侧面至 C 点，a_p＝14 mm，f_z＝0.1 mm；

在 X-Y 平面内，直线插补，刀径

N71 G02 X36.0 Y4.0 R24.0*

右补偿,顺铣槽外侧面至 D 点为止,$v_f = 477$ mm/min,$a_p = 14$ mm,$f_z = 0.1$ mm;

N72 G17 G01 X36.0 Y－4.0*

在 X-Y 平面内,顺时针方向圆弧插补,刀具右补偿,顺铣凸轮槽 R24 外侧面至 E 点为止;

N73 G01 G40 X36.0Y4.0*

在 X-Y 平面内,顺时针方向圆弧插补,刀具右补偿,顺铣凸轮槽外侧面至 F 点为止;

N74 G17 G41 G01 X36.0 Y－4.0 H 09*

X-Y 平面内,用 G40 程序段取消刀具右补偿。刀具以直线插补移至 E(36,4)点上;

N75 G02 X－5.481 Y－20.444 R24.0*

在 X-Y 平面内,直线插补,刀具左补偿,顺铣凸轮槽内侧面至 F 点为止,刀径补偿地址和补偿量指令 H09,预存入存储器;

N76 G01 X－13.111 Y－12.333*

在 X-Y 平面内,顺时针方向圆弧插补,刀径左补偿,$v_f = 477$ mm/min 切削 R24 槽内侧面至 A 点为止,补偿指令 H09;

N77 G02 X－13.111 Y12.333 R18.0*

在 X-Y 平面内,直线插补,刀径左补偿,顺铣凸轮槽内侧面至点 B 为止,$a_p = 14$ mm,$f_z = 0.1$ mm;

N78 G01 X－5.481 Y20.444*

在 X-Y 平面内,顺时针方向圆弧插补,刀径左补偿,顺铣凸轮槽内侧面至点 C 为止,补偿指令 H09;

N 79 G02 X36.0 Y4.0 R24.0*

在 X-Y 平面内,直线插补刀径左补偿,顺铣凸轮槽内侧面至点 D 为止,补偿指令同上;

N80 G01 X36.0 Y－4.0*

在 X-Y 平面内,顺时针方向圆弧插补,顺铣凸轮槽内侧面 R24 圆弧段至点 E 为止,刀径左补偿,补偿指令 H09;

N81 G01 G40 X36.0Y4.0*

在 X-Y 平面内,直线插补,刀径左补偿,顺铣凸轮槽内侧面至点 F 为止,刀径补偿指令 H09;

在 X-Y 平面内,用 G40 程序段取消刀径补偿。以直线插补进给速度

$v_f=477$ mm/min,使刀位点移至点 E,回到槽中心线上;

N82 G17 G00 Z200.0 T06 M00*　　　　在 X-Y 平面内,刀具快速移至 Z200 mm 高,脱离工件,换上 T06 号刀,锪钻;手动调刀,程序、主轴、切削液停;手动翻转工件 $180°$,垫上浮动垫铁,定位后,重新夹紧;

N83 X24 Y0*　　　　在 X-Y 平面内,刀具快速移至 $O_2(24,0)$ 之上 Z200 mm 处;

N84 G43 Z17 H06 M13*　　　　刀长正补偿,补偿量和地址指令 H06,主轴下降,刀位点至 Z17 处,主轴正转,切削液开;

N85 G98 G81 X24 Y0 Z15.5 P300 F30*　　　　T06 锪钻孔口倒角,v_f 300 mm/min,在孔口上停留 300 毫秒(ms),孔加工循环,返回 Z17 平面;

N86 G00 Z200.0 M05*　　　　刀具快速提升至 Z200 mm,主轴停止;

N87 G49 T07 M00*　　　　取消刀长补,换上 07 号刀,锪钻,程序、主轴、切削液停;

N88 G43 Z17 H07 M13*　　　　刀长正补偿,补偿量为 H07,刀位点下降至 Z17 起始平面上,主轴正转,切削液开;

N89 G98 G81 X0 Y0 Z15.5 P300 F30*　　　　T07 锪钻孔口倒角,v_f 30 mm/min,在孔口上停留 300 毫秒(ms),孔加工循环,返回 Z17 平面;

N90 G00 Z200.0 M05*　　　　刀具快速提升至 Z200 mm,主轴停;

N91 X0 Y0*　　　　刀具移至 $O_1(0,0)$ 之上 200 mm;

N92 M02*　　　　程序结束,主轴停止,切削液停,机床复位。

习　　题

1. 图 4.37 所示是什么视图? 在什么机床上如何观察? 其中:

(1) Z 表示什么轴? X、Y 表示什么轴? 其正、负方向如何确定?

(2) O 是什么点? 是固定点还是任意浮动点?

2. 你认识立式数控铣床吗?

(1) 为什么称它是立式? 它的主轴与工作台在哪里? 相互是否垂直?

（2）支承各部件的床身在哪里？安装着床身的底座在哪里？

（3）装有 CRT 显示器和操作面板的操纵台在哪里？其上的各种开关、按钮和指示灯，都熟悉吗？

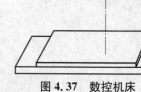

（4）横滑板和工作台在哪里？它们是怎样安置的？其排列的次序如何？

（5）什么叫纵向行程？行程限位挡铁和行程左右转换挡铁各在哪里？怎样调整之？

图 4.37　数控机床

（6）这台立式铣床是升降台式数控铣床吗？

（7）它是哪种伺服控制方式？可控轴数是多少？联动轴数是多少？各轴的定位精度是多少？

（8）它的台面宽度是多少？属于中小型规格吗？

3. 在 XK5040A 型数控立式升降台式铣床上，须加工一批零件，按加工工艺规程的切削用量计算，确定主轴转速为 29.9 r/min 和 613.8 r/min，试分别列出它们的主传动路线表达式和传动链方程计算式？已确定纵向工作台的进给速度为：$v_f = 180$ mm/min，则驱动纵向工作台移动的直流变速伺服电动机的转速应调节到多少？并列出其传动路线表达式和传动链方程计算式？

思　考　题

一、判断

1. 经济型数控铣床采用开环伺服控制数控系统，控制伺服电动机驱动机床运动 ·······（　　）

2. 全功能型数控铣床采用半闭环或闭环型伺服控制数控系统，其可控轴数和联动指数都可达到 4 轴或 4 轴以上 ·······（　　）

3. 工作台能够作上下升降调整运动的称为升降台式数控铣床 ·······（　　）

4. 中小型数控铣床的可控轴数大多为 3 轴，联动轴数为 2 轴 ·······（　　）

5. 所谓 2 轴半联动数控铣床，其联动轴数为 2 轴可连续运动，而另一轴仅周期性运动 ·······（　　）

6. 工作台不升降，主轴箱沿固定立柱上下升降，主轴与台面相互垂直的，称为立式数控铣床 ·······（　　）

7. 卧式数控铣床的主轴与工作台台面相互垂直，且配有回转工作台，工件一次装夹后，可加工多个侧面 ·······（　　）

8. 大规格的数控重型铣床都为龙门结构和水平工作台，便于大型工件的吊装和定位 ·······（　　）

9. 制订数控铣削加工工艺规程的第一步是读图，以充分了解零件的设计要求 ·······（　　）

10. 工件坐标系设置指令 G92 和工件零点偏置指令 G54～G59 不能混用在同一个程序段中 ·······（　　）

11. 执行了 G94F200 指令后,每分钟进给速度为 200 mm/min ··············（　　）

12. 沿着铣刀进给方向看,铣刀在被加工表面右侧的为刀具半径右补偿(右刀补) ··（　　）

二、填空

13. 数控铣床是由＿＿＿＿操纵和控制,通过＿＿＿＿驱动各＿＿＿＿的机床。

14. 按数控系统功能不同,数控铣床分为＿＿＿＿、＿＿＿＿和＿＿＿＿。

15. 经济型数控铣床的可控轴数为＿＿＿＿,联动轴数为＿＿＿＿。能够完成＿＿＿＿、＿＿＿＿等＿＿＿＿类零件的加工;孔和孔系的＿＿＿＿、＿＿＿＿、＿＿＿＿等加工;＿＿＿＿的加工。

16. 全功能型数控铣床能够加工: 1.＿＿＿＿; 2.＿＿＿＿; 3.＿＿＿＿,这时除了3根进给轴＿＿＿＿外,刀具边切削,边＿＿＿＿而实现＿＿＿＿。

17. ＿＿＿＿和＿＿＿＿是数控铣床发展的主要指标,它标志着机床的＿＿＿＿和＿＿＿＿。＿＿＿＿和＿＿＿＿是数控铣削的发展方向。

18. 高速铣削数控铣床的主传动系统＿＿＿＿、＿＿＿＿、＿＿＿＿、＿＿＿＿;进给传动系统＿＿＿＿;配有功能齐全的＿＿＿＿和＿＿＿＿。＿＿＿＿达 8 000～40 000 r/min,＿＿＿＿在 10～30 m/min,用于加工＿＿＿＿和＿＿＿＿,如船用低速大功率柴油机壳体等。

19. 高速切削数控铣床大多做成＿＿＿＿,具有＿＿＿＿和＿＿＿＿的铣削功能。

20. 小批量、中小型调质钢零件的加工工艺路线为:在普通铣床上＿＿＿＿、工序间热处理(调质)、＿＿＿＿、在数控铣床上＿＿＿＿、除应力、粗磨、最终热处理、校正、精磨和＿＿＿＿。

21. 令机床数控系统作好加工方式准备功能的＿＿＿＿,称为＿＿＿＿或＿＿＿＿,如:直线插补、刀具补偿等。

22. 在数控机床上加工工件时,所使用的坐标系,称为＿＿＿＿。为编程和加工方便起见,常与＿＿＿＿重合。

23. 每一程序段均由＿＿＿＿所组成。它是由＿＿＿＿、＿＿＿＿构成,例如程序号 O0001、准备功能字 G01 等。

24. 车刀的刀位点和镗刀的刀位点是指＿＿＿＿或＿＿＿＿;立铣刀的刀位点是指＿＿＿＿。

三、选择

25. 数控加工编程时,应用的刀具补偿如下,其中（　　）是错误的。

(1) 刀具半径左补偿;　　　　　　　　(2) 刀具长度补偿;

(3) 刀具直径补偿;　　　　　　　　　(4) 刀具半径右补偿。

26. 在高速切削数控铣床上,一次定位装夹中,可以完成（　　）。

(1) 粗加工;　　　　　　　　　　　　(2) 精加工;

(3) 半精加工-精加工;　　　　　　　(4) 粗-半精-精加工。

27. 在数控铣床上,用 φ6 mm 立铣刀铣削工件四周外表面,预留下精加工余量为 0.2 mm。则粗铣时的铣刀偏置值为（　　）。

(1) 5.8 mm;　　　(2) 6.2 mm;　　　(3) 3.2 mm;　　　(4) 2.8 mm。

第5章 加工中心的加工工艺与操作方法

5.1 概述

5.1.1 加工中心的类型

加工中心是在数控机床的基础上发展起来的,两者间的主要区别在于有无刀库和自动换刀装置,在刀库内预置零件加工过程中所用的多种刀具,并能自动更换,从而,加工中心可在一次装夹中,完成对零件的多工序加工。由于零件类型的多样性,加工中心的形式也繁多。

5.1.1.1　按主轴布置形式分类。

5.1.1.1.1　立式加工中心。其主轴轴线呈垂直状态布置,整机结构为固定立柱式;工作台呈长方形,没有绕垂直轴回转功能者,适用于加工平面类零件;工作台能绕垂直轴回转,在工作台上又可装上水平轴数控分度转台者,适用于加工螺旋槽类零件。图5.1(a)所示即为立式加工中心,其特点是结构简单,占地面积小,价格低。

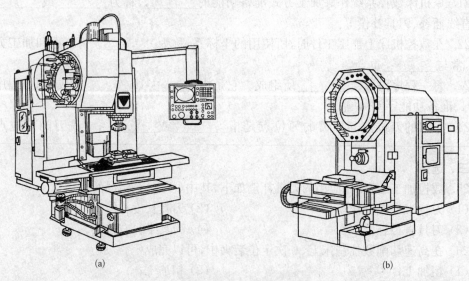

(a)　　　　　　　　　　　　　(b)

图5.1　加工中心

(a) 立式加工中心　(b) 卧式加工中心

5.1.1.1.2　卧式加工中心。其主轴轴线呈水平状态布置,具有可作分度回转运动的正方形分度工作台。通常其可控轴数为四个运动坐标轴,即沿 X、Y、Z 轴方向的直线运动坐标轴和绕水平轴作回转的回转工作台坐标轴。所以,它能在一次装夹后,完成除顶面和安装面以外的其余四个面的加工。图 5.1(b)所示为卧式加工中心,其特点是整体结构较复杂,体积与占地面积大,刀库容量大,价格也较贵,适合于加工复杂的箱体类零件。

5.1.1.1.3　龙门式加工中心。其结构外形与龙门铣床相似,对称设置的双立柱,可上下升降的横梁,主轴垂直设置,带有自动换刀装置和整套主轴头附件,适用于大型和复杂结构零件的加工。

5.1.1.1.4　复合式加工中心。立、卧两用,既具有立式加工中心的功能,又能作卧式加工中心使用。通常可分为两类,一类是靠主轴回转 90°,实现主轴垂直或水平位置之间的转变;另一类是由数控回转工作台夹持工件后按 90°回转,而实现不同位置上表面的加工。在工件一次装夹后,它能完成除了安装表面外的其余五个表面的加工。减少了因多次装夹引起的误差,提高了加工精度和生产效率。但这类机床结构复杂,占地面积大,价格较贵,因而其用量和产量都比其他类型加工中心少。

5.1.1.2　按换刀形式分类。

5.1.1.2.1　带有刀库和机械手的加工中心。加工中心的换刀装置(ATC,Automatic Tool Changer)是由刀库和机械手组成的,由换刀机械手完成换刀过程,这是最为普遍采用的加工中心换刀形式。

5.1.1.2.2　无机械手的加工中心。这种加工中心的换刀过程和步骤是由刀库和主轴箱的相互配合动作来完成的,机床刀库内存储的刀具安置方位,与主轴的装刀方向一致。换刀时,主轴运动到刀位上的换刀位置,由主轴直接取走。同时,放回原用刀具。参见图 2.55 及相关说明。这类换刀形式和换刀结构通常都用在高速轻型加工中心上,其刀柄尺寸都在 BT40 号以下的小型锥柄系列,参见图 2.56 和表 2.13。

5.1.1.2.3　转塔刀库式加工中心。通常轻型小规格加工中心,常采用转塔刀库形式,无论是车削加工中心或钻削加工中心等都有应用。例如通常在轻型车削加工中心上使用的卧式转塔回转形式,其特点是换刀速度快,刀具定位精度高,提高了加工效率,可安装上车、钻、镗、攻螺丝、测量探头等多种工具。

5.1.2　加工中心的结构和主要技术参数

5.1.2.1　结构配置。各类加工中心尽管结构外形有差异,功能也不同,但总体来看,都由一些性质和功用相同的部件构成,不管在哪一台机床上,都应有这样的部件。

图 5.2 所示为立式加工中心的总体结构图,由具有不同功能的结构部件组成,如基础部件:床身、立柱、工作台等,以承载其本体的静载荷和加工过程中各动负载,须具有足够的刚度,大多都由铸铁件制成。图 5.2 中 10 为床身,其顶面的横向导轨,支承着横向滑座 9,沿床身导轨前后运动。工作台 8 沿横向滑座导轨作纵向运动,主轴箱 5 可沿立柱导轨作垂直移动。同时,主轴箱是主轴系统的主要部件,主轴系统由主轴电动机、主轴箱、主轴和主轴承等组成,主轴前端安装刀具进行切削加工。机床的数控系统由计算机数控(CNC)装置,可编程序控制器、伺服驱动装置等组成,执行程序控制和完成零件加工过程的控制。整个系统都置于数控柜 3 内,由数控面板和机床操作面板按指令操纵。图 5.2 中 6 为数控面板和机床操作面板,前者在上部。自动换刀系统由换刀机械手 2 和盘式刀

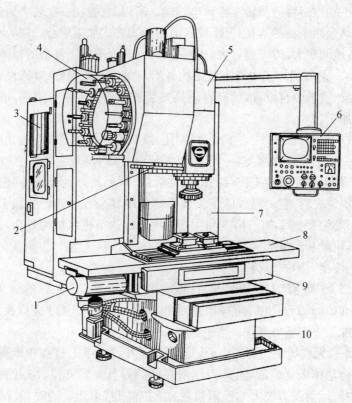

图 5.2 立式加工中心

1-DC 伺服电动机；2-换刀机械手；3-数控柜；4-盘式刀库；5-主轴箱；6-数控
面板和机床操作面板；7-电源柜；8-工作台；9-横滑板；10-床身

库 4 组成，由 DC 伺服电动机驱动刀库回转，液压系统驱动机械手回转、取刀、装刀，刀库内可储存 16 把刀具。1 是驱动工作台纵向运动的 DC 伺服电动机。7 是强电源柜，它们都安置在机床两侧。

除此之外，还有冷却、润滑、液压、气动和实时检测等部件，它们虽未直接参与切削运动，但对机床的加工精度、生产效率和加工可靠性，起着不可忽视的重要作用。

由此可知，这类装备是机电一体化设计的典型结构。

5.1.2.1.1　主轴和主轴箱。图 5.3 所示为主轴和主轴箱结构，图中 1 为主轴，其前轴承 4 采用三列高精度向心推力球轴承，以承受径向和轴向载荷，具有良好的高速性能。螺母 5 可调整机床前轴承装配时预加载荷的预紧量大小；后轴承 6 采用了二列相对配置的高精度向心推力球轴承，其外圈与壳体孔的配合较松而不需严格定位，所以仅受到径向载荷。这样的前后轴承布置形式，使主轴能满足高转速和承受较大轴向载荷的要求，主轴受热变形，可向后自由伸长，不影响加工精度，具有较好的高速切削、强力切削和精密加工的性能，也提高了主轴的综合刚度，成为当前数控机床主轴轴承的典型配置形式之一。

在主轴尾端，主轴后轴承的后面，装有同步齿形带轮的从动轮，将 AC 伺服主电动机的转速通过同步带传动，驱动主轴旋转。从动轮与主轴间，由平键连接，传递扭矩。同步带传递是兼具带、链传动优点的一种新型传动。转动带的工作面和带轮外圆柱面上都制成齿形，工作时，轮齿相互嵌合，实现轮与带间无相对滑动的啮合传动，不仅传动比准确，

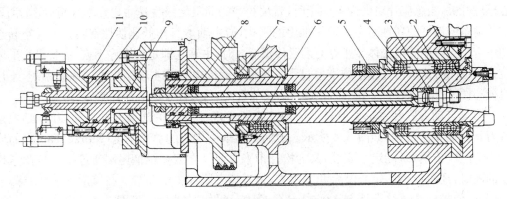

图 5.3　加工中心的主轴和主轴箱结构

1-主轴;2-拉钉;3-钢球;4-前轴承组;5-螺母;6-后轴承组;7-拉杆;
8-碟形弹簧;9-螺旋形弹簧;10-活塞;11-油缸

传动效率高,达 98% 以上,传动平稳,噪声小,而且传动速度高,可达 50 m/s,传动比可达 10 左右,不需润滑,维修保养方便。所以,这种机床的主轴箱和主轴系统,结构简单,避免了复杂的齿轮变速系统,也消除了振动和噪声。

主轴的定位准停。加工中心都可自动换刀,每次自动装卸刀具时,都需将刀柄上的键槽对准主轴端部的端面键,这就要求主轴具有准确定位的功能,现代数控加工中心上采用电气式主轴定位装置。一旦数控系统发出主轴准停指令,主轴就能准确地定位停止。

主轴准停装置设置在主轴尾端,如图 5.4 所示。AC 伺服变速主电动机 11 带动主轴旋转,完成切削运动。一旦数控系统发出信号指令,要求主轴准停并换刀时,先履行减速信号,使主轴转速自动连续下降至 22.5 r/min 最低转速下缓缓转动,随后,由时间继电器接通无触

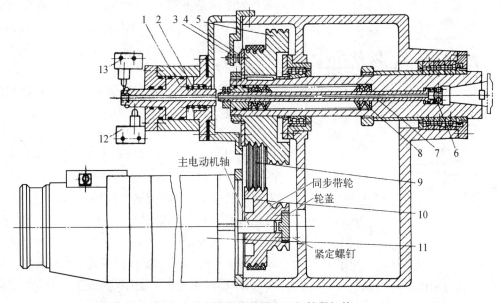

图 5.4　主轴准停装置和刀柄拉紧机构

1-活塞;2-螺旋形弹簧;3-磁传感器;4-永磁体;5、10-带轮;6-钢球;7-拉杆;
8-碟形弹簧;9-传动带;11-主电动机;12、13-限位开关

161

点感应开关,当感应片对准开关触点时,就关掉 AC 伺服无级变速主电动机电源,完全消除主传动系统部件的惯性对主轴定位准停的干扰,使主轴本身作低速惯性空转。一旦空转至图中带轮 5 左侧的恒磁体 4 正好对准磁传感器 3 时,主轴立即定位准停下来,而且设定的限位开关也同时显示已完成定位准停过程。这种新颖的电气式主轴定位准停控制系统,不用机械部件,定位过程所化时间短,正确性和可靠性高,且只需强电顺序控制即可。

刀具自动夹紧和主轴巢的自动清理。为了实现刀具在主轴巢内的自动装卸,必须设有刀具自动夹紧机构,如图 5.4 所示。刀柄不能采用传统的莫氏锥度(Morse Taper)而应采用 7∶24 锥柄,既能定心安装,又为松开带来方便。在刀具锥柄尾端通过拉钉被紧紧拉紧的同时,还由锥柄的定心配合和摩擦力,将刀柄夹紧在主轴前端。在蝶形弹簧 8 的弹力作用下,使拉杆 7 始终保持着 1 020 kgf 的拉力,通过拉钉尾端(见图 2.63、图 2.64 所示)的钢球 6 将刀柄拉紧。换刀时,将压力油注入主轴末端一侧相隔 5 mm 的液压缸左腔,压杆活塞 1 向右,越过间隔后,推动主轴孔内的拉杆 7 右移,使钢球 6 落入主轴锥孔末端的开口内,刀柄尾部的拉钉 2 被松开,如图 5.3 所示,蝶形弹簧被压缩,继续右移,拉杆顶部把刀柄顶松,使机械手十分轻快地拔刀,取出刀具。当机械手将所换的下一把刀具装入主轴巢后,电磁换向阀自动启动,使压力油进入压杆液压缸右腔,活塞 1 向左退回原位,而且在螺旋压缩弹簧 2 的弹力下,压杆在活塞 1 右腔内无压力油时,也始终退在最左端的位置上。在蝶形弹簧作用下,使拉杆后退,通过钢球拉紧旋在刀柄尾部的拉钉(见图 2.57、图 2.58),将刀具夹紧在主轴前端。当拉杆活塞处在左右两端极限位置时,相应的限位开关 12、13 显示出松开或夹紧的信号。

换刀时,必须清除掉主轴孔内的灰尘和切屑,一旦主轴巢内落入了切屑等垃圾,拉紧刀柄时,主轴孔和锥柄表面会被划伤,刀柄会发生偏斜,不能正确定位,影响零件加工精度。为了保持主轴孔的清洁,可采用压缩空气进行吹扫的方法。图 5.4 上拉杆活塞 1 的心部钻有压缩空气通道,当活塞 1 向左退回的同时,压缩空气穿过活塞,经主轴孔喷出,将主轴孔清理干净。为了提高清理作用,喷气孔须布置均匀和适当的扩散角度。

5.1.2.1.2　自动换刀机构。由图 5.2 所示,机床的刀库处在机床主轴的左侧,刀具在刀库中的安置方位与主轴垂直。换刀时,如图 5.5 所示,刀库 2 转动,将待换刀具 5 送到换刀位置,然后,再把带有刀具 5 刀套 4 向下翻转 90°,使刀具轴线与机床主轴轴线相互平行。以上动作是整个换刀过程的第一个步骤,即刀套下转 90° 的动作。此时,机床已加工完上一工序,主轴已位于定位准停位置,通过自动换刀机构进行自动换刀。

第二步。机械手转 75°,如图 5.5 仰视图所示,当机床切削加工时,机械手 1 的手臂与主轴中

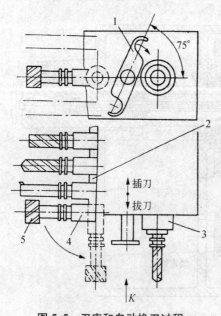

图 5.5　刀库和自动换刀过程

1-机械手;2-刀库;3-主轴;
4-刀套;5-刀具

心到换刀位置上刀具中心线的连线呈 75°夹角,这一位置是机械手不工作时的原始状态。进行换刀时,机械手的第一个动作是顺时针方向转 75°,两只手爪正好分别抓住刀库上和主轴上的刀柄。

第三步。主轴内刀柄夹紧机构松开刀具。一旦机械手抓住主轴上刀具的刀柄后,其自动夹紧机构就松开刀具。

第四步。机械手拔刀。这时,机械手自动下降,将两侧的两把刀具同时拔出。

第五步。相互交换两把刀具的位置。机械手抓着两把刀具,逆时针方向转过 180°,交换主轴刀具与刀库刀具的各自所处位置。

第六步。机械手插刀。机械手上升,把两侧刀具分别插入主轴巢和刀套内。

第七步。夹紧刀具。一旦刀具插入主轴巢后,刀柄自动夹紧机构即夹紧刀具。

第八步。机械手逆时针方向反转 75°。一旦自动夹紧机构夹紧刀具后,机械手放开所抓的两侧刀柄,逆时针方向转过 75°,返回到原来位置上。

第九步。刀套 4 重新向上翻转 90°。刀套 4 带着刚调换下来的刀具,一起向上翻转 90°,与刀库上的其他刀具一样,都呈水平位置安置在各自的刀套内。

5.1.2.1.3　机械手的机械结构。图 5.6 所示为加工中心上换刀机械手的结构,由手臂 1 和固定其两端的两只手爪 7 组成。手爪抓刀的圆弧部分上有一锥销 6,机械手抓刀时,须插入刀柄的键槽中。一旦机械手从原始位置旋转 75°,抓住刀具时,爪子上的长销 8 分别被主轴前端面和刀库上的挡块压下,使轴向长槽的活动销 5,在弹簧 2 的推动下右移,顶住刀具。而当机械手拔刀时,长销 8 与挡块脱离接触,锁紧销 3 被弹簧 4 弹起,使活动销 5 顶住刀具,不能后退。这样,机械手在回转 180°交换刀具时,刀具不会甩出。当机械手上升插刀时两长销 8 分别被压下,锁紧销 3 从活动销的孔中退出,松开刀具。机械手便翻转,逆时针方向回转 75°脱离刀柄,返回原始位置上。

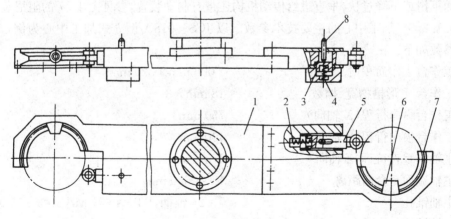

图 5.6　机械手结构
1-手臂;2、4-弹簧;3-锁紧销;5-活动销;6-锥销;7-手爪;8-长销

5.1.2.2　传动系统。

5.1.2.2.1　主传动系统。主电动机采用 AC 伺服无级变速电动机,最大输出功率为 15 kW,连续运转输出功率为 11 kW,经传动比 1/2 的同步齿形带轮副,直接驱动机床主轴,没有其他齿轮变速机构等任何变速系统。主轴转速的恒功率范围宽,低转速的扭矩

大,构件的刚度高,可进行强力切削。运转时噪声低,振动小,热变形小。主传动链短而简单,是现代加工中心的发展主流方向。主传动链传动路线表达式为 AC 电动机-①-D_1/D_2-⑪(主轴)。

5.1.2.2.2 进给传动系统。加工中心沿三个坐标轴的进给运动和调整运动,分别由三台 DC 伺服电动机独立驱动各自的滚珠丝杆,以达到较高的传动精度。电动机轴和滚

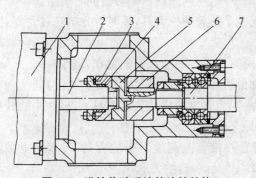

珠丝杆间采用高精度十字联轴器和锥形环无键连接结构,如图5.7所示,1 为 DC 伺服电动机,2 为电动机轴,7 为滚珠丝杠。电动机轴与轴套间采用锥形环无键连接结构,图中 4 为紧配合锥形环。这种连接结构不同于传统的键连接,是一种新颖的连接结构,可实现无间隙传动,从而使两连接件的同轴度较好,传递动力平稳,且制造时工艺性好,安装和维修方便。

图 5.7　进给传动系统的连接结构

1-DC 电动机;2-电动机轴;3、6-轴套;
4-锥形环;5-联轴节;7-滚珠丝杆

高精度十字联轴器的结构。与电动机轴连接的轴套 3 的端面上,有一中心对称凸键;而与丝杆连接的轴套 6 上,开有中心对称的端面键槽,中间为联轴节 5 的左右两端面上,分别有与中心对称且互相垂直的凸键和键槽,分别与两侧的轴套 3 和 6 紧配合,用来传递运动和扭矩。为了提高十字联轴节的传动精度,装配时,凸键和键槽的配合面要反复研配,以消除反向间隙,使传递平稳。

此外,由于垂直进给运动是由主轴箱沿立柱上下垂直运动,为了防止滚珠丝杆因不能自锁而下滑或下降过快,垂直进给传动机构还带有制动装置,参见图4-7的阻尼装置。

5.1.2.3　加工中心的主要技术参数。以 JCS-018A 型立式加工中心为例,其主要技术参数如下:

工作台工作面积(长×阔)	1 000 mm×320 mm
工作台 T 形槽槽宽、槽数	18 mm×3
工作台纵向行程(X 轴向)	750 mm
工作台横向行程(Y 轴向)	400 mm
主轴箱垂直行程(Z 轴向)	470 mm
主轴端面至台面距离	180~650 mm
主轴锥孔	7:24 锥柄,BT-45 号 MAS403-75 标准
主轴转速	22.5~2 250 r/min
主电动机功率	5.5~7.5 kW
进给速度(X、Y、Z 轴)	1~400 mm/min
进给电动机功率	1.4 kW
刀库容量	16 把
选刀方式	任选

最大刀具尺寸	$\phi 100 \sim 300$ mm
最大刀重	8 kg
刀库电动机功率	1.4 kW DC 伺服电动机
台面许用载荷	500 kg
钻孔范围	$\phi 32$ mm 以下
攻螺纹范围	M24 以下
铣削效率	110 cm^3/min
定位精度	± 0.012 mm/300 mm
压缩空气源	$5 \sim 7 \times 10^5$ Pa(帕),250 L/min
机床总重	5 000 kg
占地面积	3 280×2 300 mm

5.1.3　加工工艺的特点

加工中心是功能全面的数控机床,集铣削、钻削、镗削、铰削、攻螺纹和切螺纹于一体,具有各种工艺手段和加工方法,可供选用,其主要工艺特点如下:

5.1.3.1　采用加工中心加工工件,能在一次装夹中,将工件上各加工部位都加工出来,避免了工件因多次装夹而造成的定位误差和加工累积误差,确保工件上各加工部位间的位置精度。何况加工中心大多装备了半闭环伺服控制系统和闭环伺服控制系统,可纠正加工过程中的实际进给位移误差(见图 1.9、图 1.10),从而,可获得精确的定位精度和重现性,加工尺寸精度高,一致性好,显著减少了工件定位、安装、调整等辅助时间,节省了各工序用的专用和通用工艺装备,降低了生产成本。

5.1.3.2　加工中心上加工时,通常都采用连续进行粗加工和精加工工序。对于铸件和锻件毛坯,既有硬皮又有余量不均匀者,应先在通用机床上加工出光坯,然后,再在数控机床上进行粗加工和精加工。如图 4.30 所示的平面槽形凸轮的加工工艺过程那样。

5.1.3.3　加工中心加工时,可自动换刀,多工序连续加工,对刀具、夹具、工序间中间热处理等,都有新的要求,如粗、精加工刀具都应具有相应的刚度和不同的切削部分几何参数,刀具的长度、刀杆截面尺寸、重量都受到刀库、机械手的制约,不可超越机床规定的范围;工序间中间热处理,如调质、除应力处理等,须改为光坯在数控加工前的热处理;最终热处理也应改为可控气氛热处理,如光亮淬火等,不再进行磨削加工。

5.1.3.4　除了机床以外,还有相应的刀具、夹具系统、刀柄系统和刀具预调设备、检验工具等配套装备,要求操作者不仅具有较高的技术水平、谙熟的操作技能,而且爱岗敬业,精益求精。

5.1.4　加工对象

5.1.4.1　兼具平面和孔系加工的零件。工件在加工中心上经一次装夹后,可通过多次自动换刀,完成零件上平面的铣削,孔系的钻削、镗削、锪削、铰削和攻丝等多工步加工。因此,其首选的加工对象是既有平面又有孔系的零件。

5.1.4.1.1　箱体类零件。这类零件具有中空的内腔,各表面上又有多个孔系,如发动机缸体、变速箱体、机床主轴箱、进给箱、柴油机缸体和流体输送泵壳体、阀体等。这类零件都有配合要求的孔系,其轮廓和配合面须在不同工位上加工,尺寸公差和形位公差要求较高,同一个零件上须进行铣、镗、钻、扩、铰、锪、攻丝等多道工步。所使用的刀具和夹具等装备较多,如采用普通机床,必须先后在多台机床上多次定位、装夹、找正、测量次数多,工艺复杂,加工周期长,成本高,且加工精度不易保证。而在加工中心上加工,一次装夹,可完成普通机床上大部分加工内容,且加工精度易保证,一致性好,质量稳定,又能缩短生产周期,降低生产成本。对于加工工位较多,工作台须经多次旋转,才能完成各表面的加工者,可选用卧式加工中心;对于加工工位较少,端面上孔系加工要求较高者,可选用立式加工中心。

5.1.4.1.2　盘、套类零件。这类零件种类很多,常见的如齿轮、轴套、法兰盘、带轮端盖等。盘套类零件的主要加工表面,有孔、孔系、端面、内外圆和轮廓曲面。其工艺技术要求,除了加工表面本身的尺寸公差、形位公差和表面粗糙度要求外,还有内外圆的同轴度,端面与轴孔或孔系的垂直度要求。设计时,通常以孔中心线为设计基准,以端面作为轴向尺寸的设计基准,所以,加工时的工艺基准的选用,必须考虑到这些要求。

对于端面上分布着轴孔或孔系,以及需要曲面加工的盘套类零件,宜采用立式加工中心;对于需要径向孔或孔系加工的此类零件,可以采用卧式加工中心。

5.1.4.2　复杂曲面类零件。由复杂曲线或直素线构成的曲面类零件,如凸轮类、叶轮类和模具类零件,采用加工中心来加工这类零件是最佳选择。

5.1.4.2.1　凸轮类零件。各种曲线形式的盘形凸轮、圆柱形凸轮、圆锥形凸轮和端面凸轮等。根据凸轮曲线的形成形式,采用立铣刀、模具铣刀或成形铣刀,以三轴或多轴联动的方法在加工中心上加工,参见图4.30凸轮零件的铣削加工工艺过程,凸轮曲线上节点的数学计算,工艺基准和定位方法的选择等。

5.1.4.2.2　叶轮类零件　整体叶轮类零件,如涡轮机叶轮、高炉高温风机叶轮、船舶风机叶轮和舰船螺旋桨等。其中有一部分为直素线曲面,可采用立铣刀二轴半或三轴联动来加工,如图4.17所示的数控铣削加工路线。至于如螺旋桨叶面等空间复杂曲面的加工,就需要四轴甚至五轴联动的加工中心来加工,如图4.19所示,螺旋桨叶面空间复杂曲面的加工路线。

5.1.4.2.3　模具类零件。模具的种类很多,常用的有热冲压和冷冲压模具、压铸模具、注塑和吹塑成型模具以及橡胶成型模具等。由于采用加工中心加工模具时,加工工序高度集中,动模和静模的粗、精加工,可在一次安装中完成全部加工内容。尺寸累积误差和机加工后的修配工作量较少。加工件的尺寸一致性好,具有可靠的互换性。一般在加工中心上以三轴联动方式,采用球头模具铣刀进行加工,经过粗铣、精铣和清根等工步逐一加工,加工精度较高,尺寸一致性好。

5.1.4.3　其他类型的零件。

5.1.4.3.1　外形极不规则的特殊形状零件。许多不同几何元素综合构成的特形件,结构上转折多,截面大小不一,所以刚性较差,夹紧和切削变形难以控制,加工精度不易保证,尤其是某些奥氏体不锈钢材料的制件。因此,在普通机床上只能采用工序分散的原则加工,工艺装备多,生产周期长。这时可选用加工中心,利用其工序集中、多工位加工的特点,以适当的工艺路线,通过尽可能少的定位、安装次数,完成所需的加工内容。

5.1.4.3.2　高精度的小批量零件。鉴于加工中心加工精度高,尺寸稳定性好的特点,高精度零件应选用加工中心加工,容易获得所要求的尺寸公差等级和形位公差要求,以及可靠的互换性。

5.1.4.3.3　修改频繁的零件。新产品定型前,需要反复试验修改,尤其品种规格繁多、转型周期短而频繁的零件,选用加工中心加工,可省去普通机床加工时所需的大量工装。修订零件图后,只要修改相应的程序,适当地调整刀夹具就可加工,既节省费用,又缩短了生产周期。

5.2　加工中心上工件的安装、对刀与换刀

5.2.1　定位基准的选择

在加工中心上加工时,零件的装夹依然遵循六点定位原理。与普通机床一样,选用定位基准时,须顾及各工位的加工要求,即能保证工件定位准确、夹具结构简单、装夹可靠方便,各工序尺寸数学计算简易,同时保证零件图精度要求。

5.2.1.1　基准重合原则。尽量选用零件的设计基准作为定位基准,不仅可以避免因基准不重合而引起定位误差,提高了加工精度,而且还可以简化程序编制,减少数学计算工作量。根据这一原则,在拟订零件加工方案时,先按基准重合原则,选取最适宜的零件加工基准为精基准,安排该零件全部加工路线。通常在开始粗加工时,先选定粗加工基准,然后,在普通机床或其他机床上进行粗加工,将精基准加工出来。下道工序就在加工中心上继续完成。这样,就易于保证加工表面之间的加工精度。

5.2.1.2　基准不重合时的加工方案。当零件的定位基准与设计基准不能重合,而且加工表面与设计基准又不能在一次装夹中完成加工时,须仔细分析装配图和零件图,搞清楚该零件设计基准的功能要求,再经尺寸链计算,制订出定位基准与设计基准之间的尺寸公差范围,从而量化规定了各加工部位与设计基准之间的几何关系,以保证各道工序的加工精度。参见图 2.61 所示的编程原点与设计基准不重合时的工艺尺寸链,以及工序尺寸及其偏差的计算。

5.2.1.3　一次装夹中,尽可能完成较多的加工内容,尤其是关键部位的精加工。在加工中心上,不可能在一次装夹中完成设计基准在内的全部加工表面时,应设法在同一工艺基准下,完成各关键部位的精加工和尽可能多的加工内容,为此,定位方式的选择,须顾及各个表面都能加工到。除回转体零件外,通常最理想的是一面两孔定位方案,以便除了定位面外,其他表面都能进行加工。当工件上找不到相应的孔时,可添加工艺孔供定位之用。参见图 4.34 一面两销定位装夹方案。

5.2.1.4　批量加工时,零件的定位基准应尽可能与对刀基准相互重合。因为一经对刀,工件坐标系原点与对刀基准间的距离即为一定值尺寸。首件对刀后,即加工整批零件。将建立工件坐标系的对刀基准与零件安装时的定位基准相互重合,也就是直接按工件的定位基准对刀,这就减少了对刀误差。

5.2.1.5　加工过程中,工件要多次重新安装时,应遵循基准统一原则。图 5.8 所示为立铣头体零件图,其中孔 $\phi80H7$、$\phi80K6$、$\phi90K6$、$\phi95H7$、$\phi140H7$ 和 $\phi80K6$、$\phi90K6$ 两孔的端面都需在卧式加工中心上加工。完成上述加工需要作两次定位安装:第一次装夹加工 $\phi80H7$、$\phi80K6$、$\phi90K6$ 三孔和 $\phi80K6$、$\phi90K6$ 两孔的端面;第二次装夹加工 $\phi95H7$、$\phi140H7$ 两孔。为保证孔与孔之间、孔与平面之间的位置公差要求,前后两次定位安装,都应采用同一个定位基准,即遵循基准统一原则。按照该零件的具体结构和技术要求,可选用底面 A 和底面上的两个定位螺钉孔作为定位基准。为此,应在前道工序中,加工出底面 A 和两孔 $\phi16H6$。随后的两次定位装夹,都以底面和 $\phi16H6$ 两孔定位,减少了因定位基准转换而引起的定位误差,如图 4.34 所示。

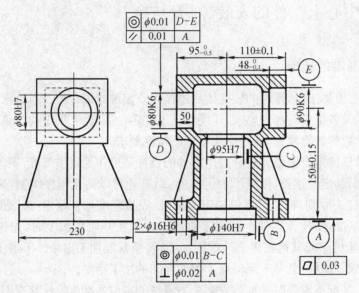

图 5.8　立铣头体零件图

5.2.2　夹具的选择

5.2.2.1　对夹具的基本要求。加工中心上用的夹具,其设计原理与普通机床上的通用夹具是一样的。这里仅就加工中心的特点,对所用夹具提示若干要求:

5.2.2.1.1　夹具上的任一元件不能与加工过程中的切削运动或进给运动发生干涉,工件的加工部位要敞开,不得因夹具而受阻。夹具上各元件与工件加工面之间,应间隔足够的安全距离,夹紧机构上元件应尽可能低些,防止与加工中心主轴轴套或刀具发生碰撞。图 5.9 所示为在加工中心上以立铣刀铣削工件上的六边形,若用螺栓-压板夹在工件的边缘,如 A 面上,则会与刀具发生干涉,如按图 5.9 所示,压在顶部,如 B 面上,且压板不要伸展到顶面宽度之外,就不会影响刀具的进给运动。

图 5.10 所示为卧式加工中心上加工箱体类零件,这时,可利用箱体零件的内部孔腔来安装夹具,其四周的被加工表面就都敞开着,不会干涉主运动和进给运动。

5.2.2.1.2　为了保证工件的安装方位与机床坐标系和编程坐标系方向的一致性,夹具应能使工件在机床上实现定向安装;还要求能使工件的定位面与机床之间保持恒定的

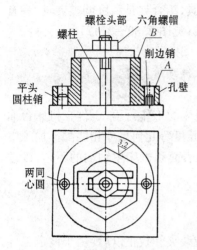

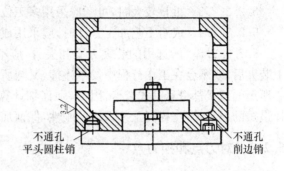

图 5.9　不影响进给的装夹装置　　　图 5.10　敞开着加工表面的装夹装置

坐标关系。参见图 4.31 槽形凸轮光坯的定位。

5.2.2.1.3　夹具的刚性和稳定性要好。除了设计的夹具结构和材料选用上须保证具有足够的刚度和稳定性外,考虑夹紧力方案时,施力点应力求靠近支承点或在支承点组成的三角区内,且靠近切削部位或刚性足够处。粗加工时,切削力大,所需的夹紧力也大,又要防止零件发生变形。因此,须慎重选择夹紧力施力点,避免将夹紧力施加在零件上无支承部位。即使如此,仍不能控制零件的变形,就应把粗、精加工工序分开;或在粗加工工序后,编一个任选停止指令程序段,松开夹具,使工件充分释放应力后,在较小夹紧力下重新装夹,再进行精加工工序。

5.2.2.1.4　装拆快捷方便。由于加工中心生产效率高,装夹工件时所耗的辅助时间,也直接影响机床的生产效率,所以要求配套的夹具,使用时应快捷方便。

5.2.2.1.5　零件外形结构较小时,可采取一次装夹,顺序加工不同表面的加工方案,如图 2.8 所示;也可采用多工位加工方案,如图 2.9 所示。从而,减少停机时间和换刀次数。

5.2.2.1.6　夹具结构应力求通用化、标准化。加工中心大多用在加工批量小、更新周期短的零件,夹具的标准化、通用化和简单化,对提高加工效率,降低加工费用十分重要。

5.2.2.1.7　夹具结构须与机床相应结构互相适应。以便减少更换夹具的辅助时间;也便于与机床台面的定位连接。加工中心台面上都有 T 形槽、回转工作台中心有定位孔、工作台侧面设有定位挡板等定位元件,夹具在台面上安装时,须与定位孔或 T 形定位槽对准,以保证编程原点的位置。此外,加工中心上加工的零件批量不大时,须经常调换夹具、调整位置,时间一长,容易磨损机床台面 T 形定位槽,因此,在夹具连接螺栓上套上与机床 T 形槽侧面滑动配合的淬硬导套,以便夹具在台面上定位装夹时,避免吊紧螺栓磨损机床台面定位槽。从而,既延长了机床的精度寿命,又保证了夹具上的定位孔或槽,与机床台面上 T 形槽或定位孔间位置公差精度的要求。

5.2.2.2　选用夹具的基本原则。选用夹具时,应根据零件加工精度等级、结构特点、生产批量和所用机床精度等,综合考虑而定。

5.2.2.2.1 单件生产或开发试制时,应采用通用夹具、组合夹具和可调整夹具,只有在这类夹具都不适用时,才考虑采用专用夹具等其他夹具(见图2.39～2.42)。

5.2.2.2.2 成批生产时,可考虑采用专用夹具。

5.2.2.2.3 批量较大时,可考虑采用多工位和液压、气动等夹具。

5.2.2.2.4 成组工艺加工零件时,应采用成组夹具。

5.2.2.2.5 所选用的装夹方案和夹具,应不影响机床的工作行程,工件在机床台面上装夹后,既不会在工作行程中发生碰撞,又与所用刀具长度等几何尺寸相匹配。加工中心所用的刀具都呈悬臂式装卡,因而,须仔细计算各加工表面到机床主轴端的距离,以选择最短的刀具长度,提高工艺系统的刚性,保证加工精度。

5.2.3 对刀点和换刀点

5.2.3.1 对刀点的设定。工件在机床工作台上定位装夹和找正以后,用于设定工件坐标系在机床坐标系中位置的点,称为对刀点。为了保证加工精度,编程时,应合理设定对刀点,且在程序一开始就输入和执行此程序段,机床执行部件才能精确加工。为方便起见,加工中心上的对刀点,可设定在工件坐标系的原点上(X_0, Y_0),也可在X、Y轴方向的某点上。这样,有利于提高对刀精度,减少数学计算和对刀误差。当然,批量加工时,对刀点不设置在工件上,而设定在已将工件找正、定位、装夹的夹具元件上,这样,可直接以夹具定位元件的某点对刀,有利于批量加工时,工件坐标系位置的精确定位。

5.2.3.2 换刀点的设定。加工中心是使用多种刀具进行加工的机床,工件加工过程中,需经常更换刀具,在编制程序时就应设定换刀点。换刀点的位置应按照换刀时不致碰到工件、夹具和机床的原则而定。所以,加工中心的换刀点通常设定在工件外侧,不致发生换刀阻碍的某点处。

5.2.4 对刀方法

5.2.4.1 百分表找正对刀。图5.11所示为回转形工件的对刀方法和步骤,其操作要领,将百分表磁性表座固定在机床主轴端;手动输入M03 S5,使主轴顺时针方向转动,转速为5 r/min低速转动;工件已夹固在机床台面上,手动方式使X、Y、Z轴都分别回零,返回参考点;手动操作移动Z轴,使百分表量头进入工件被测孔内;传动手摇轮,脉冲发生器以低速移动X、Y轴,百分表量头轻轻触及孔壁,指针传动约0.1 mm为止;缓缓转动手摇轮,调整X、Y轴向位置,当达到主轴一整转下,百分表指针偏跳量刚好处在许用对刀误差范围内,<0.02 mm,这表明了机床主轴旋转中心与工件上被测孔的中心线已基本重合,且机床CRT显示屏显示的参考坐标X、Y值,即为零点偏置准备功能指令G54～G59对刀方式所建立的工件坐标系原点的坐标。这些指令可通过机床操作面板,预先输入储存器内,供加工时调用。有些型号的加

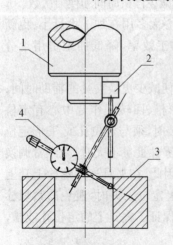

图5.11 用百分表找正对刀
1-加工中心主轴;2-磁性表座;
3-工件;4-百分表

工中心,则以工件坐标系设定准备功能指令 G50 或 G92 建立工件坐标系,这时,以刀具当前所处的起始点来确定工件坐标系原点位置,用绝对坐标系编程,须随该机床的数控系统而定,使用前,须先查看机床说明书,参见节 4.3。

5.2.4.2　除了百分表找正对刀外,也可采用寻边器、试切法、Z 向设定器对刀,机外对刀仪对刀,均参见节 4.3。

5.2.4.3　刀具预调。刀具预调是加工中心使用过程中必需的工艺准备操作内容。完成了零件加工工艺设计后,根据所选的加工方法和加工要求,确定各加工工序所用刀具装上刀柄后的轴向尺寸和径向尺寸,并填写在零件数控加工工艺卡和刀具卡上,供操作人员直接使用。图 5.12 所示供工件孔精加工用的精镗刀,加工前,精确调整其刀尖相对于主轴旋转中心线的径向尺寸和位置,以及相应于工件上切削深度的轴向尺寸和位置。当然,测量刀具的径向、轴向尺寸,也可在机床上完成,刀具组件由刀库安装到机床主轴上后,定位于规定位置,使刀尖刚好触及某一已知表面,将显示屏上显示的数据,输入机床控制器中,就可获取刀具长度和刀具直径的精确尺寸。由于刀具预调是经实际切削时使用的机床和刀具完成的,其精确性

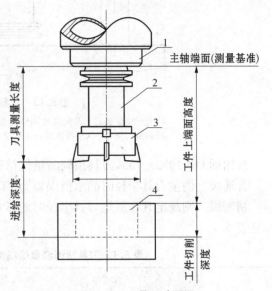

图 5.12　刀具尺寸预调
1-加工中心主轴端;2-刀柄;3-精镗刀;4-工件

毋庸置疑。可是其缺点是调整机床和测量刀具,浪费了切削加工时间,所以,使用 CNC 机床机内测量和预调刀具尺寸,花费太大。而且在机床上预调刀具尺寸,也不方便,因为刀具连同刀柄锁紧在机床主轴上,操作人员须卸下来进行调整;此外,机上预调时,操作人员不易检查刀具刃口缺陷和多刃刀具的径向圆跳动误差,也更难修正。因此,刀具预调宜在机外进行,常用的测量工具和仪器有:光学比较仪、双坐标测量仪和刀具预调仪,尤以预调仪最为适宜。

图 5.13 所示的预调仪由三部分组成:标准刀柄及其定位机构,包括回转精度很高的转轴,带动转轴回转的传动机构和拉紧刀柄的拉紧机构。光学测量头把被测刀具 4 的切削刃投影到网格投影屏上,并在 X、Z 轴数显屏上显示刀尖的 X、Z 轴尺寸 6,即刀具的轴向、径向尺寸值。预调仪也可与机外对刀仪通用,参见节 3.2。

刀具预调仪的类型和选用,按其使用功能可分为:

镗削类刀具预调仪。用于测量镗刀、铣刀和其他带柄刀具刀尖的径向、轴向尺寸和位置。

车削类刀具预调仪。用于测量车刀刀尖的径向、轴向尺寸和位置。

综合类刀具预调仪。既能用于测量带柄刀具,又能测量车刀刀尖的径向、轴向尺寸和位置。

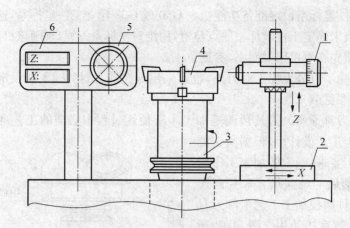

图 5.13   刀具预调仪

1-光学测量头;2-X 向移动调整滑板;3-标准刀柄及其定位机构;
4-被调刀具;5-网格投影屏;6-X、Z 轴数显测量值

按国标 GB 10921—89《刀具预调测量仪精度》规定精度级别可分为:

普通级   测量刀具半径时的示值误差为 IT7～3 级。

精密级   则规定其在测量刀具半径时的示值误差可达 IT5～3 级。各项相关精度指标见表 5.1。

表 5.1   刀具预调测量仪精度/国标 GB 10921—89

项　　目			精密级	普通级
主　轴　轴　向　窜　动			0.003	0.005
主轴径向圆跳动	轴向 300 mm 范围内		0.005	0.010
仪器测量系统准确度	径向任意 150 mm 范围内		0.005	0.010
	轴向任意 300 mm 范围内		0.015	0.030
仪器示值误差值	径向	<80 mm	±0.004	±0.010
		>80 mm	±IT5～3	±IT7～3
	轴向	<80 mm	±0.007	±0.015
		>80 mm	±IT5～2	±IT7～2
仪器示值稳定性	径向		0.003	0.010
	轴向		0.005	0.015

实际加工过程中,还存在着刀具本身的制造误差、机床精度和传递误差等,所以通常用精密级刀具预调仪,调整刀具后的加工误差仍达 IT5～7;而普通级刀具预调仪,调整刀具后的加工误差为 IT7～9。用户可按本企业加工精度要求,作恰当选用。而且在使用过程中,还须定期进行精度鉴定,以保证其精度稳定性。

5.3　加工中心的操作方法

5.3.1　FANUC‑6ME 机床数控系统的控制面板和机床操作面板

JCS‑018A 型加工中心是由北京机床研究所生产的镗削类加工中心,采用 FANUC‑6ME 计算机数控系统。操纵台置于机床右上方,数控系统控制面板和机床操作面板,都列于操纵台台面上。数控系统控制面板在上方,下面是机床操作面板。

5.3.1.1　数控系统控制面板(CNC 面板)。该机床的数控系统控制面板由两部分构成。台面左上方为 CRT 显示器,右上方为 MDI(Manual Data Input,手动输入数据)键盘。CRT 显示器左侧为数控系统的电源按钮,如图 5.14 所示。

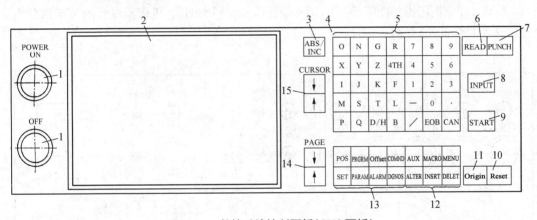

图 5.14　数控系统控制面板(CNC 面板)

5.3.1.1.1　数控系统电源按钮。电源接通按"ON"键;电源断开按"OFF"键。

5.3.1.1.2　CRT 显示器。显示机床的各项功能及其参数。

5.3.1.1.3　绝对/相对(ABS/INC)坐标变换。"ABS"表示 MDI 指令是绝对坐标指令;"INC"表示 MDI 指令是相对坐标指令。

5.3.1.1.4　手动数据输入(MDI)键盘。键盘上分为下列各不同用途的键区:

5.3.1.1.5　数据输入键区。有 35 个按键,向数控系统存储器输入程序时,可用这些键输入字母、数字、符号等,键入的字符都在 CRT 显示器屏上显示。其中,程序结束(EOB,End of Block)键,用于输入程序段结束符号,如";"。删改(CAN)键,用于删改掉已输入到存储器内的最后一个字符。

5.3.1.1.6　阅读(Read)键,用于通过光电阅读机读入程序。

5.3.1.1.7　穿孔(Punch)键,用于穿孔带输入程序。

5.3.1.1.8　输入(Input)键,用于输入参数或补偿值。

5.3.1.1.9　启动(Start)键,用于执行手动数据输入(MDI)指令。

5.3.1.1.10　复位(Reset)键,用于在机床自动运行过程中,停止其动作和运动。

5.3.1.1.11　原点(Origin)键,用于相对坐标系和工件坐标系,执行坐标数据的清空操作。

5.3.1.1.12　程序编辑键区：修改(Alter)键用于修改程序；插入(Insert)键，用于插入程序；删除(Delete)键，用于删除程序。

5.3.1.1.13　功能键区：位置(POS)键，用于在 CRT 显示屏上，使显示当前的刀具位置。程序(PRGRM)键，用于在程序编辑(EDIT)方式下，编辑和显示内存中的程序；在手动数据输入(MDI)方式下，输入和显示手动输入数据；在机床运行时，显示程序指令。偏置量(OFFSET)键，用于设置和显示刀具的偏置量。指令(COMND)键，用于显示指令值和由手动数据输入(MDI)的指令。设定(SET)键，用于菜单和数据的设定与显示。参数(PARAM)键，用于参数的设定和显示。报警(ALARM)键，用于显示报警，并提供报警原因。自诊断(DGNOS)键，用于显示和改变系统参数和显示系统自诊断数据。

5.3.1.1.14　页面(Page)键，用于翻页。按"↑"键，向前翻；按"↓"键，向后翻。

5.3.1.1.15　光标移动(CURSOR)键，用于上下移动光标。按"↑"键，光标向上移；按"↓"键，光标向下移。

5.3.1.2　机床操作面板(MCP，Machine Control Panel)。机床操纵台的下半部分为该机床的操作面板，如图 5.15 所示。

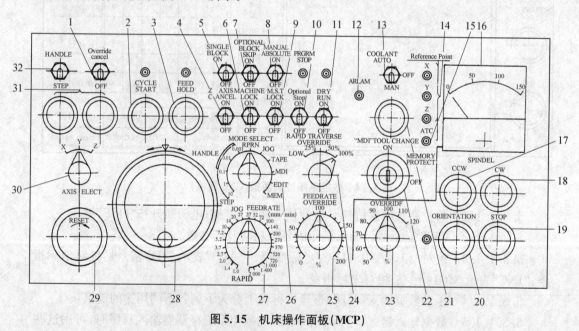

图 5.15　机床操作面板(MCP)

5.3.1.2.1　倍率无效(Override Cancel)开关。当该开关置于"ON"位置时，任何倍率均无效；开关置于"OFF"位置时，倍率选用均有效。

5.3.1.2.2　循环启动(Cycle Start)键。该键仅用于存储器(MEM)、手动数据输入(MDI)和纸带(Tape)运行模式时。按下此键，启动加工程序，自动运行开始，这时，键上方的绿色指示灯亮。

5.3.1.2.3　进给保持(Feed Hold)键。当机床自动运行时，按下此键，则循环启动键指示灯熄，进给保持键上方的红灯亮，机床减速停止。

5.3.1.2.4　Z 轴锁定(Z Xeis Cancel)开关。当开关置于"ON"位置时，主轴不转动，取消了主轴的各种运动。

5.3.1.2.5　单程序段(Single Block)开关。当开关置于"ON"位置时,每按一次循环启动按钮,机床自动运行一个程序段指令;当开关置于"OFF"位置时,按下循环启动键,程序连续执行。

5.3.1.2.6　机床锁定(Machine lock)开关。当开关置于"ON"位置时,程序照样运行,而机床各轴都不运动。

5.3.1.2.7　跳过任选程序段(Optional Block Skip)开关。当开关置于"ON"位置时,机床自动运行下,跳过有"/"符号的程序段,不执行;当置于"OFF"位置时,不管有无"/"符号,每段都执行。

5.3.1.2.8　手动绝对值(Manual Absolute)开关。机床自动运行暂停时,用于手动模式下移动坐标轴,并选择是否将手动模式下的移动量加入绝对值中。

5.3.1.2.9　辅助功能锁定(M. S. T Lock)开关。开关置于"ON"位置时,主轴不转,刀库无动作,机床各坐标轴仍运动。

5.3.1.2.10　选择停止(Optional Stop)开关。开关置于"ON"位置时,机床自动运行下,执行了 M01 指令后,循环中止,其上的指示灯亮;当开关置于"OFF"时,M01 指令无效。

5.3.1.2.11　试运行(Dry Run)开关。程序试运行时,开关置于"ON"位置上,则指令"F"无效,其上方指示灯亮。

5.3.1.2.12　报警指示(Alarm)灯。红灯亮,显示机床出现异常情况,自动报警。

5.3.1.2.13　冷却液(Coolant)开关。控制冷却液泵的开停。

5.3.1.2.14　X、Y、Z 轴参考点指示灯(Zero X、Zero Y、Zero Z)。各轴抵达参考点,指示灯亮。

5.3.1.2.15　刀库返回参考点指示灯。当刀库返回参考点,进入换刀位置时,指示灯亮。

5.3.1.2.16　主轴负载表(Spindle Electrodynamo Meter)。动态检测主轴电动机输出功率。

5.3.1.2.17　主轴逆时针转向(CCW,Counter Clock Wise)键。按下此键,主轴逆时针方向旋转。

5.3.1.2.18　主轴顺时针转向(CW,Clock Wise)键。按下此键,主轴顺时针方向旋转。

5.3.1.2.19　主轴停止(Stop)键。按下此键,主轴停止转动。

5.3.1.2.20　主轴定位(Spindle Orientation)键。手动时,用于使主轴定位在所需位置上,当定位一完成,其左侧指示灯亮。

5.3.1.2.21　自动换刀装置(ATC,Automatic Tool Changer)键。在规定工作模式下,按下此键,刀库返回参考点,ATC 指示灯亮。然后,使主轴定位,在手动数据输入模式下,按下此键,完成换刀过程。

5.3.1.2.22　存储器防护(Memory Protection)钥匙开关。当输入或编辑程序时,把该开关置于"ON"位置;其他操作时,置于"OFF"位置。

5.3.1.2.23　主轴转速倍率(Override)旋钮开关。自动运行时,用于调整由 S 代码设定的主轴转速,从 50%～120%,每一分度,增加 10%,分 8 档。只在执行 G74、G84 时无效。

5.3.1.2.24　快速移动倍率(Rapid Traverse Override)旋钮开关。用于调整机床坐

标轴快速移动速率,分四档,开关在 100% 位置时速率为 14 m/min;50% 时,速率为 7 m/min;25% 时,速率为 3.5 m/min;最低一档时速率为 1 m/min。当快速定位(G00)、返回参考点(G27、G28、G29)和固定循环时的快速进给、快速退回,均需使用它。

5.3.1.2.25　进给倍率(Feedrate Override)旋钮开关。程序中 F 代码设定的进给速度,由此开关进行调整,调整范围为 F 值的 0～200%,共 20 档,每档增加 10%,如试运行等使用,以节省时间。

5.3.1.2.26　操作模式选择(Mode Select)旋钮开关。该机床设有 8 种操作模式,选用时,只要将此旋钮转至所需模式。

5.3.1.2.27　手动选择进给速率(JOG Feedrate)旋钮开关。机床设有 25 档连续进给速率,从 1.0～14 000 mm/min(X、Y 轴)和 10 000 mm/min(Z 轴)。

5.3.1.2.28　手摇脉冲发生器(MPG,Manual Pulse Generator)或简称手摇轮(Handle)进给。在选定的操作模式下,转动手摇轮,可使任一坐标轴作进给运动。

5.3.1.2.29　紧急停止(Emergency Stop)键。按下此键,除润滑油泵外,机床主轴的移动、各坐标轴的进给运动、刀库转位和换刀运动等都全部停止。当排除故障后,顺时针方向转动此键,即能弹起复位(Reset),解除紧急状态。

5.3.1.2.30　坐标轴选择(Axis Election)旋钮开关。在规定的操作模式下,将旋钮转至所需坐标轴位置上,使该轴进行所需运动。

5.3.1.2.31　坐标轴移动方向(Axis Traverse Direction)键。在设定的操作模式下,按下"+"键,该坐标轴正向移动;按下"-"键,反向移动。

5.3.1.2.32　手摇轮/增量进给(Handle/Step)转换开关。在规定的操作模式下,该开关转至手摇轮进给,就沿手摇轮转向,移动坐标轴;当转至增量进给时,则每按一次,相关坐标轴移动一步,所以增量进给键,又称步进给键。

5.3.1.3　手持脉冲发生器(Manual Pulse Generator)。供操作者手持该仪器进行离机操作。如图 5.16 所示,它由手摇脉冲发生器、坐标轴选择旋钮开关等组成。将旋钮上设定的坐标轴,指向机床上相应轴,摇动发生器,机床就会移动该坐标轴。进给倍率旋钮可控制进给量精确度,当手摇轮每转过一格刻度,其进给量有三档倍率:X1 为 0.001 mm;X10 为 0.01 mm;X100 为 0.1 mm。

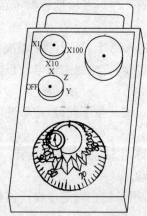

图 5.16　手持操作盒

(Manual pulse Generator MPG,
手持脉冲发生器)

手摇脉冲发生器,简称手摇轮,按+、一方向转动时,实现机床上该坐标轴的缓慢移动或进给。

5.3.2　操作方法

5.3.2.1　电源的接通与开断。

5.3.2.1.1　电源的接通。接通前,应检查电源开关柜的空气开关是否已合上,关上柜门后,再合上主电源开关;然后,按下数控系统控制面板左侧的电源接通"ON"按钮,接通数控系统电源。此时,CRT 显示屏上已显示 X、Y、Z 轴的坐标值,加工工艺过程开始启动。

5.3.2.1.2　电源的开断。当机床自动加工过程结束,循环启动(Cycle Start)键指示灯自动熄灭,机床停止运动,按下控制面板上电源断开"OFF"键,断开数控系统电源,最后,断开主电源开关。

5.3.2.2　操作模式的选用。转动操作模式选择旋钮,参见图 5.15,选用所需的操作模式。

5.3.2.2.1　编辑(Edit)模式。在这一模式下,可完成下列工作:

5.3.2.2.1.1　将工件的加工程序手动输入到机床存储器内。

5.3.2.2.1.2　对存储器内的程序进行修改、插入或删除。

5.3.2.2.2　存储器(MEM)运行模式:

5.3.2.2.2.1　执行存储器中的程序,进行自动加工过程。

5.3.2.2.2.2　检索存储器内程序的顺序号。

5.3.2.2.3　手动数据输入(MDI)模式:

5.3.2.2.3.1　用手动数据输入键盘,把加工程序段,输入数控系统的存储器内,并作单程序段运行。

5.3.2.2.3.2　用手动数据输入键盘(见图 5.14 中的 4),把全部程序,手动输入到存储器内。

5.3.2.2.4　手动连续进给(JOG)模式。用手动模式,使 X、Y、Z 轴连续地进给或快速进给。

5.3.2.2.5　手动返回参考点(RPRN,Reference Point Return)模式。在此模式下,手动操纵机床,将 X、Y、Z 轴返回参考点。

5.3.2.2.6　手摇轮(Handle)模式。在此模式下,用手摇脉冲发生器,把 X、Y、Z 轴缓缓移动,每次只能操纵一根轴。

5.3.2.2.7　增量进给(Step)模式。在此模式下,每按一次"＋"或"－"键(见图 5.15 中的 31),可把所选坐标轴移动设定的进给量。

5.3.2.2.8　纸带(tape)运行模式。

5.3.2.2.8.1　可以运行纸带上的程序。

5.3.2.2.8.2　可以检索纸带上程序的运行号。

5.3.2.3　手动进给。

5.3.2.3.1　返回参考点操作。当机床电源刚接通或停电以后又接通电源,或急停和超程报警解除后,刚恢复工作时,必须作返回参考点操作:

5.3.2.3.1.1　将操作模式选择旋钮(见图 5.15 中的 26)转至手动返回参考点(RPRN)模式。

5.3.2.3.1.2　把坐标值选择旋钮 30(见图 5.15)置于所需移动的某一坐标轴上。

5.3.2.3.1.3　用快速倍率旋钮 24(见图 5.15),调整该坐标轴的移动速度。

5.3.2.3.1.4　当坐标位置离参考点较远时,按下坐标轴正向移动"＋"键,坐标轴即自动返回参考点,直至参考点指示灯亮为止。邻近参考点处,有一减速开关,一旦与运动部件接触,就会自动减速。如果一旦发生误操作,按错了"＋"、"－"键,则坐标轴负向移动

40 mm 左右，即自动停下，改按后，才可使之返回参考点。

如果机床通电后不久或按下了急停键 29（见图 5.15）后，指示灯虽未亮，但坐标位置已处在参考点。此时，应先按下"－"键，坐标轴位置先离开参考点，随后，再改按"＋"键，使之返回参考点。如果这时一开始就按"＋"键，则引起坐标轴超程，报警灯 12（见图 5.15）亮。解除这一误操作的方法：按着"－"键，转动手摇轮，使坐标轴反向移离，然后，重新返回参考点。

5.3.2.3.2　连续进给和快速移动。

5.3.2.3.2.1　转动操作模式选择旋钮（见图 5.15 中的 26），至手动连续进给（JOG）模式。

5.3.2.3.2.2　坐标值选择旋钮 30（见图 5.15）置于所需坐标轴上。

5.3.2.3.2.3　手动进给速率旋钮 27 置于选用的进给速度。

5.3.2.3.2.4　按着所需运动方向的"＋"或"－"键，使之移动所需的距离，一旦松开按钮，移动停止。

5.3.2.3.2.5　将旋钮 27 置于最高进给速率（Rapid）位置上时，各轴实现快速移动，X、Y 轴达 14 m/min，Z 轴达 10 m/min。

5.3.2.3.3　手摇轮进给。

5.3.2.3.3.1　转动旋钮 26（见图 5.15）至手摇轮（Handle）模式，有三档速率可供选用：0.001 mm/格、0.01 mm/格和 0.1 mm/格。手摇轮转一整圈为 100 格，所以转过一整圈时，坐标轴移动 0.1～10 mm，无论转速大小，坐标轴最高移动速度也不会超过 3 m/min。

5.3.2.3.3.2　转换开关 32（见图 5.15）置于手摇轮模式（Handle）位置上。

5.3.2.3.3.3　旋钮 30 转至所需坐标轴上。

5.3.2.3.3.4　转动手摇轮，顺时针方向转，可正向移动；逆时针方向转，可反向移动。

5.3.2.3.4　增量进给。

5.3.2.3.4.1　转动旋钮 26（见图 5.15）至增量进给（Step）模式，有五档运动量可供选用：0.001、0.01、0.1、1、10 mm/次。

5.3.2.3.4.2　转换开关 32（见图 5.15）置于增量进给（Step）模式上。

5.3.2.3.4.3　旋钮 30 转至所需坐标轴上。

5.3.2.3.4.4　旋钮 27（见图 5.15）转至所选的手动进给速率。

5.3.2.3.4.5　按下键 31 的"＋"或"－"键，每按一次，该坐标轴沿所选方向按选用的移动量和进给速率移动一步，所以也称为步进给。

5.3.2.4　自动运行。

5.3.2.4.1　启动。

5.3.2.4.1.1　启动前，先将各坐标轴均返回参考点。

5.3.2.4.1.2　选定将运行的程序号。

5.3.2.4.1.3　转动旋钮 26，置于存储器（MEM，Memory）运行模式。

5.3.2.4.1.4　按下键 2（见图 5.15），其上的绿色指示灯亮，自动运行开始。

5.3.2.4.2　运行时,可能使用的开关

5.3.2.4.2.1　进给保持键 3(见图 5.15)。自动运行时,按下此键,则键 2 的指示灯熄,键 3 的红色指示灯亮,此时,正在自动运行的各坐标轴都减速停止。

正在执行 G04 暂停指令时,则暂停功能中断,余下的暂停时间被保留着。

正在执行的辅助功能指令 M、主轴功能指令 S、进给速度指令 F、刀具号指令的动作完成后,机床停下。

解除该状态的操作方法:按下键 2(见图 5.15),这时,被保持着的各坐标轴又自动运行,完成余下的移动量;在 G04 暂停指令时被保持的,会继续完成 G04 指令至暂停时间结束为止。

5.3.2.4.2.2　选择停止开关 10(见图 5.15)。自动运行时,对工件工序间尺寸等需要检查时,把此开关置于"ON"位置,则机床执行 M01 指令的程序段后,循环中止,指示灯亮,机床处于暂停状态。如再按下键 2,机床会继续自动运行。把开关置于"OFF"位置时,M01 指令无效。

5.3.2.4.2.3　辅助功能锁定开关 9(见图 5.15)。自动运行时,把此开关置于"ON"位置时,主轴不转,刀库无动作,机床各坐标轴仍运动,由数控系统执行的指令 M00、M01、M02、M30、M98、M99 依然执行。而当执行完含指令 M00 或 M01 的程序段后,程序停止,开关 10 右上面的(PRGRM STOP)指示灯亮。

5.3.2.4.2.4　冷却液开关 13(见图 5.15)。将开关置于自动(AUTO,Automatic)位置时,由程序上 M 代码指令控制切削液的开停;置于手动(MAN,Manual)位置时,任何操作模式下,都用切削液;处于"OFF"位置时,泵停止工作。

5.3.2.4.2.5　紧急停止键 29(见图 5.15)。无论在手动或自动运行时,一旦出现故障或异常状态,须立即中止加工过程,停止运动。按下操作面板上左下角红色紧急停止键 29,机床的主运动、进给运动、刀库换刀运动等全部停止。排除故障后,顺时针方向转动此键,即可弹起复位,解除急停状态。但要重新恢复运行,须先完成手动返回参考点操作。

当然,在上述状况下,也可按进给保持(Feed Hold)键 3(见图 5.15),实现暂停。

5.3.2.5　换刀操作。无论是立式加工中心,还是卧式加工中心,都要完成多工序加工,而配有一套换刀装置,既可进行手动换刀,也可自动换刀。

5.3.2.5.1　手动换刀操作。

5.3.2.5.1.1　刀库返回参考点。将操作模式选择(Mode Select)旋钮 26(见图 5.15)转至手动连续进给(JOG)模式、手摇轮(Handle)模式或增量进给(Step)模式,按下自动换刀装置(ATC)键 21(见图 5.15),其右侧的指示灯亮,刀库返回参考点,也就是刀库上的 1 号刀套,定位在换刀位置上。

当机床通电后,自动运行开始前或调整刀库时,刀套不在定位位置上,以及向刀号存储器输入刀号之前,都要完成此操作。

5.3.2.5.1.2　换刀操作步骤:以手动方式使 Z 轴返回参考点(参见节 5.3.2.3.1);将操作模式选择(Mode Select)旋钮 26(见图 5.15)置于手动数据输入(MDI)模式上;输入刀号代码 Txx,刀库转动,将插有 Txx 刀号刀具的刀套定位于换刀位置上;输入 Txx M06

指令,使刀具交换实现连续动作,其中包括主轴定向准停动作,将现在位于换刀位置上的刀具和主轴上的刀具实现交换;输入下一把刀的刀号代码,则刀库又转动,将下一把刀转到换刀位置上,以供下次换刀。

5.3.2.5.2 自动换刀程序。加工中心上自动换刀方式有两种,一种是采用跟踪换刀,即主轴运转到任一位置时,刀库和换刀机械手都可执行换刀程序。大多数加工中心都采用另一种方式,定距换刀,其换刀位置规定于机床参考点上,也就是机床主轴带着刀具返回主轴零点上,才进行换刀。

换刀程序的编制,包括两部分内容,即选刀和换刀。在调整机床时,按加工程序的要求,将刀具分别装入刀库内,并将相应的地址和刀号输入数控系统中。选刀指令用代码 Txx 表示,其中 T 为地址码,后面的数字是刀号。输入选刀指令程序段 Nxx　Txx,就选取了 xx 号刀具,刀库内的该号刀具将随刀库转动到换刀位置上,以便下次换刀用。选刀和换刀分开执行,选刀动作,可与机床现用刀具的加工过程一起进行,即利用现在的加工时间,预先选好了下一把刀具,而节省时间。换刀必须在主轴定向准停条件下执行,就立式加工中心而言,其换刀点通常规定在机床 Z 轴的零点处,如图 5.17 所示。

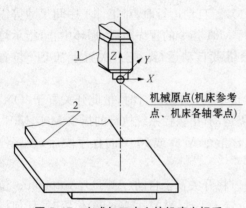

图 5.17　立式加工中心的机床坐标系

1-主轴箱;2-工作台

在执行机床 Z 轴返回零点前,必须取消刀具半径补偿和长度补偿,以及已完成的固定循环,并使主轴停止运动;然后,使主轴(Z 轴)回零,返回机床参考点;随后,就可执行换刀程序段,将已选好的 Txx 刀具装到机床主轴上,最后,选好下次要换的刀具。

综上所述,加工程序中的刀具选取程序和换刀程序示例如下:

O0001	程序号
N01 T01;	选取一号刀,即将刀库上的 1 号刀进入换刀位置上;
⋮	使用现用刀具进行加工的各程序段;
N09 G80 G40 G49 M05;	换刀前,取消当前使用的固定循环、刀具半径补偿和长度补偿,主轴停止;
N10 G91 G28 Z0;	从当前位置上,直接返回机床 Z 轴参考点(Z 轴零点);
N11 M06;	执行换刀动作,把用毕的刀具从主轴上拔下,插入刀套,换上 T01 号刀具,并装上主轴;
N12 G00 Xxx Yxx T02;	在执行加工操作过程中,选取好 T02 号刀具,刀库转动,进入换刀位置;
⋮	使用 T01 号刀具进行加工的各程序段;
N30 M02	程序结束。

5.3.2.6　刀库上装刀

5.3.2.6.1　刀库返回参考点。当刀库不在所需定位点上时,须先完成刀库返回参考点操作,使刀库上的刀套进入换刀位置上,才能装刀。刀库一侧,设有一刀库回转键,每按一次,刀库顺时针方向转过一个刀位。

5.3.2.6.2　装刀操作步骤如下:

5.3.2.6.2.1　按下刀库转位键,使刀套转至装刀位置。

5.3.2.6.2.2　把刀具插入刀套。

5.3.2.6.2.3　再按刀库转位键,依次插入各把刀具。

5.3.2.7　主轴卸刀、装刀和转速设定。主轴箱上有一松开、夹紧刀具的按键,用于装卸刀具。按下按键主轴夹紧机构松开,键上方的指示灯亮,可卸下用毕了的刀具,装上下一把刀具,定位正确后,再按一下,刀具即被夹紧,指示灯熄。

操作时,当右手按下按键,松开主轴夹紧机构时,左手应握住刀柄,以免跌落下来,酿成事故。

手动运行时,启动主轴前,先设定主轴转速。其操作步骤:把操作模式选择旋钮 26 转至手动数据输入(MDI)模式,输入主轴转速,包括地址代码 S 和 4 位数字指令,如"S1500",仅当机床紧急停机(Emergency Stop)或切断电源时,才取消此设定。需要时,应重新设定。

5.3.2.8　程序的输入、编辑和检索。程序的管理,主要为程序输入、编辑、检索和删除。其操作步骤如下:

5.3.2.8.1　程序的输入。

5.3.2.8.1.1　将机床操作面板上存储器防护(Memory Protect)钥匙开关,置于打开"ON"状态。

5.3.2.8.1.2　将操作模式选择(Mode Select)旋钮,转至编辑(Edit)模式。

5.3.2.8.1.3　单击数控系统控制面板功能键区的程序(PRGRM)键,同时,CRT 显示屏上显示键入的相应字符。

5.3.2.8.1.4　键入该程序的地址代码,如"O"和数字序号,通常为四个数字,如"0002"。

5.3.2.8.1.5　单击插入(INSRT)键,予以插入。

5.3.2.8.1.6　键入该程序的各个程序段,每段结束,按下程序段结束(EOB)键,以插入每段结束符,如";"为止。单击插入键,该程序段被插入完毕。按此,依次逐一输入全部程序段。最后,另起一程序段,仅输入 M02,该程序全部结束。主轴停止,切削液泵停,机床复位。

5.3.2.8.2　程序的编辑。程序编辑这一操作,主要包括程序的检索、程序内容的修改,其操作步骤如下:

5.3.2.8.2.1　将机床操作面板上存储器防护(Memory Protect)钥匙开关,置于打开"ON"状态。

5.3.2.8.2.2　将操作模式选择(Mode Select)旋钮,旋至编辑(Edit)状态。

5.3.2.8.2.3　单击数控系统控制面板功能键区的程序(PRGRM)键,CRT 显示屏上显示键入的字符。

5.3.2.8.2.4　键入该程序的地址代码，如"O"。

5.3.2.8.2.5　键入所要检索的程序号代码，单击光标移动（Cursor）键，光标移至该程序号下，CRT 显示器屏幕上显示出所要查找的该程序内容。

5.3.2.8.3　程序的删除。将已有的程序删除掉的操作步骤如下：

5.3.2.8.3.1　把机床操作面板上存储器防护（Memory Protect）钥匙开关，置于打开"ON"状态。

5.3.2.8.3.2　把操作模式选择（Mode Select）旋钮旋至编辑（Edit）模式。

5.3.2.8.3.3　单击数控系统控制面板功能键区的程序（PRGRM）键。

5.3.2.8.3.4　键入程序地址代码，如"O"，键入程序号数字代码，单击光标移动（Cursor）键，光标移至程序号之下，然后，单击删除（Delete）键，该程序全部删除掉。

5.3.2.8.4　程序段的删除。将已有的程序段删除掉的操作步骤如下：

5.3.2.8.4.1　将机床操作面板上存储器防护（Memory Protect）钥匙开关，置于打开"ON"状态。

5.3.2.8.4.2　把操作模式（Mode Select）旋钮旋至编辑（Edit）模式。

5.3.2.8.4.3　单击数控系统控制面板功能键区的程序（PRGRM）键。

5.3.2.8.4.4　键入程序地址代码，如"O"，键入程序号数字码。单击光标移动（Cursor）键，光标移至该程序的某一程序段地址码（N）和数字代码之下，然后，单击删除（Delete）键，删除该段。

5.3.2.8.5　程序内容的添加。在已有程序内，添加内容的操作步骤如下：

5.3.2.8.5.1　将机床操作面板上存储器防护（Memory Protect）钥匙开关，置于打开"ON"状态。

5.3.2.8.5.2　把操作模式选择（Mode Select）旋钮转至编辑（Edit）模式。

5.3.2.8.5.3　单击数控系统控制面板上功能键区的程序（PRGRM）键。

5.3.2.8.5.4　键入程序地址代码，如"O"，键入程序号数字代码。单击光标移动（Cursor）键，光标移至该程序的某一程序段上需要插入处，键入所需的内容，再按插入（INSRT）键，这些内容就被插入该程序段内。

5.3.2.9　刀号的设定与输入。自动换刀（ATC）装置在换刀操作时，始终记忆着各把刀具的编号与所处位置，即使加工了一段时间后，其所处的位置已与最初设定的顺序不同，但就任意一把刀具而言，无论其插在哪一个刀套上，数控系统都会始终记忆着它的刀号及其踪迹。所以，刀具的编号、设定和输入数控系统就十分重要。

5.3.2.9.1　刀具的编号。按工件加工过程中，刀具的使用顺序，将所用刀具依次编号，并插入相应的刀套内。其操作步骤：首先完成刀库返回参考点操作，也就是使刀库上的 1 号刀套定位在换刀位置上，将 1 号刀插入 1 号刀套内；然后，按一下刀库一侧的刀库转位按钮，使刀库顺时针方向转过一个刀位，2 号刀套处在换刀位置上，将 2 号刀插入 2 号刀套内；再按一下刀库转位按钮，刀库又顺时针方向转过一个刀位，3 号刀套进入换刀位置上，将 3 号刀具插入 3 号刀套内。就这样依次将加工过程中所用刀具，按加工顺序全部编号并插入相应的刀套内。

完成上述操作后,当机床处在手动连续进给(JOG)、手摇轮进给(Handle)和增量进给(Step)任一手动模式时,按一下自动换刀装置(ATC)键,使刀库返回参考点,也就是刀库上的 1 号刀定位在换刀位置上,以便进行后续操作。

5.3.2.9.2　向刀号存储器内输入刀号代码。

5.3.2.9.2.1　清空数控系统刀号存储器内已有的刀号代码。

5.3.2.9.2.1.1　将操作模式选择旋钮开关(Mode Select)置于手动数据输入(MDI)模式下,再把存储器防护(Memory Protect)钥匙开关置于"ON"位置上。

5.3.2.9.2.1.2　按下参数(PARAM)键,从 CRT 显示器屏上选取数控系统刀号参数 T01 画面。

5.3.2.9.2.1.3　设定并输入地址符"N4999",按下输入(Input)键。

5.3.2.9.2.1.4　设定并输入刀号代码"T9999",按下输入(Input)键。

5.3.2.9.2.2　向刀号存储器内输入刀号代码。

5.3.2.9.2.2.1　检查刀库是否已返回参考点,使 1 号刀套处在换刀位置上。

5.3.2.9.2.2.2　设定并输入地址符"N4001",按下输入(Input)键,使光标位于地址 4001 之下。

5.3.2.9.2.2.3　设定并输入刀号代码"T01",按下输入(Input)键,使 1 号刀代码输入刀号存储器内。

5.3.2.9.2.2.4　用光标移动键的向下移动光标(Cursor↓)键,把光标移至刀号地址符 4002 之下。

5.3.2.9.2.2.5　设定并输入刀号代码"T02",按下输入(Input)键,使 2 号刀代码输入刀号存储器内。

5.3.2.9.2.2.6　用向下移动光标(Cursor↓)键,把光标移至刀号地址符 4003 之下。

5.3.2.9.2.2.7　设定并输入刀号代码"T03",按下输入(Input)键,完成 3 号刀代码输入刀号存储器内。

重复上述最后两步操作,按加工过程使用的刀具顺序,设定和输入各把刀号代码。全部完成后,把存储器防护(Memory Protect)钥匙开关重新置于"OFF"位置上。

5.3.2.10　零点偏置和刀具尺寸的补偿。

5.3.2.10.1　工件坐标系的偏置。零件的加工程序是以工件坐标系内的坐标尺寸编写的。设定一个工件坐标系,可采用 G92,包括铣削和加工中心加工时,都用 G92 准备功能指令,或者采用 G54～G59 指令代码设定之。

采用 G92 指令时,以所编加工程序的起点,即起刀点为基准,建立工件坐标系,如图 5.18 所示。刀具的加工起点,即起刀点为点 A,所用球头立铣刀的刀位点为基准点,设定工件坐标系的程序段:

N10 G92 X17 Y14 Z12;

从而,就设定了工件坐标系的原点 O(0,0,0),建立了工件坐标系。由此可知,用 G92 设定工件坐标系时,所设

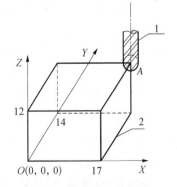

图 5.18　设定工件坐标系的方法之一

1-刀具;2-工件

定的工件原点与上述程序段执行前的刀具位置直接相关,必须把刀具置于程序所要求的位置上。为编程方便起见,通常以起刀点为基准,建立工件坐标系。

使用 G92 指令时,应先取消刀具长度补偿和半径补偿,并把刀具移至所需的起刀点位置上,按绝对坐标值编程。

当同一工件上要加工出多个不同几何图形的结构时,为减少编程前的数学计算,可采用工件原点偏置指令 G54～G59,设定各加工图形单独的工件坐标系,其坐标原点的位置随相对于机械原点(机床坐标系原点)的偏置量而定。由机床操作面板输入,存储在机床数控系统存储器内。所以,G54～G59 指令所存储的数值,实际是各个图形的工件坐标系原点,在机床坐标系中的坐标值。

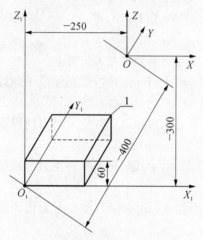

图 5.19 设定工件坐标系的方法之二
O-机床坐标系原点;O_1-工件坐标系原点;
1-工件

与 G92 指令不同,G54～G59 指令所建立的工件坐标系,当系统断电时,不会受到影响,再次开机,返回参考点后,仍然有效,且与刀具的起刀点位置无关。加工时,只要执行加工程序,从存储器中读取各程序段,将工件原点偏置为各图形的工件坐标系原点,并按照该图形工件坐标系中的坐标值进行加工进给运动。

如图 5.19 所示,工件坐标系 $O_1(X_1、Y_1、Z_1)$ 在机床坐标系 $O(X、Y、Z)$ 中的坐标值为 $X_1 = -250$,$Y_1 = -400$,$Z_1 = -300$,即工件原点的坐标为 $O_1(X_1 -250, Y_1 - 400, Z_1 - 300)$,将此值设置为工件坐标系偏置值,存储在 G54 指令的存储器内。刀具的刀位点与 O_1 重合时,设置 G54 指令的程序段为:

N20 G54;

执行该程序段后,所有工件上的坐标尺寸,都是在这一工件坐标系内的位置了。

5.3.2.10.2 刀具尺寸的补偿。

5.3.2.10.2.1 刀具半径尺寸的补偿。用准备功能指令 G41,进行刀具半径尺寸左补偿,G42 作右补偿指令。编程时,仍按零件图尺寸编写加工程序,须选用直径各异的铣刀时,可由手动数据输入(MDI,Manual Data Input)半径补偿量;也可由 G41 或 G42 程序段输入,使机床数控系统自动进行计算,并使刀具按计算值自动进行补偿。偏移量常用作刀具半径补偿值,存储器地址字 D 或 H,并以偏置号代码、数字表示之。沿刀具中心移动方向观察,刀具在工件轮廓左侧者,称左补偿,用 G41 指令;反之,为右补偿,用 G42 指令。

如图 5.20 所示,铣刀从 $O(0,0)$ 开始进给运动,当无半径补偿时,铣刀中心轨迹沿 OA' 移动;有半径补偿时,铣刀中心实际进给运动轨迹为 OA,达到点 A 时,刀具中心已补偿了一半径值。如果铣刀直径为 $\phi30\ \text{mm}$,$A'(30,24)$ 为零件上圆弧轮廓的起点,终点 $C'(78,36)$,刀具左补偿偏置号为 H06,则其程序段格式为:

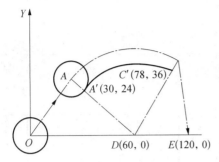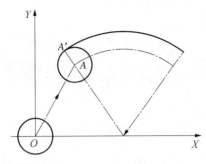

图 5.20 刀具半径补偿的应用

N01 G90 G17 G41 G00 X30.0 Y24.0 M03 H06；　　绝对坐标编程，X - Y 平面内，刀具半径左补偿，快速定位于点 A'(30，24)，刀具补偿偏置号 H06。编程时，预先在 H06 中输入 15.0 补偿量，使刀具中心快速进给至 A 点，主轴正转；

N05 G02 X78.0 Y36.0 R60.0 F150；　　绝对坐标编程，按圆弧插补加工 R60 圆弧；

N10 G40 G00 X120.0 Y0；　　绝对坐标编程，取消刀具半径补偿，刀具快速定位于点 E；

N15 G00 X0 M02；　　绝对坐标编程，刀具快速定位于原点 O(0，0)，返回起始点。主轴停止，切削液泵停，机床复位。

以上程序中，G40 为取消刀具半径补偿准备功能指令。无论是启用或取消刀具半径补偿，都需一个程序段，且须使用 G00 或 G01 指令，而不可直接用圆弧插补指令 G02 或 G03。取消半径补偿指令 G40，也可用 H00 替代，则上式改为：N10 G00 X120.0 Y0 H00；效果相同。取消刀具半径补偿时须使刀具与工件离开足够距离，当刀具返回时，不致碰撞。所以，使刀具快速定位于 E 点后，也可在 N10 程序段前，加入 N06 G00 Z200；先把刀具提升至安全高度，才让它复位，就无碰撞之虞了。

5.3.2.10.2.2 刀具长度的补偿。用准备功能 G43、G44 刀具长度补偿指令，使铣刀沿轴向(Z 轴方向)比程序给定值增加或减少一个长度补偿量，在更换新刀或重磨后，安装时，调整刀具长度上的尺寸变化。其中 G43 为刀具长度正补偿指令，G44 为负补偿指令，如图 5.21 所示，以 1 号刀的长度为准，2 号刀的长度必须负补偿 4.5 mm，3 号刀的长度，则须正补偿 6 mm，才能与 1 号刀的长度对齐。

当孔系加工时，不同孔深的加工方法，如图 5.22 所示，孔系扩孔加工使用的扩孔钻长度，以安装后的刀具顶面正好处在 O(0，0)处者，作为标准长度。而现用的刀具短了 4 mm，所以编程时设定 H01＝－4 mm。其中：H 为数控系统存储器中 01 偏置量的地址指令，偏置量的长度补偿数值，编程时写入或用手动数据输入(MDI)，预先设定在机床数控系统的存储器内。

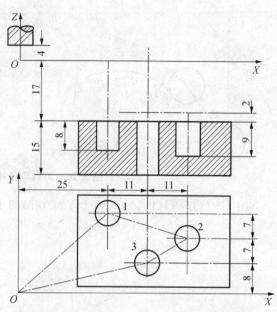

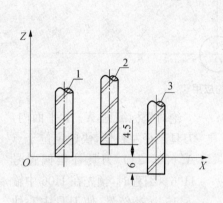

图 5.21 刀具长度补偿的应用

图 5.22 孔系扩孔时，G43、G44、G49 指令的应用

下面列出了图 5.22 所示泵孔工件的加工方法，扩孔钻由起点 $O(0，4)$，按相对坐标系，用 G43、G44 和 G49 指令，加工全部孔至图纸规定深度的程序格式如下：

O0001	程序号
N010 G91 G00 X25.0 Y22.0；	相对坐标编程，快速定位于孔 1 之上；
N020 G17 G43 Z−15 H01 S630 M03；	刀具沿轴向下移量：$Z = -15 + (-4) = -19$ mm，距工件表面 2 mm 处，主轴正转，转速 630 r/min；
N030 G01 Z−10.0 F150；	加工孔 1，直线进给，切深至 8 mm，进给速度 150 mm/min；
N040 G04 P2000；	孔底暂停 2S(2 000 ms)，修光底面和孔壁；
N050 G00 Z10.0；	快速返回至距工件表面 2 mm 处；
N060 X22.0 Y−7.0；	G00 为模态指令，持续有效，故省略之。快速定位于孔 2 中心之上；
N070 G01 Z−11.0；	加工孔 2，切深至孔底 Z−9 处；
N080 G04 P2000；	孔底暂停 2S(2 000 ms)，以修光底面和孔壁；
N090 G00 Z11.0；	快速退刀至工件表面之上 2 mm 处；
N100 X−11.0 Y−7.0；	快速定位于孔 3 中心之上 2 mm 处；
N110 G01 Z−17.0；	直线进给，加工孔 3 全深；
N120 G49 G00 Z32.0；	刀具长度补偿取消，快速退刀，定位于起刀点 $O(0，4)$ 所在平面上；
N130 X−36.0 Y−8.0；	刀具快速返回起刀点 $O(0，4)$ 点上；

N140 M02；　　　　　　　　　　程序全部结束，主轴停止，切削液泵关闭，
　　　　　　　　　　　　　　　　　数控系统和机床复位。

　　上述程序中，取消刀具长度补偿程序段 N120 语句中，可以用准备功能指令 G49 予以取消；也可用 G43 H00 和 G44 H00 取消之，因偏置号中 00 的补偿值等于 0。

5.4　典型零件的加工工艺及工艺文件的制订和程序的编制

5.4.1　零件的加工工艺设计

　　零件的加工工艺设计主要包括从工件的毛坯选择到经过机加工方法，使之达到零件制造图规定的各项设计要求，而采用的工艺装备，刀、夹、量具的恰当选用，并相应地安排其工艺过程的加工工艺路线和加工顺序。

　　5.4.1.1　加工顺序和工步的安排。图 5.23 所示为孔系类零件的加工实例，图上所示尺寸的标注方式，都以底面和侧面为基准。编程和加工时的工艺基准，也选用此平面，如图中所示，编程时工件坐标系原点取 O(0, 0)。这样，就使加工工艺基准与设计基准重合，达到基准统一的要求，各个尺寸就易于保证，减少定位误差。

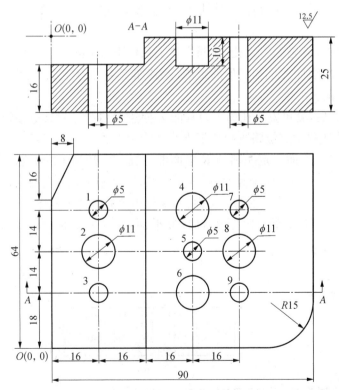

技术要求

1. 1、2、5、6、7、8号孔深 10 mm；
2. 3、4、9号孔为通孔。

名称	孔板	
材料	45钢	
数量	10	比例　1:1

图 5.23　孔系类零件的加工中心加工实例

实际上,除了毛坯加工外,定位基准的选择,皆用已在上道工序中加工完的表面,作为工件的定位安装基准。所以在这一加工实例中,取工件的底平面和一侧表面,作为工件的定位基准,在机用平口虎钳上安装夹紧。且在一次安装中,完成全部加工任务,包括台阶面和孔系的加工,如图 5.24 所示。

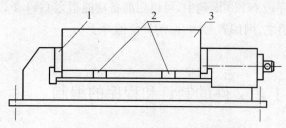

图 5.24 机用平口虎钳的定位装夹法

1-固定钳口;2-垫铁;3-工件

5.4.1.1.1 台阶面的加工工艺。在镗削类加工中心上,台阶面的加工方法是铣削加工。根据加工表面的大小,先选用 $\phi50$ mm 端铣刀铣削工件上表面;然后,再选用 $\phi20$ mm 端铣刀铣削台阶面,铣削用量的选择可按节 4.2 铣削用量的选用决定之。

经粗加工后的平面,其尺寸精度可达 IT12~14 级,表面粗糙度可达 $Ra12.5\sim50\ \mu m$;经粗铣-精铣平面的尺寸精度可达 IT7~9 级,$Ra1.6\sim3.2\ \mu m$。

台阶面加工时,铣刀的进给路线,可分为切削进给和沿主轴方向的 Z 轴向快速移动两种路线。由于加工中心是由数控铣床发展而来,所以上一章中数控铣削加工进给路线的选择举例也适用于这里。

5.4.1.1.2 孔系的加工工艺。该零件全部的孔系加工,都在立式加工中心上完成。因其孔口平面都已经过铣平,只需打中心孔和钻孔两工步。安排先打中心孔的目的,是为了提高孔系的位置精度。

同时,在孔系加工过程中,应先加工大孔,在同样加工条件下,加工大孔时,切削用量和切削力较大,考虑到零件的刚性大小和变形的影响,及其加工应力的释放,所以在孔系加工时,将大孔加工安排在前。

上述孔系加工原则确定后,就可安排孔加工刀具的 Z 向进给路线。刀具沿轴线方向的 Z 向进给路线,可分为快速移动定位路线和加工进给路线两部分。孔加工刀具先从初始平面快速移动到距工件加工表面一定距离的 R 平面上,然后,再按加工进给速度进行加工。图 5.25(a)所示是加工工件上单个孔时,孔加工刀具的 Z 向进给路线图。孔加工刀具的刀位点已处在被加工孔中心线上的初始平面上,执行相应的孔加工程序后,刀具先从初始平面快速移动到距工件表面一定距离的参考平面(R 平面,Reference plane,

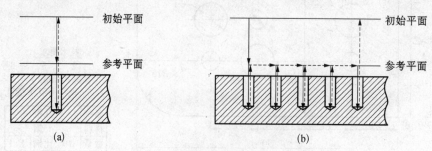

图 5.25 孔加工刀具的 Z 向进给路线

(a) 单孔加工 (b) 孔系加工

RFP)，然后，按切削进给速度进行加工（见图 5.25(a)）。

　　至于在同一工件平面上加工多个孔组成的孔系时，为了减少刀具空行程时间，孔加工刀具每加工一个孔后，不必都退回初始平面（RTP，Return plane），所有中间加工的孔，都仅需退刀至 R 平面上即可。其切削加工进给路线，如图 5.25(b) 所示。

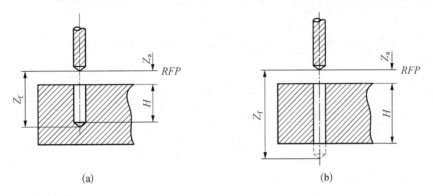

图 5.26　孔加工刀具切削进给距离的计算方法

(a) 盲孔加工　(b) 通孔加工

　　所以，R 平面距工件表面的进给距离，称为刀具切入距离 Z_a。当加工通孔时，为了切削出整个孔深，刀具须穿过工件底面一定距离，称为切出距离（见图 5.26）。根据坯料加工表面状态和所用加工方法的不同，可按表 5.2 选用之。

表 5.2　孔加工时切入切出距离选用

加工方法 ＼ 表面状态	光坯表面	毛坯表面	加工方法 ＼ 表面状态	光坯表面	毛坯表面
钻　孔	2～3 mm	5～8 mm	铰　孔	3～5 mm	5～8 mm
扩　孔	3～5 mm	5～8 mm	铣　孔	3～5 mm	5～10 mm
镗　孔	3～5 mm	5～8 mm	攻螺纹	5～10 mm	5～10 mm

　　5.4.1.2　加工余量和工序尺寸。合理地规定加工余量是制订零件加工工艺规程的重要内容之一，尤其是在加工中心上，所用刀具的尺寸都是按各工步的工序间尺寸和加工余量预调的，正确选定加工余量就显得更为重要，它对零件加工质量、生产效率和经济性影响甚大。余量过小，要消除坯料上或上道工序留下的缺陷，使本工序的安装藉正，就显得十分困难，常因不能充分切除缺陷层而造成废品。例如带有表面黏砂层的铸件坯料或带有表面硬皮的锻件坯料，若加工余量过小，背吃刀量太浅，使刀尖处在严峻的工况下，导致加速磨损；如果加工余量过大，则浪费工时，浪费被加工材料，增加机床和刀具的损耗。

　　确定加工余量的原则是在保证加工质量要求的条件下，尽可能减少加工余量，又能够充分切除带有各种缺陷和误差的表面层，达到零件图所规定的技术要求。孔加工方案的选择和工步安排，参见表 2.5。其加工余量和工步间尺寸的选择，如表 5.3所示。

表 5.3　实体坯料上孔加工方案和工步间尺寸(加工余量)

被加工孔的直径/mm	工步间尺寸(孔的直径/mm)							
	钻　孔		粗加工		半精加工		精加工 H7,H8	
	首次	再次	粗镗	扩孔	粗铰	半精镗	精铰	精镗
3	2.9						3	
4	3.9						4	
5	4.8						5	
6	5.0			5.85			6	
8	7.0			7.85			8	
10	9			9.85			10	
12	11			11.85	11.95		12	
13	12			12.85	12.95		13	
14	13			13.85	13.95		14	
15	14			14.85	14.95		15	
16	15			15.85	15.95		16	
18	17			17.85	17.95		18	
20	18		19.8	19.8	19.95	19.90	20	20
22	20		21.8	21.8	21.95	21.90	22	22
24	22		23.8	23.8	23.95	23.90	24	24
25	23		24.8	24.8	24.95	24.90	25	25
26	24		25.8	25.8	25.95	25.90	26	26
28	26		27.8	27.8	27.95	27.90	28	28
30	28		29.8	29.8	29.95	29.90	30	30
32	30		31.7	31.75	31.93	31.90	32	32
35	33		34.7	24.75	34.93	34.90	35	35
38	36		37.7	37.75	37.93	37.90	38	38
40	38		39.7	39.75	39.93	39.90	40	40
42	40		41.7	41.75	41.93	41.90	42	42
45	43		44.7	44.75	44.93	44.90	45	45
50	48		49.7	49.75	49.93	49.90	50	50

5.4.1.3　切削用量的选用。

5.4.1.3.1　台阶面铣削的切削用量。

根据图 5.23 所示的孔板零件图,前道工序已完成了底平面和四周侧面的加工,在加工中心加工工序中,须铣削的仅上表面和台阶面,要求达到的表面粗糙度为 $Ra12.5\ \mu m$;

材料为 45 钢,用热轧板为坯料时,因表面平整,尺寸整齐,无表面凹陷、硬皮等缺陷,留给端铣的加工余量<6 mm 条件下,只要粗铣一次进给,即可达到加工要求。也就是端铣的背吃刀量 a_p 为切削层的全部余量;侧吃刀量 a_e 的大小,应充分利用铣刀的整个直径,无论是 X 向进给或 Y 向,都只需一次进给,即可铣完上表面,每次进给的侧吃刀量 a_e 都<50 mm 即可。

确定了 a_p 和 a_e 后,应选定铣削进给速度,即单位铣削时间内,铣刀与工件沿进给方向的相对位移(mm/min),即

$$V_f = n \cdot z \cdot f_z$$

式中:n 为加工中心主轴转速(r/min);z 为铣刀齿数;f_z 为每齿进给量(mm/z)。

每齿进给量的选择方法,可参照节 4.2 和表 4.1 选用,表 4.2 为铣削速度的选用范围。按所选用的铣削速度 v_c,按下式计算出主轴转速:

$$n = 1\,000 v_c / \pi D$$

式中:D 为铣刀直径(mm)。

5.4.1.3.2　孔系加工的切削用量。如图 5.27 所示,钻削用量包括背吃刀量 a_p (mm)、每转进给量 f(mm/r)、钻削速度 v_c(m/min)三要素。由于钻头有两个刃瓣,所以其:背吃刀量 $a_p = d/2$ (mm),每刃进给量 $f_z = f/2$ (mm/z),钻削速度 $v_c = \pi D \cdot n / 1\,000$ (m/min)。

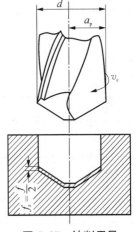

由于钻头一般多用高速钢制造,所以造成钻头剧烈磨损的主要原因是相变磨损。钻头主切削刃上各点的切削负荷是不均匀的,外圆周上的切削速度最高,因此钻头的磨损在外缘处最严重。钻头的磨损形式主要是后刀面磨损。当钻削强度较高的塑性材料时,也会出现前刀面磨损和横刃磨损,且前刀面上月牙洼过大时,会造成崩刃。当后刀面磨损达一定程度时,随之出现刃带磨损,使钻头外径减小,扭矩剧增,容易咬死(Seizure),导致钻头损坏。

图 5.27　钻削用量

国际标准(ISO)和国标(GB)都制订了钻头钝化标准,其遵循的原则是使钻头总寿命最长,不发生刃带严重磨损,保证钻孔的精度要求。规定了钻头后刀面磨损量 VB 值不超过经济磨损限度(见表 5.4)。

表 5.4　麻花钻头的钝化标准与耐用度

钻头直径/mm		<6	6~10	11~20	21~30	31~40	41~50	>50
加工钢 用切削液	后刀面磨损 VB/mm	0.4~0.8			0.8~1.0			
	耐用度/min	15	25	45	50	70	90	110
加工铸铁 干切削	后刀面磨损 VB/mm	0.5~0.8			0.8~1.2			
	耐用度/min	20	35	60	75	110	140	170

由此可知,钻削钢时,钻头外缘转角处磨损最严重区域,达到刃带宽度 b_f 的 0.8~1.0 倍;钻铸铁件时,磨损带达到 1~2 mm,就应停止加工,重磨后再用。

钻削时的背吃刀量 a_p 是钻头直径的一半,当孔径≤35 mm 时,通常一次钻出,即取 $a_p = d/2$;当孔径>35 mm 时,常分两次钻出,第一次用的钻头直径为孔径的 0.5~0.7 倍,第二次用的钻头直径等于孔径。从而可选用较大的进给量和切削速度,有利于提高生产率,缩短加工时间。这是因为钻头越大,横刃越长,轴向抗力越大,受钻头本身和机床走刀机构强度的限制,不得不减小进给量,降低切削速度的缘故。

每转进给量的选择,小直径钻头的进给量大小,主要受制于钻头的刚性和强度,而大直径钻头则受制于机床走刀机构和工艺系统的刚性。通常可按下列经验公式计算之:

$$f = (0.01 \sim 0.02)d$$

式中:f 为钻头每转进给量(mm/r),d 为钻头直径(mm)。

较为精细且具体的用量,可从相关切削手册中查照(见表 5.5、表 5.6)。当然,钻削速度 v_c 也可从经验数值荐用值中选用,如表 5.7 所示。

表 5.5　钻削铸铁件的切削用量荐用值

材料硬度	160~200 HBS		200~300 HBS		300~400 HBS	
钻头直径	v_c/m/min	f/mm/r	v_c/m/min	f/mm/r	v_c/m/min	f/mm/r
1~6 mm	16~24	0.07~0.12	10~18	0.05~0.10	5~12	0.03~0.08
6~12 mm	16~24	0.12~0.20	10~18	0.10~0.18	5~12	0.08~0.15
12~22 mm	16~24	0.20~0.40	10~18	0.12~0.25	5~12	0.15~0.20
22~50 mm	16~24	0.40~0.80	10~18	0.25~0.40	5~12	0.20~0.30

表 5.6　钻削钢件的切削用量荐用值

材料强度 σ_b, MPa	520~700 (35, 45 钢)		700~900 (15Cr, 30Cr)		900~1100 (35Cr, 45Cr)	
钻头直径	v_c/m/min	f/mm/r	v_c/m/min	f/mm/r	v_c/m/min	f/mm/r
1~6 mm	8~25	0.05~0.10	12~30	0.05~0.10	8~15	0.03~0.08
6~12 mm	8~25	0.10~0.20	12~30	0.10~0.20	8~15	0.08~0.15
12~22 mm	8~25	0.20~0.30	12~30	0.20~0.30	8~15	0.15~0.25
22~50 mm	8~25	0.30~0.45	12~30	0.30~0.45	8~15	0.25~0.35

表 5.7　高速钢钻头钻削速度荐用值

被加工材料	低碳钢	中高碳钢	合金钢、不锈钢	铸铁	铝合金	铜合金
钻削速度/m/min	25~30	18~25	15~20	21~36	40~70	20~40

以上各表的荐用值都是按高速钢标准钻头钻削加工各种工件材料时的选用值。

如果采用硬质合金钻头时,钻削速度 v_c 则可取为 20~30 m/min。

根据表 5.7 所示，可以计算出机床主轴转速：

$$n = 1\,000 v_{\rm c}/\pi d$$

式中：d 为钻头直径（mm）。

5.4.1.3.3　刀具选用。归纳上述内容可确定所选用的刀具。用于铣削上平面的为 ϕ50 mm 硬质合金可转位面铣刀。根据铣削宽度 $a_{\rm e}$ 来选择合适的铣刀直径，通常取：

$$d = (1.2 \sim 1.6)a_{\rm e}$$

因工件宽度为 64 mm，取 $a_{\rm e} = 31$ mm，则 $1.6 \times 32 = 51.2$ mm，而该类铣刀直径系列已经标准化，国标（GB）规定了公比为 1.25 的标准系列：ϕ16、ϕ20、ϕ25、ϕ32、ϕ40、ϕ50、ϕ68、ϕ80、ϕ100…ϕ630 mm。所以应选用 ϕ50 mm 面铣刀，使铣刀工作时具有合理的切入和切出接触角，以保证面铣刀的耐用度。这类铣刀有粗齿、细齿和密齿三种，根据工件加工要求，用于粗、精铣。直径 ϕ80 mm 以下的铣刀，国标（GB）规定只有粗齿铣刀，4 个齿，这也正好适用于本工件（Ra12.5）粗加工用。同理，铣削台阶面时，选择 ϕ20 mm 莫氏锥柄立铣刀，也是粗加工（Ra12.5）用。所选用的孔加工用刀具，有 A3 中心钻，即普通中心钻，单锥面，锥角 60°，$d = 3$ mm；以及钻孔用的麻花钻 ϕ5 mm 和 ϕ11 mm 两种。中心钻在实体材料上钻孔的功用，是用于提高孔系的相对位置精度，只要钻出 ϕ3 mm 的孔即可，并防止钻孔进给力过大时，孔位发生偏斜。

表 5.8 为刀具明细表刀具卡，供编程和操作人员使用。

表 5.8　刀　具　卡

产品名称、代号			零件名称	孔　板		零件图号	
序号	刀具号	刀具名称及规格	数　量	加工表面	刀长补偿	刀径补偿	
1	T01	硬质合金可转位面铣刀，ϕ50	1	铣上表面	H01	0	
2	T02	7∶24 锥柄立铣刀，ϕ20	1	铣台阶面	H02	0	
3	T03	A3 普通型中心钻	1	钻中心孔	H03	0	
4	T04	麻花钻，ϕ5	1	钻 ϕ5 孔	H04	0	
5	T05	麻花钻，ϕ11	1	钻 ϕ11 孔	H05	0	
编制：		审核：		批准：			

以上所用刀具的柄部型式与规格，须根据机床主轴锥孔和拉紧机构来选用，XH714 型加工中心的主轴锥孔为 ISO40 型主轴巢，故刀柄应选用 40 型（GB/T 10944—89），参见表 2.13 和表 2.14。

5.4.1.3.4　加工进给路线选用。如图 5.23 所示，孔板类零件的毛坯是 45 钢钢板，热轧厚板，表面平整，无凹陷不平等缺陷，故预留铣削加工余量为 1 mm，即端铣背吃刀量 $a_{\rm p} = 1$ mm，被加工表面的宽度 64 mm，用 ϕ50 mm 面铣刀分两次纵向（X 轴方向）进给，即可铣完，取 $a_{\rm e} = 32$ mm。

左侧台阶面铣削时，因台阶面宽度为 32 mm，横向（Y 轴向）进给两次，每次 $a_{\rm e} = 16$ mm，$a_{\rm p} = 8$ mm，即可铣完。

至于孔系加工时,为提高孔系的位置精度,除由机床和夹具的精度保障外,都用中心钻先加工好定位孔。然后,再按所需直径和深度,用标准麻花钻作最终加工。

各工步和工位的加工进给路线,参见图 5.28~5.32。

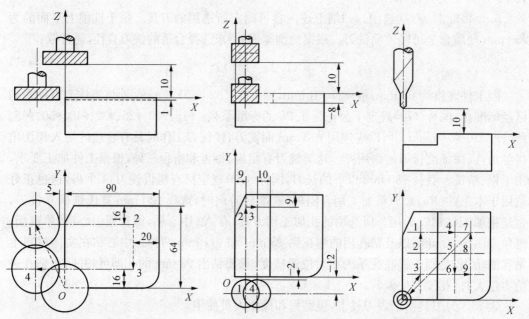

图 5.28　铣削上表面的进给路线　图 5.29　铣削台阶面的进给路线　图 5.30　钻中心孔的进给路线

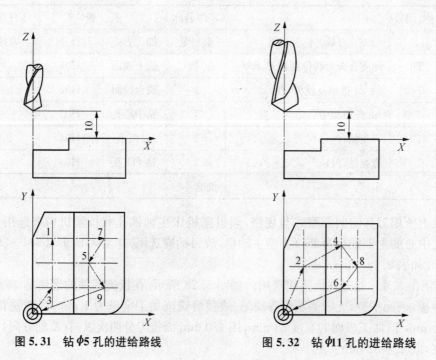

图 5.31　钻 $\phi 5$ 孔的进给路线　　　　图 5.32　钻 $\phi 11$ 孔的进给路线

5.4.1.3.5　零件加工工艺卡。将上面各项分析内容和计算结果,填入表 5.9 所示的零件加工工艺卡内,以供编写加工程序时使用,并作为零件加工工艺过程的指导性工艺文件,给机床操作人员使用。

表 5.9　孔板零件加工中心加工工艺卡

企业名称		产品名称、代号			零件名称		零件图号
					孔　板		
工序号	程序编号	夹具名称			选用机床		车　间
		机用平口虎钳			XH714 立式加工中心		
工步号	工步内容	刀具号	刀具规格	主轴转速/r/min	进给速度/mm/min	背吃刀量/mm	备　注
1	铣上表面	T01	d50	420	168	1	自动
2	铣台阶面	T02	d20	478	191.2	8	自动
3	钻中心孔	T03	A3	849	42	1.5	自动
4	钻 $\phi5$ 孔	T04	d5	509	25.4	2.5	自动
5	钻 $\phi11$ 孔	T05	d11	232	23	5.5	自动
编制		审核		批准	年 月 日	共　　页	第　　页

5.4.2　程序的编制

以已制订的加工工艺卡和刀具卡为依据,编写出该零件的加工程序如下,程序的右侧列出了加工过程相应的操作工艺说明。读者可对照左侧的程序段,仔细地阅读并理解之。

O0001　　　　　　　　　　　　　　　程序文件号

N01 G40 G80 G17;　　　　　　　　　取消刀径补偿、固定循环,在 X - Y 平面上;

N05 G91 G28 X0 Y0 Z0 T01;　　　　　相对坐标编程,从当前刀位点位置返回参考点,刀具回归换刀点,选取 T01 号刀;

N10 M06;　　　　　　　　　　　　　自动换刀,换上 $\phi50$ mm 面铣刀;

N15 G90 G54 G00 X0 Y0 S420 M13;　　绝对坐标编程,选用工件坐标系1,刀具快速定位于 $O(0, 0)$ 之上,主轴转速 420 m/min,主轴正转,切削液开;

N20 G43 H01 Z10;　　　　　　　　　刀长正补偿,补偿量 H01,快速定位于 Z10 处;

N25 G00 X-30 Y48 M08;　　　　　　刀具快速定位于 X-30,Y48 处,切削液开;

N30 G01 Z-1 F168;　　　　　　　　直线插补铣工件上表面,切至 Z-1 平面, $a_p=1$, $V_f=168$;

N35 X70;　　　　　　　　　　　　　铣削至 X70,即刀位点进给至 Z70 处为止;

N40 Y16；　　　　　　　　　　　沿 Y 轴横向进给至 Y16 处；

N45 X－30；　　　　　　　　　　沿 X 轴纵向进给至 X－30 处；

N50 G28 Z0 H00 M05 M09 T02；　回归机床原点，通过机床坐标系原点 Z0 返回，取消刀补，选取 2 号刀，切削液停；

N55 M06；　　　　　　　　　　　自动换刀；

N60 G43 Z10 H02；　　　　　　　刀长正补偿，补偿量 H02，刀位点位于工件坐标系 Z10 处；

N65 S478 M03；　　　　　　　　主轴正转，$n = 478$ r/min；

N70 G00 X9 Y－12 M08；　　　　刀位点快速定位于 X9，Y－12 处，切削液开；

N75 G01 Z－8 F191.2；　　　　　直线插补，铣左侧台阶面，切深至 Z－8 平面为止，进给速度 $V_f = 191.2$ mm/min；

N80 Y55；　　　　　　　　　　　沿 Y 轴横向进给至 Y55 处为止；

N85 X22；　　　　　　　　　　　沿 X 轴纵向进给至 X22 处为止；

N90 Y－12；　　　　　　　　　　沿 Y 轴横向进给至 Y－12 处为止；

N95 G28 Z0 H00 M05 M09 T03；　返回参考点（机械原点），通过机床 Z 轴零点 Z0 返回，取消刀补，选取 3 号刀，主轴、切削液停；

N100 M06；　　　　　　　　　　自动换刀；

N105 G43 Z10 H03 M08；　　　　刀长正补偿，补偿量 H03，刀位点位于 Z10 平面上，切削液开；

N110 S894 M03；　　　　　　　　主轴正转，$n = 894$ r/min；

N115 G99 G83 X16 Y18 Z－17 R2 F42；　以钻孔固定循环，钻 3 号孔中心孔，钻深 8 mm，进给速度 42 mm/min，返回 R 平面，点 R(16, 18, 2)，孔底坐标 (16, 18, －17)；

N120 Y32；　　　　　　　　　　钻 2 号孔中心孔；

N125 Y46；　　　　　　　　　　钻 1 号孔中心孔；

N130 X48 Y46 Z－8；　　　　　钻 4 号孔中心孔；

N135 X48 Y32；　　　　　　　　钻 5 号孔中心孔；

N140 Y18；　　　　　　　　　　钻 6 号孔中心孔；

N145 X64 Y18；　　　　　　　　钻 9 号孔中心孔；

N150 Y32；　　　　　　　　　　钻 8 号孔中心孔；

N155 Y46；　　　　　　　　　　钻 7 号孔中心孔；

N160 G28 X0 Y0 Z0 H00 M05 M09 T04；　返回参考点，从当前位置直接返回，取消刀补，选取 4 号刀，主轴、切削液停；

N165 M06；	自动换刀,换上 d5 钻头；
N170 G43 Z10 H04 M08；	刀长正补偿,补偿量 H04,刀位点仍位于 Z10 处,切削液开；
N175 S509 M03；	主轴正转,$n = 509$ r/min；
N180 G99 G83X16Y18Z−27R−6Q5F25.4；	用钻孔固定循环指令钻 3 号孔,通孔,至 Z−27 处,进给速度 25.4 mm/min,每进给 5 mm,间歇排屑一次。钻头返回 R 点(Z−6 平面上)；
N185 G98 Y46 Z−10；	用钻孔固定循环指令钻 1 号孔,孔深 10 mm,钻头刀位点返回起始平面(RTP,Return Plane)钻头定位于 X16Y46；
N190 G99 X64 Y46 R2 Z−10；	用钻孔固定循环指令钻 7 号孔,孔深 10 mm,钻头刀位点返回 R 平面(RFP)。钻头定位于 X64Y46,R 点(Z=2 平面)；
N195 X48 Y32 Z−10；	用钻孔固定循环指令钻 5 号孔,孔深 10 mm。返回 R 平面(RFP,Reference,Plane,Z=2 mm 处),钻头定位于 X48Y32；
N200 X64 Y18 Z−27；	用钻孔固定循环指令钻 9 号孔,通孔,返回 R 平面(RFP,Z=2 mm 处),钻头定位于 X64Y18；
N205 G00 G80 X0 Y0 M05 M09；	取消固定循环,快速定位于 X0Y0 之上,主轴、切削液停；
N210 G28 Z0 H00 T05；	返回参考点(机械原点),通过机床 Z 轴 Z0 点返回。取消刀补,选取 5 号刀；
N215 M06；	自动换刀,换上 d11 钻头；
N220 G43 Z10 H05 M08；	刀长正补偿,补偿量 H05,刀位点移至 Z10 平面上,切削液开；
N225 S231.6 M03；	主轴正转,$n = 231.6$ r/min；
N230 G99 G83 X16 Y32 Z−10 R2 Q5 F23；	用钻孔固定循环指令,钻 2 号孔,深 10 mm,每切深 5 mm,排屑一次,进给速度 23 mm/min。返回 R 平面(RFP,Z=2 mm)处；
N235 X48 Y46 Z−27；	用钻孔固定循环指令,钻 4 号孔,通孔,每切深 5 mm,排屑一次,进给速度 23 mm/min,返回 R 平面,钻头定位于

N240 X64 Y32 Z—10;　　　　　　　　　X48Y46 之上；

　　　　　　　　　　　　　用钻孔固定循环指令,钻 8 号孔,孔深 10 mm,每切深 5 mm,排屑一次,进给速度 23 mm/min,返回 R 平面,钻头定位于 X64Y32 之上；

N245 G98 X48 Y18 Z—10;　　　　　　用钻孔固定循环指令,钻 6 号孔,孔深 10 mm,返回起始平面(RTP,Z=10 处),定位于 X48Y18 之上；

N250 G00 G80 Z10;　　　　　　　　　固定循环取消,快速退刀；

N255 G28 Z0;　　　　　　　　　　　　刀具返回参考点；

N260 M30;　　　　　　　　　　　　　程序结束,自动断电。

习　题

1. 为什么加工中心加工的零件加工精度高、尺寸一致性好；又可缩短生产时间和降低生产成本？

2. 制订零件加工工艺过程时,对于采用加工中心加工的,须作何改变,才能完成粗加工-半精加工-精加工多工序连续加工？

3. 当零件工艺分析时,你将如何选用卧式加工中心或立式加工中心？ 为什么？

4. 为什么同一模具的动、静模都要采用加工中心加工？

5. 刀具在刀柄上安装好后的轴向尺寸和径向尺寸,既可在加工中心上对刀,直接从 CRT 显示器上读取,但最好是从刀具预调仪上测出后,输入机床数控系统内。为什么？

6. 试述选刀指令和换刀指令能否置于同一个程序段内。为什么？

7. 当手动装卸刀具时,右手按下主轴箱上的刀具装卸按键时,指示灯亮,同时左手一直握住要卸下的刀具,不放松！ 为什么？

思　考　题

一、判断

1. 卧式加工中心(Horizontal Machining Center)的主轴是垂直设置的 ……（　）

2. 加工中心(Machining Center,MC)的加工程序中,常把换刀点选择在起刀点上或机床参考点上 ……………………………………………………………（　）

3. 为了装卸刀具方便,又能定心配合,加工中心用刀具的刀柄都是莫氏锥柄 ………………………………………………………………………………（　）

4. 数控机床中,唯独加工中心才有刀库和自动换刀装置(Automatic Tools Changer,ATC) ………………………………………………………………（　）

5. 加工中心具有多个进给轴(三轴以上),甚至有几个主轴 …………………… (　　)

6. 常用的加工中心上至少可以实现三轴联动控制,多的可实现五轴联动、六轴联动、七轴联动和螺旋插补 …………………………………………………… (　　)

7. 具有自动换刀装置的加工中心也称为自动换刀数控机床或多工序数控机床 …………………………………………………………………………………… (　　)

8. 高性能的加工中心不仅具有自动换刀装置,还具有自动交换工作台 …… (　　)

9. 当处在工作位置的工作台正在加工工件时,还有一个处在装卸位置的工作台正在卸下已加工完的工件 ………………………………………………… (　　)

10. 复合加工中心可立式、卧式两用,所以又称万能加工中心 ………… (　　)

11. 万能加工中心上,工件一次装夹后能完成除安装面外的其余五个面的加工 …………………………………………………………………………………… (　　)

12. 有两种类型复合加工中心,一种是机床主轴可回转 90°,在立式和卧式机床间转换;另一种是主轴不动,工作台带着工件回转 90°,而可加工完五个面 …… (　　)

13. 小型立式加工中心的换刀机构常采用转塔刀库形式,换刀时,只要转动转塔,更换已装上刀具的主轴 …………………………………………………… (　　)

14. 中、小型加工中心上,没有换刀机械手,其换刀动作由刀库和主轴相互配合完成 …………………………………………………………………………… (　　)

15. JCS‑018A 型立式加工中心的换刀动作由换刀机械手完成,是加工中心上最普遍采用的型式 …………………………………………………………… (　　)

16. 高精度加工中心的分辨力为 0.1 μm,定位精度为 2 μm,而普通加工中心则分别为 1 μm 和 10 μm …………………………………………………… (　　)

二、填空

17. JCS‑018A 型立式加工中心是具有_____的_____型_____。其主轴由_____通过_____带动,在_____范围内实现无级变速。其 X、Y、Z 三个坐标轴方向由_____台_____带动滚珠丝杆旋转,再通过_____带动_____作。电动机轴和丝杆间用_____和_____连接结构,可实现_____传动,使连接体的_____、传递_____,_____方便。

18. 机床_____可作_____,而滚珠丝杆-螺母副不能_____,为防止_____因_____而_____,Z 轴电动机装有_____。

19. JCS‑018A 型立式加工中心的自动换刀装置是_____机械手。

三、选择

20. 数控加工编程时,应用的刀具补偿如下,其中(　　)是错误的。

(1)刀具半径左补偿;　　　　　　　　(2)刀具长度补偿;

(3)刀具直径补偿;　　　　　　　　　(4)刀具半径右补偿。

21. 一个完整的数控加工程序,由程序起始部分、(　　)和程序结束部分组成。

(1)几个分程序;　　　　　　　　　　(2)一个程序段;

(3)若干个功能指令;　　　　　　　　(4)若干个程序段。

22. 一个程序段,由程序段号和若干个(　　)组成。

(1) 数字；　　　　　　(2) 符号；　　　　　　(3) 语言；　　　　　　(4) 功能字。

23. 按机标 JB/T 3051—1999 规定,数控机床编程时,采用(　　)规则。

(1) 按实际切削运动而定；　　　　　　(2) 按坐标系；

(3) 工件相对静止,刀具运动；　　　　　　(4) 刀具相对静止,工件运动。

24. 数控机床都是取平行于实现切削运动的主轴轴线为(　　),且刀具远离工件的方向为(　　)。

(1.1) X 轴；　　　(1.2) Y 轴；　　　(1.3) Z 轴；　　　(1.4) A 轴；

(2.1) 正方向；　　　(2.2) 负方向。

25. 使主轴顺时针方向旋转的指令代码为(　　)。

(1) M03；　　　(2) M04；　　　(3) M02；　　　(4) M05。

26. 仅在本程序段有效,下一程序段用到时,还需写上的指令代码,称为(　　)。

(1) 模态指令；　　　(2) 续效指令；　　　(3) 非模态指令；　　　(4) 辅助功能指令。

27. 数控机床在进行加工前,必须完成手动回零(回参考点)操作,以建立(　　)。

(1) 工件坐标系；　　　(2) 机床坐标系；　　　(3) 机械零点；　　　(4) 工件零点。

28. 在(　　)模式下,可由 NC 操作面板上的键盘把程序输入机床数控装置,所输入的数据在荧屏上可显示出来。

(1) 手动数据输入(MDI)；　　　　　　(2) 点动(JOG)；

(3) 编辑(EDIT)；　　　　　　(4) 自动(AUTO)。

29. 程序结束并复位的辅助功能指令是(　　);结束程序,CNC 复位,并返回到加工程序开始位置的是(　　);操作者需要时才停下的是(　　)。

(1) M00；　　　(2) M30；　　　(3) M01；　　　(4) M02。

30. 数控机床上,刀具的当前位置坐标值是相对于前一位置给出的,该坐标系称为(　　)。

(1) 机床坐标系；　　　(2) 编程坐标系；　　　(3) 相对坐标系；　　　(4) 绝对坐标系。

31. 子程序结束指令是(　　)。

(1) M02；　　　(2) M30；　　　(3) M98；　　　(4) M99。

32. 刀具功能字地址符是(　　)。

(1) G；　　　(2) M；　　　(3) F；　　　(4) T。

33. 取消固定循环指令是(　　)。

(1) G83；　　　(2) G82；　　　(3) G81；　　　(4) G80。

第6章 数控脉冲电火花线切割加工工艺与操作方法

6.1 概述

6.1.1 工作原理与特点

6.1.1.1 工作原理。电火花线切割加工(Wire Cut Electrical Discharge Machining)是利用移动的细金属丝导线(钼丝或铜丝)作为工具电极,接高频脉冲电源的负极,对接该电源正极的工件,进行脉冲火花放电切割加工。根据电极丝走丝速度大小,分为两类加工方法和机床,即高速走丝电火花线切割机(WEDM－HS),工作时电极丝作高速往复运动,走丝速度达 8～12 m/s;另一类为低速走丝线切割加工机床(WEDM－LS),电极丝作低速单向运动,走丝速度为 0.2 m/s 左右。目前,国内已有中速走丝电火花线切割机(WEDM－MS),走丝速度介于两者之间。

图 6.1 为高速走丝电火花线切割机床原理图,钼丝 2 为工具电极;储丝筒 1 使钼丝作往复移动,由脉冲电源 5 供给专用电能;在工具电极丝和工件加工面间隙间浇注工艺液(电介质),工艺液的起冷却、润滑、清洗和防锈作用;工作台带着工件 6 在水平面内,沿 X、Y 轴向完成调整运动,按预先编制的控制程序,随加工表面火花间隙状态,作伺服进给移动的工具电极丝,在工件上的相对运动,合成各种曲线轨迹,切割成形。

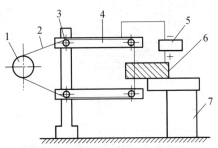

图 6.1 脉冲电火花线切割机床原理图
1-储丝筒;2-工具电极丝;3-导向轮;
4-支架;5-脉冲电源;6-工件;7-绝缘底座

6.1.1.2 加工特点。

6.1.1.2.1 工件硬度不受限制。加工过程中,工件与工具不接触,借工具与工件间的间歇性火花放电,发生局部瞬时高温,使材料局部熔化、气化而蚀除掉。为维持这一工艺过程的持续进行,现代的数控线切割机床,都能使工具-工件加工表面间,自动地保持着一定的放电间隙,约几微米至几百微米,间隙过大,极间电压击不穿极间介质,也就不会产生火花放电;过小,造成短路,也不能形成火花放电。所以,在编程时,必须按工艺参数预置自动进给量,以维持恒定的进给量和间隙,持续地进行加工。由于是非接触式的加工,所以能广泛应用于淬硬钢、不锈钢、模具钢和硬质合金等高硬度材料,以及模具等具有复杂形状、高精度表面的加工。

6.1.1.2.2　间歇性地放电。放电时间一般为 $10^{-7}\sim10^{-3}$ s，然后停歇一下，再发生第二次放电。这样，才能有时间把前一次放电时所产生的热量传导与扩散掉，而将每次的加工点局限于一定范围，以达到预期效果。所以，电火花切割只能采用脉冲电源。

6.1.1.2.3　工艺液介质只起冷却、润滑、清洗和防锈作用，不应发生分解、氧化或还原等变化，以冷却工具电极丝和工件材料，润滑和防护相对运动表面，把加工过程中产生的电蚀金属颗粒废料，从加工间隙内清除掉，还能防护机床部件与工件不会生锈与腐蚀。一般采用绝缘性好的液体介质，如煤油、皂化液或去离子水等。

6.1.1.2.4　工具电极为细金属丝。节省了工具准备等生产准备时间。由于钼丝很细（$\phi 0.025\sim0.30$ mm），切缝很窄，节约了工件材料，又能加工出很精细的工件；加工过程由计算机进行数控，易于加工复杂形状的各种直纹表面；采用高速走丝，电极损耗小，加工精度高。

6.1.1.2.5　通过调节脉冲参数。可以在一台机床上连续进行粗、半精和精加工。精加工尺寸精度达 0.01 mm，表面粗糙度达 $Ra0.8\ \mu$m；精细加工时尺寸精度可达 $0.002\sim0.004$ mm，表面粗糙度为 $Ra0.1\sim0.05\ \mu$m。

6.1.2　电火花线切割机床的基本结构

6.1.2.1　床身。整体铸造结构，由纵向、横向运动工作台、走丝机构和丝架的支承基础构成。内部安装工作电源和工艺液系统。

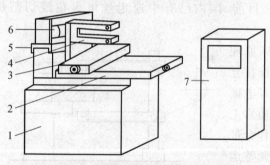

6.1.2.2　工作台。台面上有十字滑板、滚动导轨；通过丝杆-螺母副将电动机的旋转运动，转变为工作台的直线平移运动。

6.1.2.3　走丝机构。使工具电极丝以恒定速度移动，并维持恒定的张力，以保证切缝的尺寸精度和形位精度。电动机通过联轴节与储丝筒连接，由换向装置控制正反向往复运动；电极丝由丝架支撑，借导轮使电极丝与工作台平面保持正确位置，可垂直相交或倾

图 6.2　数控脉冲电火花线切割机床

1-床身；2-下工作台；3-上工作台；4-丝架；5-走丝溜板；
6-储丝筒；7-脉冲电源和微机控制柜

斜一定角度，切割斜面。

6.1.2.4　脉冲电源。由于所用的工具电极丝很细，能导通的电流大小受到限制，还因切割表面粗糙度要求的制约，所用的切割电流较小，而且工作电流的脉冲较窄，约介于 $2\sim6\ \mu$s，所以，切割时常采用正接法加工，即工件接正极，工具电极丝接负极，也称为负极性加工。

6.1.2.5　数控装置。加工过程中，自动控制工具电极丝相对于工件的运动和进给，以完成对工件尺寸和形状的加工要求，并维持稳定的切割过程。这种精确控制工具电极和工件间相对运动轨迹的数控装置，在高速走丝电火花线切割机上，采用步进电动机，以微步距准确跟踪工件的蚀除速度，维持工具电极丝与工件间有一定的放电间隙。间隙的

大小,随加工条件的更改而变化,所以,对这一间隙的变化规律的控制,直接影响加工质量、加工稳定性和加工效率。

6.1.2.6　加工控制。根据加工间隙的平均电压或火花放电状态的变化,由变频电路自动调整伺服进给速度,从而自动保持在一定的放电间隙下稳定地加工。

6.1.2.7　短路退回。一旦发生短路时,工具电极丝沿原来经过的轨迹,自动地快速退回,消除短路,防止断丝。

6.1.2.8　偏移补偿。由于工具电极丝有一定大小的直径,火花放电时造成一定宽度的间隙,而工具电极丝的移动轨迹,是以电极丝中心移动路线为准,所以在加工零件外表面时,工具电极丝中心轨迹,应向零件边界尺寸之外偏移,以补偿火花放电间隙和工具电极丝的半径值;反之,加工内表面时,应向内偏移作间隙补偿,所以也可统称为偏移补偿。

6.1.2.9　自适应控制。加工厚度变化的工件时,机床能自动地改变预置进给速度和加工过程中的电气参数(如工作电流大小、脉冲宽度等),毋需人工调节,就能自动地完成。

6.1.2.10　自动找正中心。处在加工孔中的工具电极丝,能自动地找正孔中心,并停止在该位置上。

6.1.2.11　工艺液系统。加工过程中,必须连续不断地向放电-走丝区域注入工艺液,以冷却、润滑工具电极丝和工件;排除电蚀产物,保持工作区域和电极的清洁,才能保持火花放电持续不断地进行;还要起良好的防锈作用,机床部件不致受到腐蚀和生锈,这一系统一般由贮槽、齿轮泵、控制阀、管道和过滤网等组成。

6.1.3　机床型号和技术参数

我国机床型号的编制,按机标 JB 1838—76《金属切削机床型号编制方法》的规定进行命名,以汉字拼音和阿拉伯数字组成,表示机床类别、型号、特性和基本参数。表 6.1 所示为电火花线切割机床的基本参数;表 6.2 表示了我国生产的主要型号数控电火花线切割机床的技术参数。

表 6.1　脉冲电火花线切割机床基本参数

工作台	横向行程/mm	100		125		160		200		250		320		400	
	纵向行程/mm	125	160	160	200	200	250	250	320	320	400	400	500	500	630
	承载量/kg	10	15	20	25	40	50	60	80	120	160	200	250	320	
工件尺寸	最大宽度/mm	125		160		200		250		320		400		500	
	最大长度/mm	200	250	250	320	320	400	400	500	500	630	630	800	800	1 000
	最大切割厚度/mm	40、60、80、100、120、180、200、250、300、350、400													
	最大切割锥度	0°、3°、6°、9°、12°、18°(18°以上,每档间隔,增加6°)													

表 6.2 中,各型号机床的电源均为 3 相 380 V,50 Hz;走丝速度都为 0.5～11 m/s;钼丝直径都是 0.12～0.20 mm;最大切割斜度均为±1.5°/100;可加工厚度,表中前两者为50～250 mm;后两者为 50～350 mm;工作行程以 DK7725 型机床为最小,依次是 DK7725型:250×320 mm;DK7732 型:320×400 mm;DK7740 型:400×500 mm;DK7763 型:

630×800 mm。

表 6.2　国产脉冲电火花线切割机床主要技术参数

机床型号	DK7725	DK7732	DK7740	DK7763
台面尺寸/mm	420×600	450×660	500×750	680×1 250
功率,kVA	1.2	1.2	2	3
机床外形尺寸/mm	1 200×700×1 400	1 230×760×1 400	1 400×900×1 400	2 100×2 000×1 800

6.2　工艺参数的选用及其对加工质量的影响

6.2.1　切割加工的主要工艺指标

6.2.1.1　切割速度 v_w。单位时间内工具电极丝中心线切过工件上的总面积,称为切割速度,其单位为 mm^2/min。以输出每一安培电流的切割速度,称为切割效率。慢走丝的切割速度为 40～80 mm^2/min;快走丝的切割速度达 350 mm^2/min。而切割效率一般为 20 $mm^2/min \cdot A$。

6.2.1.2　表面粗糙度 Ra。快走丝线切割的工件表面粗糙度,通常为 $Ra1.25$～2.5 μm,最高可达 $Ra1 \mu m$;慢走丝切割时通常为 $Ra1.25 \mu m$;最高可达 $Ra0.2 \mu m$。

6.2.1.3　加工精度。加工精度与切削加工时一样,是指工件的尺寸精度和形位精度的总和。快走丝切割时的加工精度为 0.01～0.02 mm;而慢走丝时为 0.002～0.005 mm。

6.2.1.4　工具电极丝的损耗。切割 10 000 mm^2 工件面积后,工具电极丝直径的减小量,称为工具电极丝损耗量。通常每切割工件面积 10 000 mm^2,工具电极钼丝损耗量为直径减小量,约 ≤0.01 mm。

6.2.2　工件的精确定位安装

在切割机床工作台上安装工件时,必须使工件的定位基准与工作台 X、Y 平移方向平行,以保证零件图上规定的加工面对加工基准之间的位置精度要求。常采用以下两种方法,使工件精确定位。此外,工件坯料须经去除内应力热处理;平磨后须消磁处理;表面无氧化皮。

6.2.2.1　百分表找正法。将百分表表架的磁性表座固定在丝架上,百分表量头与工件基准面接触,移动工作台,按百分表指示值,沿 X、Y、Z 三个方向调整工件位置,达到零件图要求的定位精度为止,夹紧工件。

6.2.2.2　划针找正法。将划针固定在丝架上,划针对准工件上的基准线,移动工作台,按光隙法测出针尖与基准的偏差,把工件位置调整到所需定位精度要求,并固定之。

6.2.3　工具电极丝的选择及定位

6.2.3.1　工具电极丝的材料和直径。快走丝机床常用钼丝作工具电极丝,直径为

$\phi0.08\sim\phi0.2$ mm 之间,因钼丝抗拉强度高,适用于高速走丝加工。钨丝抗拉强度也很高,直径可达 $\phi0.03\sim0.1$ mm 之间,可用于窄缝的精加工,也适用于快走丝机床。但因它在地壳中的丰度只有钼的七十分之一,而价格昂贵。慢走丝机床常用黄铜丝作为工具电极丝。

较细的工具电极丝适用于加工带尖角、窄缝的小型模具;切割厚度大的大型工件时,宜用较大的切割电流,就应选用较粗的工具电极丝。

6.2.3.2　工具电极丝的定位操作。线切割加工时,须先把工具电极丝中心置于线切割起点坐标原点上,常采用下列方法:

6.2.3.2.1　目测法。藉直接观察或利用低倍显微镜(5 倍左右),沿工件上的加工基准线方向,观察工具电极丝与基准线的相对位置。当工具电极丝中心与工件上纵、横向基准线都重合时,记下这时工作台纵向和横向的读数,即是工具电极丝中心的坐标位置,如图 6.3 所示。

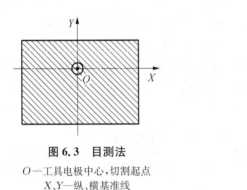

图 6.3　目测法

O—工具电极中心,切割起点

X、Y—纵、横基准线

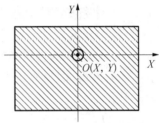

图 6.4　机床数控系统自动找正

$O(X,Y)$—工具电极中心,

切割起点

6.2.3.2.2　数控系统自动找正法。数控系统功能较强的线切割机床,大多具有这一功能。其原理是工具电极丝与孔壁接触而发生短路,以此确定中心点,建立切割起点坐标。图 6.4 所示,首先找正 X 轴方向的孔中心坐标:将工具电极丝沿 X 轴向移至一侧,与孔壁接触,发生短路,记下此时的 X 轴坐标轴;然后反向移动至另一侧相接触,记下这时的 X 轴坐标轴。数控系统根据上述两次的坐标值,自动计算出 X 方向的中点坐标值,即两次读数绝对值的算术平均值。同理,再沿 Y 轴方向找正中心。经几次重复,以提高找正精度。

6.2.3.2.3　电火花法。当粗加工外轮廓时,常用电火花法确定工具电极丝中心坐标,建立切割起点位置。这时,可移动工作台,工件基准面慢慢接近工具电极丝,当出现电火花时,记下工作台所示的坐标值,再根据电极丝半径和放电间隙,计算出这时工具电极丝所处的中心坐标值,而建立起切割起点。

6.2.4　加工工艺参数的选用

数控脉冲电火花加工的工艺参数,主要包括脉冲电源参数、机械参数和工艺液种类与用量等。

6.2.4.1　脉冲电源参数。

6.2.4.1.1　脉冲波形。数控脉冲电火花切割机常有两种电脉冲波形,可供选用:

6.2.4.1.1.1 矩形脉冲波。脉冲放电的波形,如图 6.5 所示。这种放电脉冲波形是快走丝线切割机常用的波形,加工稳定性好,切割效率高,适用范围广泛。

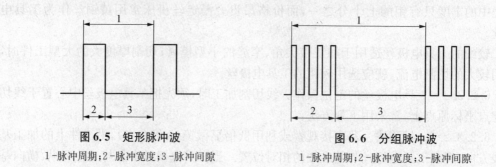

图 6.5 矩形脉冲波　　　　　　　　　　　图 6.6 分组脉冲波
1-脉冲周期;2-脉冲宽度;3-脉冲间隙　　　　1-脉冲周期;2-脉冲宽度;3-脉冲间隙

6.2.4.1.1.2 分组脉冲波。如图 6.6 所示,这种脉冲波形适用于厚度较薄的工件,特别是在精加工时,加工稳定性好,切口质量高。

6.2.4.1.2 脉冲宽度。单个脉冲周期中的放电时间,称为脉冲宽度。线切割时,设置的脉冲宽度介于 40 μm(微秒)以内。增加脉冲宽度,切割速度增加,但加工表面的表面粗糙度变差。所以厚度适中,材质易加工,表面粗糙度要求较高的工件,所设置的脉冲宽度在 2~20 μs 之间;厚度大,材质切割性差的粗加工件,所设置的脉冲宽度,应在 20 μs 以上,参见表 6.3 所示。

表 6.3　快走丝线切割用脉冲电源参数

加工技术条件	脉冲宽度 $t_i/\mu s$	峰值电流 I_e/A	脉冲间隙 $t_o/\mu s$
工件厚度较大,表面粗糙度 $Ra>$ 2.5 μm	20~	>12	为加工稳定性起见,通常取 $t_o/t_i=$ 3~8
半精加工 $Ra1.25~2.5$ μm	6~20	6~12	
精加工 $Ra<1.25$ μm	2~6	<4.8	

6.2.4.1.3 脉冲间隙。单个脉冲周期中的放电停歇时间,称为脉冲间隙。又称脉冲间隔。缩短脉冲间隙,可增加切割速度,对表面粗糙度影响也不大。但不能过小,否则,使放电停歇时间不足,消电离不充分,放电时的电蚀废料来不及排除掉,导致切割过程不稳定,易烧伤工件,甚至断丝;反之,若脉冲间隙过大,会使切割速度下降,还会导致切割过程不稳定。

对于切割性好的材料,如铜、铝及其合金以及包括碳钢、合金钢等淬硬钢,因其熔点、气化点、导热系数和线膨胀系数等都较适宜于切割加工,加工过程稳定,切割速度较高;硬质合金尽管切割速度较低。但切割过程也较稳定。上述这些材料的工件,当厚度不大时,其脉冲间隙可设置为脉宽的 3~5 倍,以取得较高的切割速度。

对于切割性差的材料,如不锈钢、磁钢、高碳钢等,切割过程稳定性差,切割速度低,加工表面的表面粗糙度差,电蚀产物易黏附。这类厚度大、难加工、排屑不易的工件材料,脉冲间隙应设置得长些,取脉冲宽度为 5~8 倍为宜。

此外,经热处理的坯料线切割后,会破坏材料内残余应力的相对稳定平衡状态,工件发生二次变形(第一次是热处理变形)。所以,除了正确选用线切割工艺参数外,设计以线切割为主要加工方法的冷冲压模具时,就应尽可能选用可锻性好(即韧性好、变形抗力小)、淬透性好、热变形小的材料,如合金工具钢 CrWMn、Cr12Mo、GCr15 等钢号。

6.2.4.1.4　放电峰值电流。峰值电流是决定每一电脉冲放电能量大小的主要参数,随工件图上的表面粗糙度要求和工具电极丝的直径而定。当表面粗糙度要求不高,工具电极丝较粗时,选用的电流可大些,其取值范围可参见表 6.3。峰值电流增大时,切割速度提高,但表面粗糙度变差,工具电极丝损耗也增加。所以峰值电流的设置范围通常<40 A,平均电流<5 A。

6.2.4.1.5　空载电压。即开路电压。调整开路电压,放电峰值电流和放电间隙都会变化。当调高开路电压时,放电间隙增大,排屑容易,提高了切割速度和加工稳定性,但工具电极丝的损耗率增加。通常取开路电压为 60~90 V,参见表 6.3。

6.2.4.1.6　正极性接法。线切割用脉冲电源大多由 50 Hz 交流市电,经变频电路高频功率晶体管转换成高频单向脉冲电源,由于切缝狭窄,工具电极丝很细,所以其导通的电流不大(平均电流<5 A),但脉冲火花放电的持续时间极短,且仅在切缝表面若干微凸体上形成放电通道,因而达到很高的电流密度(10^3~10^4 A/mm²),在电磁场力作用下,从负极释放出的电子,以极高的速度(近于光速)撞击正极,远比正离子撞击负极的能量大,从而正极上转化成的热量大,温度高,达 10 000℃ 以上,使这些微凸体熔化、气化,形成电蚀产物。所以,加工时常用正极性接法,即工件接脉冲电源的正极,工具电极丝接脉冲电源的负极,以提高切割速度。

6.2.4.2　线切割的机械参数。

6.2.4.2.1　进给速度。切割时,须设置进给速度。试切割时,应予以调节,使进给速度正好跟踪工件的蚀除速度,以保持加工间隙恒定在最适宜值上。这时,有效加工放电状态的比例大,而开路(空载)状态和短路状态的比例小,切割速度达到给定加工条件下的最大值,相应的加工精度和表面质量也最佳。

如在机床参数菜单栏内预置的进给速度太快,超越了工件可能的蚀除速度,会出现频繁的短路,甚至出现电弧放电,造成切割速度反而低下,表面质量也变差,工件上下端面切缝两侧呈焦黄色,甚至发生断丝;反之预置进给速度过慢,落后于工件实际的蚀除速度,两极间偏于开路,就有可能时而开路时而短路,时而电弧放电,切缝两侧上下端面出现焦黄色和污黑斑。

以上两种状态都严重影响了切割工艺指标,所以在加工过程中,尤其试切割时,操作者必须全程密切监视电源控制柜面板右上方的电压表和电流表,并调节进给旋钮。若电流表指针不断地向后摆回,说明预置进给速度过小,远小于实际蚀除速度,两极间间隙内的伺服电压过大;若电流表指针不断地向前冲摆,向电路短路电流增大值方向摆动,则说明预置进给速度值过大,不断地造成切割短路所致。仅当电流表指针基本上稳定不动时,则表明预置进给速度与工件的实际蚀除速度一致,两极间的伺服电流值基本恒定,实际间隙大小基本不变,火花放电维持在稳定状态,进给速度均匀、平稳,工艺指标处在最佳状态。

除了用电流表、电压表监控火花放电状态外,也可用示波仪直接监控火花放电两极间的电压波形,来监控火花放电的状态。将示波仪的 Y 轴输入柱和对地接线柱,分别与工件和工具电极丝连接,并调整好同步,可从示波仪荧光屏上观察到火花放电的极间电压波形状态,如图 6.7 所示。若看到切割时的加工电压波形密度稠密,而开路电压波形和短路电

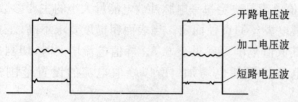

图 6.7　示波仪荧屏上显示的正常加工波和杂波

压波形密度很弱时,则其进给速度与工件蚀除速度基本同步,两极间的间隙伺服电压适当,使伺服进给系统能以微步距准确跟踪工件材料蚀除速度;若看到开路电压波形或短路电压波形密度很大时,就需调整速度调节旋钮,改变切割速度,使之符合要求为止。

6.2.4.2.2　工艺液。

6.2.4.2.2.1　水类工艺液。如自来水、去离子水和蒸馏水等。由于它们热容量大,导热性很强,所以冷却能力强,使工具电极丝冷、热变化剧烈,易引起热疲劳而断丝;净水的洗净能力差,电蚀废物排除不尽,使放电间隙内未充分净化,因而频繁地出现短路和电弧放电现象,烧伤工件,使工件两端切缝边缘处出现焦黄斑和黑斑,且切缝不连贯,时断时续,呈断续状态。

6.2.4.2.2.2　煤油类工艺液。如 100％煤油、含 30％变压器油的煤油,不易断丝,但切割速度低,通常为 2～3 mm²/min。因为煤油的介电常数远高于水,绝缘性高,用于击穿介质、形成放电所耗放电能量多,因而导致切割速度低些;但煤油热容量小,导热系数小,冷却能力远小于水,因而工具电极丝的温差变化小,且润滑性能好,工具电极丝磨损小,故不易断丝。

6.2.4.2.2.3　皂化液。水中加入少量脂肪酸钾皂或脂肪酸钠皂等软皂或皂片等,切割速度就会成倍提高,因为这种工艺液的清洗性显著提高,切割时产生的电蚀废物易于清洗掉,改善了放电间隙净化状态的缘故。

6.2.4.2.2.4　乳化液。快走丝线切割时,目前最常用的是乳化液。它由油、水和表面活性剂复配而成。通常市售原液是油与表面活性剂的黏稠液,使用时加入自来水复配,油的质量分数≥5％～10％,其介电常数高于水,低于煤油;冷却能力比水弱,比煤油强;清洗性比水和煤油都好,故切割速度比前两者都高。我国国家标准对数控脉冲电火花切割机床用工艺液已有明确规定,原液和稀释液应均为透明或半透明液体,消泡性好,表面张力要小,具有良好的防锈性和耐蚀性,在 35℃、相对湿度 RH＞95％（Relative Humidity, RH）下,经 24 小时,无锈迹,与机床涂刷的油漆相容性好,不允许消光、变色、发黏和脱落;且切割效率应大于油基重负荷工艺液。由此,也足见工艺液的重要性。

工艺液的脏污程度对切割工艺指标也影响很大,纯净的也不是最好,因为纯净的工艺液介电常数大,绝缘性好,不易形成放电通道;唯有用过的工艺液,即使经过沉淀、过滤,仍有一些细小的电蚀废物混杂着,而易于形成放电通道,反而提高了切割速度;但太脏的工艺液混杂物过多,切割间隙消电离不充分,容易引发二次放电,对加工不利。所以必须经常检测,及时更换。

此外,当导轮、轴承等因磨损而造成偏摆,工件上下端面处工艺液浇注不匀时,都会使

加工表面上出现凹凸相间的条纹,恶化工艺指标。

6.3 线切割机床的基本操作要领

6.3.1 控制和操作面板

数控脉冲电火花线切割机床的面板,以国产 DK77 系列型机床为例,包括:

6.3.1.1 脉冲电源柜面板。图 6.8 所示为脉冲电源柜面板,其各组件的功能如下:其中 1 为 CRT 显示器。开机后,按任意键,荧屏上显示加工主菜单图面,如图 6.9 所示,在图面左上部,显示当前机床的坐标值,其下为加工的起始时间和终止时间;在图面左中部,显示各菜单及其功能,有文件管理、加工运行、手动操作、机床参数和接口检测等功能;在图面右上部为图形显示,显示正在加工的零件及其加工情况;在图面中部区域为帮助菜单,显示各操作信息;在图面的下端区域为功能键区,可设置和操作各子功能,例如按图 6.8 中的 F1 键就会显示出文件管理菜单的 8 个子菜单内容。如图 6.9 中所示。2 为电压表,显示高频脉冲电源的加工电压。3 为电流表,显示高频脉冲电源的加工电流。4 为频率调整键,预加工中手动调整脉冲频率大小,以达到适宜的预置切割速度。5 为启动键,按下此键,接通脉冲电源,启动数控系统,绿灯亮。6 为急停键,加工时,发生故障,应立刻按下此键关机。7 为磁盘插口,加工程序磁盘由此插入或退出。8 为键盘,可键入加工程序或指令。

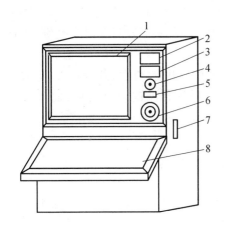

图 6.8 脉冲电源柜面板

1-CRT 显示器;2-电压表;3-电流表;4-频率调整键;5-启动键;6-急停键;7-插口;8-键盘

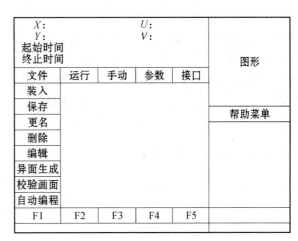

图 6.9 加工主菜单图面

6.3.1.2 手持操作盒面板。为便于操作者边观察边调整机床工作台位置,可采用手持操作盒,以手动移动机床工作台,其操作面板如图 6.10 所示。其中 1 为波段键,分四档移动速度:0 是点动,按一下,相应坐标轴就移动一下;1、2、3 是低速、中速、高速移动键。

设定所需移动速度后,再按轴 X、Y 等方向键,工作台就开始按所需方向调整运动。

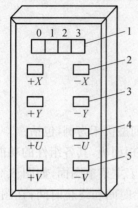

图 6.10　手持操作盒

1—移动速度波段键;2—X 向键;
3—Y 向键;4—U 向键;5—V 向键

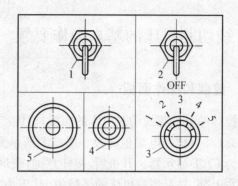

图 6.11　储丝筒操作面板

1—检查断丝开关;2—上丝电动机开关;
3—调速旋钮;4—储丝筒启动键;5—储丝筒急停键

6.3.1.3　储丝筒操作面板。图 6.11 所示为储丝筒操作面板,其中 1 是检查断丝倒顺开关,当工具电极丝正常运行时,两导电块经电极丝形成通路;当出现断丝时,两导电块间形成开路,该检查回路即发出信号,令储丝筒和脉冲电源柜工作程序立即停止。2 是电极丝张紧电动机开关(上丝电动机开关),把外购的绕在丝盘上的电极丝平整地绕到储丝筒上去的操作,称为上丝。上丝时,应合上此开关,丝盘在电动机带动下,以恒定转矩将电极丝拉紧,使工具电极丝平整整齐地以恒定的张力紧紧地绕在储丝筒上。3 为储丝筒调速旋钮,共有五档走丝速度,在 2.5～9.2 m/s 间变化。图中 1 档,走丝速度最低,只用于上丝操作时;切割薄工件时,用 2、3 档;切割厚件时,用 4、5 档。4 为储丝筒启动键,按下此键,开始启动储丝筒旋转,在上丝和穿丝操作中,都需启动储丝筒旋转。5 为储丝筒急停键,按下此键,立即停机。上丝和穿丝操作时,必须先按下此键(红色)并锁住,以免旁人误操作,启动储丝筒,酿成事故。开启储丝筒时,须先释放急停键,然后再按储丝筒启动键。

6.3.2　线切割加工的操作步骤

6.3.2.1　开机和关机。

6.3.2.1.1　开机。合上机床电源的空气开关,接通总电源;释放开急停键;最后才按下启动键(绿色),数控系统开始工作。

一旦出现死机或无法返回加工主菜单图面(见图 6.9)时,可同时按下 Ctrl、Alt 和 Delete 三键,重启数控系统。

6.3.2.1.2　关机。按下急停键后,再关掉空气开关。

6.3.2.2　上丝操作。先按下储丝筒急停键,并开断检查断丝倒顺开关;把丝盘套上上丝电动机轴并锁紧;用摇手柄将储丝筒转至极限位置或离极限位置一定距离处;从丝盘上拉出工具电极丝的一端,绕过介轮、导轮,用紧固螺钉把丝头固定在储丝筒端面上;剪短多余丝头后,先手动将储丝筒顺时针转几圈后,启动上丝电动机,把电极丝拉紧,防止松散、乱丝；手动旋转储丝筒，将电极丝密排依次绕上储丝筒达 10～15 mm 宽度后，取下摇手柄，松开储丝筒急停键，把储丝筒调速旋钮 3（见图 6.11）转至第一档，即上丝速度档，走丝速度最低；按下储丝筒启动键，开始自动绕丝，接近绕完时，按下储丝筒急停键，停止自动绕丝；将电极丝拉紧后，关掉上丝电动机，固定好丝头，以防松散、乱丝。自动上丝完成。

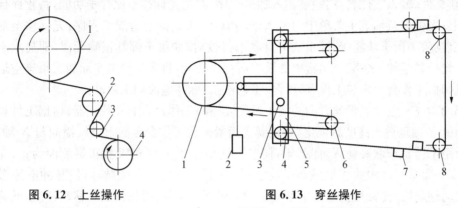

图 6.12　上丝操作

1-储丝筒；2-导轮；
3-介轮；4-上丝电动机

图 6.13　穿丝操作

1-储丝筒；2-重锤；3-插销；4-定滑轮；
5-张丝支架；6、8-导轮；7-导电块

手动上丝时，不需要启动储丝筒，手动摇转摇手柄，匀速转动储丝筒，即可将电极丝上满储丝筒。

6.3.2.3　穿丝操作。如图 6.13 所示，先按下储丝筒急停键，然后把张丝支架拉至紧靠机床前面，并用插销固定好，拉出储丝筒上电极丝一端线头，紧紧拉紧依次绕过各导轮、定滑轮、导电块，最后用螺钉固定在储丝筒端面上；剪短丝头，用摇手柄转动储丝筒，反向绕几圈使电极丝两端都有足够长度绕在储丝筒上；拔去张丝支架固定插销，让张丝支架在平衡锤重力作用下，移动至张力平衡为止。穿丝操作完毕。

6.3.2.4　储丝筒行程的调整操作。用摇手柄手动摇转储丝筒，使平绕在储丝筒上的电极丝长度剩下若干储丝量，约为储丝筒长度的 5～8 mm 绕丝量为止；松开一侧的行程挡块，把它移至紧靠继电器触发开关或感应开关后固定好；用上述相同办法，调整好电极丝的另一端。这样，两行程挡块间的距离，即为电极丝的行程长度。

同时，如此调整后，电极丝的两端都有足够长度的余量，可避免高速走丝时拉断电极丝，造成机械断丝。

6.3.2.5　设置机床坐标系的操作。数控系统启动后，应先建立机床坐标系，其操作如下：光标移至加工主菜单中的手动操作菜单的撞极限子功能；按下 F2 键，移动机床 X 轴至负极限，就自动建立了 X 轴坐标；同理，按下 F4、F6 和 F8 键，分别建立起 Y 轴、U 轴和 V 轴的坐标；光标再移至手动操作菜单的设零点子功能，按下 F5 键，在当前坐标系下，将各轴坐标同时设为零，这样，就建立了机床坐标系。

6.3.2.6　移动工作台的操作。移动工作台常用两种操作方法。

6.3.2.6.1　手持操作盒操作法。光标移至主菜单下的手动操作菜单的手控盒子功能；再按手持操作盒面板上的波段键，选用移动速度；最后，按所需移动轴的方向键，使工作台定向移动。

6.3.2.6.2 键盘输入操作法。光标移至主菜单下的手动操作菜单的移动子功能;再从移动子功能中,光标移至快速定位功能上单击或按下 F1 键;由键盘输入所需移动轴和移动方向;最后,按 Enter 键,工作台就定向移动。

6.3.2.7 程序编制和校对。光标移至加工主菜单文件中的编辑子功能;按下 F3 键,创建新文件,输入文件名,用键盘输入加工程序,并把光标移至保存子功能,将程序保存到磁盘上;光标移至加工主菜单中的装入子功能,调入磁盘上的加工程序;光标移至加工主菜单上校验画图子功能,数控系统可自动进行校对,如果全部都正确无误,即显示出工件图形;光标移至加工主菜单运行中的模拟运行子功能,机床将模拟实际加工轨迹空运行一回。这时,工作台上未装工件,储丝筒、工艺液泵、脉冲电源均未启动。

6.3.2.8 电极丝走丝方向的找正操作。擦净工作台台面和找正器;根据工件切割厚度,调整 Z 轴至适当高度后锁定,找正器底面紧贴在工作台台面上,纵、横向与 X 轴、Y 轴平行;用手持操作盒移动 X 轴、Y 轴,使电极丝贴近,但还未触及找正器侧面为止;光标移至加工主菜单手动中的接触感知子功能;按下 F7 键,启动高频脉冲,使脉冲电源微弱放电,启动储丝筒;光标移至加工主菜单手动方式下,用手持操作盒调整移动速度,低速移动电极丝,慢慢地更接近找正器侧面,当两者的间隙足够小时,出现极为微弱的放电火花。按照火花的均匀度,可鉴别电极丝的倾斜度。按下手持操作盒点动 U 轴或 V 轴坐标值,至火花在找正器垂直面上厚度方向,上下均匀一致为止,电极丝在走丝方向上,即已找正。

6.3.3 典型零件的加工工艺与参数选择

数控线切割加工主要用于加工模具和各种特殊零件,使用最广的是冷冲模加工,其加工工艺过程和工艺参数的选择,以加工实例的形式列举如下,以供制订加工工艺时参考。

6.3.3.1 加工工艺过程的工序安排。

6.3.3.1.1 凸模类工件。坯料下料→锻造→退火→铣或刨各平面→磨上下装夹平面和找正基面→退磁→划线、钻穿丝孔→淬火、回火→去应力→精磨上下装夹平面和找正基面→退磁→线切割→钳工修整、装配、检验→成品。

6.3.3.1.2 凹模类工件。坯料下料→锻造→退火→铣或刨各平面→磨上下装夹平面和找正基面→退磁→划线、铣削或钻穿丝孔、粗线切割加工型孔,并留 3～4 mm 精线切割余量→淬火、回火→去应力→精磨上下装夹平面和找正基面→退磁→精线切割→钳工修整、装配、检验→成品。

为了保证线切割工件形位公差和尺寸公差等级的技术要求,就模具而言,尤为重要的是,必须保证穿丝孔与工件装夹定位面间的垂直度,才能使电极丝与穿丝孔沿工件厚度和纵、横向的定位都正确。所以,钻穿丝孔前,必须磨削工件装夹定位面和找正基面,以保证其精度要求。

中小型剪裁模(凹模和凸模)的材料,选用低合金工具钢 CrWMn 钢号。凹模和凸模工作面间的单向侧隙为 0.01 mm;图纸上有圆角过渡者外,所有转折交点均以半径 0.1～0.15 mm 的过渡圆弧连接之。

大中型冷冲模,因工件厚度大,截面尺寸宽,为保证淬透性、减少热变形和残余应力,还需要高刚性、高耐磨性和较高的硬度,就应选用高合金工具钢 Cr12MoV 钢号。

表 6.4 所列的钢号 CrWMn 钢是低合金工具钢,淬透性好,淬火(820～840℃油淬),中温(350～380℃)回火后,具有比较高的硬度(≥53 HRC),耐磨性好(比 T10A 钢提高了8 倍),且韧性好,强度较高。钢中的元素 W 能细化晶粒,降低钢过热敏感性,韧性好,所以较多地用作冷冲模钢。但应严格控制热加工工艺,因钢中碳含量高,当原材料网状碳化物严重时,应先进行高锻比反复锻造,终锻温度要高于网状碳化物形成温度。终锻后,快冷至 700℃以下,防止在晶界上再形成网状碳化物,影响后续工序的加工性能。

表 6.4　合金模具钢

钢号	C%	Cr%	W%	Mn%	Mo%	V%	Si%	S%	P%
CrWMn	0.9～1.05	0.90～1.20	1.20～1.60	0.80～1.10			≤0.40	≤0.03	≤0.03
Cr12MoV	1.45～1.70	11.0～12.50		≤0.40	0.40～0.60	0.15～0.30	≤0.40	≤0.03	≤0.03

钢号 Cr12MoV 钢是高合金模具钢,平均含碳量 1.57%,形成合金型碳化物$(Fe,Cr)_7C_3$,提高了钢的淬透性、耐磨性,且热变形很小,而强度和韧性较高,所以也称为高合金微变形模具钢。由于加入了钼(Mo),减轻了碳化物的偏析,改善了回火性能;钒(V)能细化晶粒,而增加了钢的韧性。经过 820℃预热,1 120℃淬火,油冷,510℃高温回火,残余奥氏体分解,形成合金碳化物沉淀,出现二次硬化,硬度达 60～61 HRC。且热稳定性和热强性提高。为保证模具工作面和切口边缘的硬度,最终热处理之前,应经粗加工(粗铣或线切割粗加工)成光坯后,再热处理。使凹模型孔各面均留有 3～4 mm 余量,供后续线切割精加工之需;工件较大时,采用工件两端双支承装夹方式,充分利用线切割机床工作台支架平面定位安装;将要切割完毕时,切割下来的废料易出现位移,会卡住电极丝,甚至断丝,可在坯料上表面安置一块磁铁,以便将废料稳定地吸牢在工件上。

6.3.3.1.3　特种工件。薄壁、窄槽、异形孔等复杂结构和特殊钢工件,均属此类。这类工件不仅材料特殊,如奥氏体不锈钢(1Cr18Ni9Ti 钢)、钼合金板等,而且技术要求高,尺寸精度、形位精度和表面粗糙度等都要求较高,例如缝宽很窄,常介于 0.08～0.1 mm之间,线性尺寸公差在 ±0.005 mm 以下,表面粗糙度 $Ra<0.4\ \mu m$(微米)等。当制订加工工艺时,就需采取相应措施:

6.3.3.1.3.1　细小的穿丝孔,通常在电火花成形机床上,用细铜丝加工,孔壁与工件上下基面的垂直度≤0.01 mm/0.5 mm,保证形位公差要求。

6.3.3.1.3.2　线切割时,须一次进给成形。当不得不原路重复进退时,应先切断高频脉冲电源,以保证切缝宽度的一致性。

6.3.3.1.3.3　按切缝宽度大小,选用电极丝直径,通常介于 $\phi0.035\sim0.10$ mm之间。

6.3.3.1.3.4　快走丝线切割时的实践经验得出:当走丝速度<0.6 m/s 时,切割稳定性差;当走丝速度=2 m/s 时,切割稳定性显著变好;当>3.4 m/s 时,又反而变差了。因而,宜选用 0.8～2.0 m/s 的速度范围。

6.3.3.1.3.5　为了保证工件切缝形状和尺寸的正确性,电极丝的进给挡块,可采用宝石限位器,其兼具优良的耐磨性和绝缘性。

6.3.3.2　工艺参数的选择。选择适当的工艺参数,可保证切割表面的表面粗糙度和加工精度要求,而且切割过程稳定,切割速度较高,并兼具较高的切割质量和效果。选用时,应按具体情况而定。

6.3.3.2.1　上例中的中小型剪裁模线切割时,其材料为 CrWMn 低合金工具钢,可选用的脉冲电源参数为:空载电压 80 V、脉冲宽度 8 μs(微秒)、脉冲间隔 30 μs、平均电流 1.5 A(安培)。机械参数为:快走丝方式下的走丝速度 9 m/s、电极丝为钼丝、直径 ϕ0.12 mm、工艺液为乳化液(含油量:5%)。

切割效果:切割速度 20～30 mm^2/min;表面粗糙度 Ra1.6 μm;经检验和试配:凹、凸模可直接装配使用。

6.3.3.2.2　上例中的大中型冷冲模,材料为 Cr12MoV 钢号的高合金工具钢。切割时可选用的工艺参数,包括脉冲电源参数为:空载电压:95 V;脉冲宽度:25 μs;脉冲间隔:78 μs;平均脉冲电流:1.8 A。机械参数可选用:走丝速度:9 m/s;电极丝材料:钼丝;直径:ϕ0.3 mm;工艺液:乳化液(含油量:5%)。

切割效果:切割速度达 40～50 mm^2/min;表面粗糙度 Ra3.2 μm;尺寸公差等级 IT6～7 级。

6.3.3.2.3　特种钢,如 1Cr18Ni9Ti 钢号等不锈钢之类难加工材料,图面技术要求又较高时,应选用的工艺参数,如脉冲电源参数的空载电压取 55 V;脉冲宽度 1.2 μs;脉冲间隔 4.4 μs;平均脉冲电流 100～120 mA。机械参数可选为快走丝方式下的走丝速度 2 m/s;电极丝材料为钼丝,直径为 ϕ0.05 mm;工艺液为乳化液(含油酸钾:5%)。

切割效果:工件切割表面的表面粗糙度 Ra<0.4 μm;尺寸公差等级:IT5～6 级。

6.3.4　故障分析与维护保养

6.3.4.1　线切割加工常见故障、原因分析和处理办法。线切割加工过程中出现的故障,以断丝和短路最为常见。

6.3.4.1.1　断丝。断丝的原因是多方面的,主要有:

6.3.4.1.1.1　工具电极丝本身的材质问题,如成分不纯,强度未达标准或电极丝本身已有机械性创伤,如折痕、打结等。

6.3.4.1.1.2　使用日久,损耗大,直径已变细,表面分布着电蚀坑,造成应力集中而断丝。

6.3.4.1.1.3　上丝时,电极丝直径选择不当,直径过细,能承受的电流小,缝隙窄,排屑不畅,加工不稳定,造成断丝。而直径太粗时,切缝过宽,切割量增加,影响切割速度,所以快走丝切割时,常用的电极丝直径,介于 ϕ0.12～0.18 mm 之间为宜。

6.3.4.1.1.4　上丝时张紧过度,超出了材料的弹性极限。切割时工具电极丝频繁地往复、弯曲、摩擦,脉冲放电时的激烈冷、热循环,在机械应力和热应力双重作用下,极易发生疲劳性断丝。而上丝过松,则在切割时,电极丝易弯曲变形,不仅偏离工件轮廓,扩大形状、尺寸误差,严重时,还会跳出导轮槽而断丝。所以,上丝张紧力应在电极丝拉强度极限内尽量选得大一些,当然,这就取决于电极丝的材料和直径,通常高速走丝钼丝的张紧力,介于5~10 N之间。

6.3.4.1.1.5 走丝速度不能过高。在适当范围内,提高走丝速度,有利于将工艺液带入放电间隙,充分排除电蚀产物,从而使放电过程稳定和连续,而可提高切割速度。但走丝过快,振动大,不仅加工精度和表面粗糙度变差,严重时,酿成断丝,因而,高速走丝时,电极丝的走丝速度<10 m/s为宜。

6.3.4.1.1.6 工件材质和厚度大小的影响。材料不同,放电过程的稳定性不同。薄壁件切割时,工艺液容易进入放电间隙,排屑容易,火花放电稳定性好;工件壁太薄时,工具电极丝在电场力和机械力联合作用下,容易颤抖,不仅降低加工精度和表面粗糙度,严重时,引起断丝。工件太薄,工艺液不易充分冲洗放电间隙,排屑条件变差,放电不稳定,也会引起断丝;此外,工件未充分消除内应力和磁性,也会恶化工艺条件,造成断丝。

6.3.4.1.1.7 导丝系统的问题。当导丝系统的传动精度下降时,引起储丝筒、导轮或导电块径向跳动或轴向端面跳动,甚至斜跳,引起电极丝激烈颤抖,在一些附加力作用下,容易造成断丝。

6.3.4.1.2 短路。线切割时,一旦工件与电极丝相互接触,或导电的电蚀废物堵塞放电间隙而导通时,就会造成短路。这时,既不能产生火花放电,还可能致使工具电极丝弯曲而折断;甚至因发生短路时,电极丝迅速离开工件,而引燃电弧放电,以致烧伤工件和断丝。总之,维持正常的伺服电压(SV,Servo Voltage,间隙电压),控制和调整好放电间隙,才能使火花放电维持在稳定状态。

6.3.4.1.2.1 导轮、正反向走丝挡块和导电块上有电蚀废物堆积,并由电极丝带入放电间隙而致堵塞,且与工件导通,形成短路。必须经常性清洗之。

6.3.4.1.2.2 经过平面吸铁磨床磨削过的工件,未经消磁,以及经中间工序间热处理的工件,未经除应力处理,直接进入线切割,切割过程中内应力释放而变形,使间隙变窄,不易排除电蚀废物,或剩磁作用而吸附着电蚀废物,堵塞间隙,造成短路。

6.3.4.1.2.3 工艺液未配好,浓度过高,清洗性不足,造成排屑未尽;或工艺液使用日久,太脏所致。必须经常清洗工艺液系统设备、管道和附件,并及时调换工艺液。

6.3.4.1.2.4 线切割加工工艺参数选择不当,特别是伺服电压(SV,间隙电压)和预置进给速度。伺服进给系统具有灵敏的动态调节放电间隙的功能,使火花放电维持在稳定状态下。

6.3.4.2 维护和保养。

6.3.4.2.1 机床的维护。与普通机床相比,线切割机床的日常维护尤为重要,以延长机床的精度寿命、提高生产率和加工精度所必需。

6.3.4.2.1.1 机床的清理。切割过程中,细微的电蚀产物和工艺液混杂在一起,附着在机床导丝系统的导轮、换向装置和导电块上,以及机床工作台内。根据每班工作量的多少,应及时清理掉。否则,越积越多,引起工具电极丝颤振或堵塞放电间隙,造成电极丝与工件间短路,不能正常切割。

6.3.4.2.1.2 机床工作台纵、横向导轨、储丝筒滑枕垂直导轨、丝杆-螺母副等,除了经常清理、擦拭干净外,须定期加注润滑油或润滑脂,予以润滑。常用的润滑油为N46机械油(GB 443—84)和3号锂基脂(GB 7324—87)。

6.3.4.2.1.3　及时调换用脏了的工艺液。注入新液前,必须把废液从贮槽底阀全部放尽,再用除污清洁剂擦洗工艺液系统整套装置,包括管路、贮槽、滤网、喷嘴,以清洁干布揩干,然后,再注入新的工艺液。

6.3.4.2.2　机床的保养。

6.3.4.2.2.1　机床导丝循环系统的导轮,工作时一直处于高速旋转下,其轴承和电极丝导槽容易磨损,须经常检查,如有损坏,及时调换。

6.3.4.2.2.2　导电块表面与电极丝在高速下相对摩擦,容易磨出沟槽,应及时将导电块调头换面后再用。

6.3.4.2.2.3　每次切割加工毕,应将机床通体擦拭干净,并在工作台等工作面上刷上机油防锈;每周将整机清洗一遍,特别是导丝系统。先将工具电极丝从导丝系统上抽下,全部整齐地在适当张力下绕在储丝筒上。然后用干净的棉纱布和刷子蘸些清洁剂洗净导轮、换向装置、导电块和喷嘴等,最后,用干净棉纱布擦净;并在工作台面、张丝支架、导轮等表面上刷上机油防锈防污染。

6.4　工艺程序的编制

机床数控系统,按线切割加工工艺程序,控制机床的各运动。线切割加工前,先读懂零件制造图,按图面规定的技术要求,编制切割加工工艺过程程序,设定各项工艺参数,然后,按线切割程序格式进行编程。

6.4.1　五指令 3B 程序格式

高速走丝线切割机床上,常用的程序格式是 3B 代码程序格式,其编码顺序如表 6.5 所示。

表 6.5　五指令 3B 程序格式

程序段序号	B	X	B	Y	B	J	G	Z
NO.	分隔符	坐标	分隔符	坐标	分隔符	计数长度	计数方向	加工指令

表 6.5 中:X、Y 为相对坐标增量值,即切直线段时以起点为原点的终点坐标绝对值;切圆弧时,以圆心为原点的圆弧起点坐标绝对值;J 为加工线段计数长度;G 为加工线段计数方向;Z 为加工指令;MJ 为程序结束,加工毕,停机。

6.4.1.1　坐标系的建立。与普通机床的规定相同,操作者站立的一面,称为机床前面;相对的另一面为机床的后面。站立在机床前面,工作台左右移动方向为 X 轴,向右为正,前后方向为 Y 轴,向前为正。用上述格式编程时,系采用相对坐标系,每一程序段的坐标原点,随程序段的改变而移动。切割直线段时,以该直线起点为坐标系原点,其 X、Y 坐标值,表示该直线段的终点坐标;切割圆弧时,以该圆弧的圆心为坐标系原点,其 X、Y 坐标值,表示该圆弧的起点坐标,单位为微米(μm)。

6.4.1.2　计数方向和计数长度。无论是加工直线或圆弧,计数方向随终点的位置而定。加工直线段时,终点靠近的轴线,即为计数方向轴,若终点处在 45°线上,则取 X、Y 轴均可;加工圆弧时,终点靠近 X 轴的,计数方向取 Y 轴;反之,取 X 轴。终点在 45°线上的,任取 X、Y 轴均可,图 6.14 所示为加工直线段时计数长度的决定方法。当切割直线段 OA 时,计数方向为 X 轴;计数长度值取 X 轴上的投影长度 OB。图 6.15 所示为加工半径 $R800~\mu m$ 的圆弧 MN 时,计数方向为 X 轴,终点在 Y 轴上;计数长度为 800×3,即 MN 在 X 轴上投影的绝对值之和 2 400 μm。在部分型号机床上,输入计数长度值为六位数,如 2 400 μm 输入时,应为 002 400 μm,例如 DK77 系列机床。

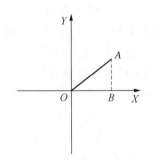

图 6.14　直线计数长度的决定

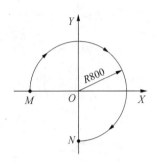

图 6.15　圆弧计数长度的决定

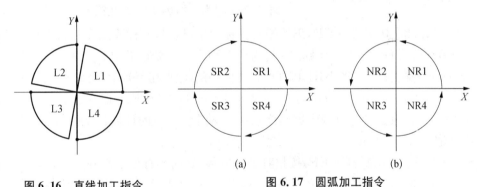

(a)　　　　　　　(b)

图 6.16　直线加工指令　　　　　图 6.17　圆弧加工指令
　　　　　　　　　　　　　　　(a) 顺时针方向切割　(b) 逆时针方向切割

6.4.1.3　加工指令。

6.4.1.3.1　切割直线段。切割直线段时,分为四种指令,如图 6.16 所示,当直线段在第一象限内(包括 X 轴,而不包括 Y 轴)时,加工指令记为 L1;所加工的直线段,在第二象限内(包括 Y 轴,而不包括 X 轴)时,加工指令为 L2;在第三象限(包括 X 轴,而不包括 Y 轴)时,加工指令为 L3;处在第四象限(包括 Y 轴,而不包括 X 轴)时,加工指令为 L4。

6.4.1.3.2　切割圆弧。

6.4.1.3.2.1　顺时针方向切割。当切割起点在第一象限(包括 Y 轴,包括 X 轴)时,加工指令记为 SR1,如图 6.17(a)所示;当起点在第二象限(包括 X 轴,不包括 Y 轴)时,加工指令记为 SR2;起点在第三象限(包括 Y 轴,而不包括 X 轴)时,记为 SR3;起点在第四象限(包括 X 轴,而不包括 Y 轴)时,记为 SR4。

6.4.1.3.2.2　逆时针方向切割。当切割起点在第一象限(包括 X 轴,而不包括 Y 轴)时,加工指令记为 NR1;起点在第二象限(包括 Y 轴,而不包括 X 轴)时,记为 NR2;起点在第三象限(包括 X 轴,而不包括 Y 轴)时,记为 NR3;起点在第四象限(包括 Y 轴,而不包括 X 轴)时,记为 NR4。

6.4.2　编程方法

6.4.2.1　未注尺寸公差要求的零件编程方法。以图 6.18 所示的零件图为例,用五指令 3B 编程格式,编写线切割加工程序。

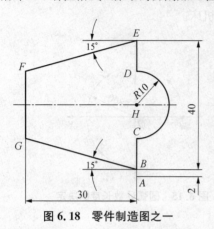

图 6.18　零件制造图之一

6.4.2.1.1　切割工艺过程分析。

6.4.2.1.1.1　起割点为 A 点,从坯件边缘切入,记下 A 点坐标 $A(0,0)$,切至点 $B(0,2)$。切割线段 AB 时的计数方向记为 GY,因其终点在 Y 轴上。AB 直线段的计数长度值为 2 000 μm。加工指令记为 L2,因所切割的 AB 线段处在第二象限内。

6.4.2.1.1.2　切割线段 BC,按相对坐标取值,这时,坐标原点取在点 $B(0,0)$,切至点 $C(0,10)$。切割线段 BC 时的计数方向记为 GY,因其终点 C 在 Y 轴上。BC 的计数长度值等于 10 000 μm。加工指令记为 L2,因 BC 处在第二象限内。

6.4.2.1.1.3　切割线段 CD,仍按相对坐标取值,这时,坐标原点取在点 $H(0,0)$,从 $C(0,-10)$ 切至点 $D(0,10)$。计数方向记为 GX,因终点 D 处在 Y 轴上。CD 的计数长度值为 20 000 μm。加工指令记为 NR4,因逆时针方向切割,起点在 Y 轴上,处在第四象限内。

6.4.2.1.1.4　切割线段 DE,按相对坐标取值,这时坐标原点取在点 $D(0,0)$,切至点 $E(0,10)$。计数方向记为 GY,因其终点在 Y 轴上。DE 的计数长度值为 10 000 μm。加工指令记为 L2,因线段 DE 处在第二象限内。

6.4.2.1.1.5　切割斜线 EF,按相对坐标取值,这时坐标原点取在点 $E(0,0)$,切至点 $F(30,8.038)$。计数方向记为 GX,因其终点靠近 X 轴。EF 的计数长度值为 30 000 μm,即线段 EF 在 X 轴上的投影长度。加工指令记为 L3,因该线段处在第三象限内。

6.4.2.1.1.6　切割线段 FG,这时坐标原点为 $F(0,0)$,切至点 $G(0,23.924)$。计数方向记为 GY,因其终点处在 Y 轴上。FG 的计数长度值为 23 924 μm,即线段 FG 在 Y 轴上的投影长度。加工指令记为 L4,因其处在第四象限内。

6.4.2.1.1.7　切割线段 GB,这时坐标原点为 $G(0,0)$,切割至 $B(30,8.038)$。计数方向为 GX,因线段 GB 靠近 X 轴。GB 的计数长度值为 30 000 μm,即线段在 X 轴上的投影长度。加工指令记为 L4,因其处在第四象限内,且从 Y 轴开始加工。

6.4.2.1.1.8　最后,工具电极丝退回,让工具电极丝穿越线段 BA,这时坐标原点为 $B(0,0)$,按原路返回至点 $A(0,-2)$。计数方向为 GY,因 BA 处在 Y 轴上。BA 的计数长度值为 2 000 μm,即线段 BA 在 Y 轴上的投影长度。加工指令记为 L4,因为它处在第四象限,且从 Y 轴开始加工。工具电极丝返回 A 点,加工结束。

6.4.2.1.2　程序编制。根据上述工艺过程分析,图 6.18 所示零件线切割时的加工程序编写如下,每一线段,编为一个程序段。

程序段序号	加工程序
1.	BB2000B2000GYL2
2.	BB10000B10000GYL2
3.	BB20000B20000GXNR4
4.	BB10000B10000GYL2
5.	B30000B8038B30000GXL3
6.	BB23924B23924GYL4
7.	B30000B8038B30000GXL4
8.	BB2000B2000GYL4
9.	MJ

6.4.2.2　有尺寸公差要求的零件编程方法。从数理统计结果表明,零件的实际尺寸绝大多数都处于零件尺寸公差带中值(组中值)附近,因此,在线切割时,凡标注了上下偏差和公差的加工件,在工艺过程分析时,都应使用公差带中值(组中值)编程。公差带中值尺寸的计算方法如下:

$$公差带中值尺寸＝基本尺寸＋(上偏差＋下偏差)/2$$

例 1　直槽槽宽：$30^{+0.04}_{+0.02}$ 的公差带中值尺寸为：$30＋(0.04＋0.02)/2＝30.03\ \text{mm}$。

例 2　半径为 $10^{\ 0}_{-0.02}$ 的公差带中值尺寸为：$10＋(0－0.02)/2＝9.99\ \text{mm}$。

例 3　直径 $\phi25^{\ 0}_{-0.24}$ 的公差带中值尺寸为：$25＋(0－0.24)/2＝24.88\ \text{mm}$。

6.4.2.3　间隙补偿。如前所述,电火花线切割机床的加工轨迹,是工具电极丝中心相对于工件的运动轨迹,图 6.19 所示为工具电极丝直径与火花放电间隙宽度间相互位置的关系。图 6.20 表示了工具电极丝中心轨迹与零件轮廓间的尺寸差异,当加工零件外侧表面时,电极丝中心在表面之外;而加工内侧表面时,电极丝中心应在零件内表面之内,以取得间隙补偿,其补偿量为 f(见图 6.19)。

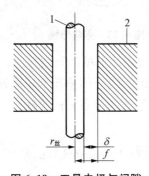

图 6.19　工具电极与间隙

1-工具电极丝;2-工件

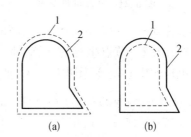

图 6.20　工具电极丝中心轨迹与零件轮廓

1-工件电极丝中心轨迹;2-零件轮廓
(a) 切割外轮廓　(b) 切割内轮廓

$$f＝r_{丝}＋\delta$$

式中：f 为工具电极丝中心至工件一侧的间隙,mm;$r_{丝}$ 为工具电极丝半径,mm;δ 为电极丝和工件间的单侧放电间隙(mm)。

补偿加工间隙的方法有两种：

6.4.2.3.1　编程补偿法。线切割广泛应用于精密模具的加工，其加工精度远远高于常用零件的要求，每副模具可分为凸模和凹模。当线切割一副冲孔模时，要求由它所冲出的工件孔尺寸，保证符合工件制造图的设计要求，所以，凸模（冲头）的外形轮廓尺寸由零件制造图上的孔尺寸决定。凸模和凹模间的单侧配合间隙（$\delta_{配}$）应放在凹模上。则凸模的间隙补偿量 $f_{凸} = r_{丝} + \delta$；而凹模的间隙补偿量为 $f_{凹} = r_{丝} + \delta - \delta_{配}$ 也就是使凹模的孔加工得大一些（大 $\delta_{配}$ 间隙量）；而当切割落料模时，要求冲下的成品尺寸，保证符合其制造图的设计要求时，则凹模尺寸须由工件设计尺寸决定，所以，凸模和凹模间的单侧配合间隙 $\delta_{配}$ 应该放在凸模上。因而，凹模的间隙补偿量为 $f_{凹} = r_{丝} + \delta$，而凸模的间隙补偿量为 $f_{凸} = r_{丝} + \delta - \delta_{配}$，也就是使凸模轮廓尺寸再小一些（小 $\delta_{配}$ 间隙量）。

图 6.21 所示为一冲压零件，采用编程补偿法，设计一副冲制该零件的落料模具，所用电极丝直径为 $\phi 0.13$ mm。

6.4.2.3.1.1　凹模线切割工艺过程的分析。

6.4.2.3.1.1.1　间隙补偿量的计算。落料模的凹模尺寸，由其所冲制的零件图尺寸所决定，即工件的实际尺寸。模具的配合尺寸间隙，即凹模与凸模的配合间隙，应放在凸模上。所以凹模的间隙补偿量为：

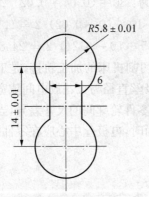
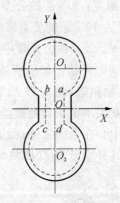

图 6.21　冲压件制造图　　　图 6.22　落料凹模

$f_{凹} = r_{丝} + \delta = 0.065 + 0.01 = 0.075$(mm)，取火花放电单侧间隙为：0.01 mm。

6.4.2.3.1.1.2　节点坐标的计算。图 6.22 所示的实线为凹模孔型轮廓外形；虚线所示为工具电极丝中心轨迹，图中圆心 O_1 坐标 $O_1(0,7)$，虚线节点 a 的坐标：

$$X = 3 - f_{凹} = 3 - 0.075 = 2.925 \text{(mm)};$$
$$Y = 7 - [(5.8 - 0.075)^2 - X^2]^{1/2} = 7 - 4.9214 = 2.0786 \text{(mm)}.$$

根据数控装置的镜像功能（Mirror Image，轴对称原理），其余相应各点的坐标为：$O_2(0, -7)$；$b(-2.925, 2.0786)$；$c(-2.925, -2.0786)$；$d(2.925, -2.0786)$。

6.4.2.3.1.1.3　切割线段的工艺分析。

线段 Oa 的切割。起割凹模时，工具电极处在 O 点上，该点称为起割点。工件上预先打孔，预制穿丝孔。按相对坐标取值，则 O 点为原点 $O(0,0)$，切割至 $a(2.925, 2.0786)$。因 $\angle Oab < 45°$，即线段 Oa 靠近 X 轴，计数方向记为 GX，计数长度为 2925 μm。加工指

令记为 L1,因所切割的线段处在第一象限内。

圆弧 ab 的切割。切割圆弧时,以圆心为原点 $O_1(0,0)$,起割点 $a(2.925,$ $-4.9214)$,切至点 $b(-2.925,-4.9214)$。计数方向为 GX,因其终点靠近 Y 轴。计数长度值为 $4(5.8-0.075)-2(2.925)=17\,050(\mu m)$。加工指令记为 NR4,因其起割点 a 处在第四象限内,逆时针方向切割。

线段 bc 的切割。原点 $b(0,0)$,切割至 $c(0,-4.1572)$。计数方向记为 GY,因其处在 Y 轴上。计数长度为 $2\times2.078=4\,157(\mu m)$。加工指令记为 L4,因线段处在第三、四象限,但又沿着 Y 轴切割至终点,而处在第四象限内。

圆弧 cd 的切割。取原点 $O_2(0,0)$,起割点 $c(-2.925,4.9214)$,切割至 $d(2.925,$ $4.9214)$。计数方向 GX,因终点靠近 Y 轴。计数长度值 $17\,050\ \mu m$。加工指令记为 NR2,因起割点在第二象限,逆时针方向切割。

直线段 da 的切割。取原点 $d(0,0)$,切割至 $a(0,4.1572)$。因其处在 Y 轴上,计数方向为 GY。计数长度值 $4\,157\ \mu m$。加工指令为 L2,因其处在第一、二象限内,沿着 Y 轴切割,而取为 L2。

沿着线段 aO,工具电极丝返回。起点 $a(0,0)$,返回至点 $O(2.925,-2.0786)$,因其靠近 X 轴,计数方向记为 GX。计数长度值为 $2\,925\ \mu m$,即线段在 X 轴上的投影长度。加工指令为 L3,因其处在第三象限内。

6.4.2.3.1.2　凹模线切割程序单如下:

程序段序号	加工程序
1.	B2925B2079B2925GXL1
2.	B2925B4921B17050GXNR4
3.	BB4157B4157GYL4
4.	B2925B4921B17050GXNR2
5.	BB4157B4157GYL2
6.	B2925B2079B2925GXL3
7.	MJ

6.4.2.3.1.3　凸模线切割工艺过程分析。

6.4.2.3.1.3.1　间隙补偿量计算。图 6.23 所示为凸模模具与工具电极丝中心的切割轨迹。落料模具的凹模尺寸,由工件尺寸所决定,所以,模具副配合尺寸上的配合间隙放在凸模上,因此凸模的间隙补偿量为 $f_{凸}=r_{丝}+\delta-\delta_{配}=0.065+0.01-0.01=0.065(mm)$,通常取火花放电单侧间隙为 $0.01\ mm$,冲模凹、凸模间的配合间隙取 $0.01\ mm$。

6.4.2.3.1.3.2　节点坐标的计算。图 6.23 所示实线为冲模副的凸模轮廓外形,虚线为工具电极丝的中心轨迹。取原点 $O(0,$ $0)$,则图 6.23 中 $O_1(0,7)$,虚线节点 a 的坐标:

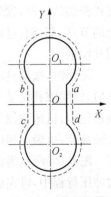

图 6.23　落料凸模
（冲头）

$$X=3+f_{凸}=3+0.065=3.065(mm);$$
$$Y=7-[(5.8+0.065)^2-3.065^2]^{1/2}=7-5=2(mm)。$$

按数控装置的镜像功能,其余节点的坐标为:$O_2(0,-7)$;$b(-3.065,2)$;$c(-3.065,-2)$;$d(3.065,-2)$。

6.4.2.3.1.3.3 切割线段的工艺分析。坯料为矩形截面,起割时,工具电极丝中心的起割点$(0,0)$处在b点以左5 mm处,所以沿X轴向平移5 000 μm至点$b(5,0)$。因为该切割线段处在X轴上,故计数方向为GX,线段处在第一、四象限,故加工指令记为L1。

切割线段bc时,原点为$b(0,0)$,切割至$c(0,-4)$,因其处在第三、四象限内,沿着Y轴切割,故计数方向记为GY。加工指令为L4,计数长度值4 000 μm。

圆弧cd的切割,以圆心$O_2(0,0)$为原点,起割点$c(-3.065,5)$,切割至$d(3.065,5)$。计数方向GX,因终点靠近Y轴。计数长度值为$4(5.8+0.065)-2(3.065)=$17 330 μm。加工指令记为NR2,因起割点在第二象限,即逆时针方向切割,c点的坐标位置在$O_2(0,0)$为原点的坐标系的第二象限内。

直线段da的切割。起割点$d(0,0)$,切割至$a(0,4)$,因其处在Y轴上,计数方向为GY。计数长度值为4 000 μm。加工指令为L2,因其处在第一、二象限内,沿着Y轴切割,而取为L2。

圆弧ab的切割。切割圆弧时,以圆心为原点$O_1(0,0)$,起割点$a(3.065,-5)$,切至点$b(-3.065,-5)$。计数方向为GX,因其终点靠近Y轴。计数长度值为17 330 μm。加工指令记为NR4,因其起割点a处在第四象限内,逆时针方向切割。

6.4.2.3.1.3.4 凸模线切割程序单如下:

程序段序号	加工程序
1.	B5000BB5000GXL1
2.	BB4000B4000GYL4
3.	B3065B5000B17330GXNR2
4.	BB4000B4000GYL2
5.	B3065B5000B17330GXNR4
6.	MJ

6.4.2.3.2 自动补偿法。根据零件或模具制造图,进行线切割工艺过程分析时,与编程补偿法一样,预先计算出冲头(凸模)和冲模(凹模)的间隙补偿量$f_凹$和$f_凸$。制造图上的节点,都要有过渡圆弧圆润连接,不应突然转折,过渡圆角半径也不能太小,须大于间隙补偿量。

编程时,按模具或零件制造图上,最大最小极限尺寸的尺寸中值,编制线切割程序。然后,将间隙补偿量$f_凹$或$f_凸$和已编制好的程序,都输入线切割机床的数控系统内。在切割过程中,机床数控系统能自动地控制工具电极丝进行$f_凹$或$f_凸$的补偿。同时,还能在过渡圆弧处,也做出相应的补偿,而形成圆润过渡。

图6.24所示为组合模具制造图,图中所示中间部分的孔为凹模,其外侧为凸模,在一次冲压行程中,可完成冲孔和落料组合工序。制造这类模具时,所用的线切割工具电极丝直径ϕ0.18 mm,单侧火花放电间隙0.01 mm。切割组合模具时,仍然先切割凹模,再切凸模。凸模与凹模的单侧配合间隙0.01 mm。

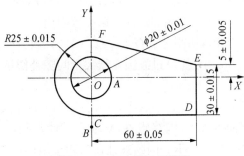

图 6.24　组合模具制造图

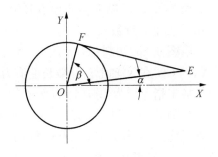

图 6.25　节点的计算

6.4.2.3.2.1　组合模具切割工艺过程的分析。

6.4.2.3.2.1.1　间隙补偿量的计算。

$f_凹 = r_丝 + \delta - \delta_配 = 0.18/2 + 0.01 - 0.01 = 0.09(\text{mm})$，它是冲孔模，模具配合间隙在凹模上。

$f_凸 = r_丝 + \delta - \delta_配 = 0.18/2 + 0.01 - 0.01 = 0.09(\text{mm})$，它是落料模，模具配合间隙在凸模上。

6.4.2.3.2.1.2　节点坐标的计算。以圆心 $O(0, 0)$ 为原点，则 A 点为 $A(10, 0)$，B 点为 $B(0, -30)$，C 点为 $C(0, -25)$，D 点为 $D(60, -25)$，E 点为 $E(60, 5)$。

而 F 点是线段 EF 在圆 O 上的切点，由图 6.25 可知：

$$\angle\alpha = \tan^{-1}5/60 = 4.763\,6°;$$
$$\angle\beta = \angle\alpha + \cos^{-1}25/(60^2 + 5^2)^{\frac{1}{2}} = 4.763\,6° + 65.466\,4° = 70.23°.$$

则 F 点的坐标：

$$X = 25 \times \cos\beta = 25 \times 0.338\,2 = 8.456\,1(\text{mm});$$
$$Y = 25 \times \sin\beta = 25 \times 0.941\,058 = 23.526\,5(\text{mm}).$$

6.4.2.3.2.1.3　切割线段的工艺分析。先切凹模，在工件中心 O 点上打一穿丝孔，工具电极丝中心线位于 O 点上。该点为起割点，即原点 $O(0, 0)$，按相对坐标取值，切至点 $A(9.91, 0)$，因为 OA 线段为引入段，未加入间隙补偿量，因而终点位置坐标上，须加上间隙补偿值 0.09 mm，故终点 A 点坐标为 $A(9.91, 0)$。计数方向取为 GX。OA 的计数长度值为 9 910 μm。加工指令记为 L1，因 OA 处在第一象限内。

切割圆 O，以圆心为原点 $O(0, 0)$，起割点 $A(9.91, 0)$，终点也是 $A(9.91, 0)$。其计数方向为 GY，因终点处在 X 轴上。计数长度值为 39 640 μm，即圆周在 X 轴上的投影总长度。加工指令记为 NR1，因其起割点在第一象限内，逆时针方向切割。

退回原点 O，起点为 $A(0, 0)$，终点为 $O(-9.91, 0)$。计数方向为 GX，因其终点在 X 轴上。计数长度值为 9 910 μm。加工指令记为 L3，因线段 AO 处在第三象限内。

拆下工具电极丝，从孔中退出。然后，将工具电极丝中心位置，从 O 点移至 $B(0, -30)$，取 B 点在 C 点外 5 mm 处。计数方向为 GY，因其终点在 Y 轴上。计数长度值为 30 000 μm。加工指令为 L4，因其处在第四象限内。

重新装丝，使工具电极丝中心线处在坯料边缘的 B 点位置上，开始切割凸模外形。

切割 BC 段,以 B 点为原点 $B(0,0)$,切割至点 $C(0,4.91)$。计数方向为 GY,因 BC 处在 Y 轴上。计数长度值为 $4\,910\,\mu m$。加工指令为 L2,因 BC 处在第二象限内。

由图 6.26,切割 CG 段,以 C 点为原点 $C(0,0)$,切割至点 $G(59.94,0)$。计数方向为 GX,因 CG 在 X 轴上。计数长度值为 $59\,940\,\mu m$。因点 D 过渡圆弧须大于间隙补偿量之故。加工指令记为 L1,因 CG 处在第一象限内。

切割 D 点的过渡圆弧,以圆弧的圆心为原点 $(0,0)$,起割点 $(0,-0.15)$ 与 CD 相切,切割至终点 $(0.15,0)$,与 DE 相切。计数方向为 GY,因终点在 X 轴上。计数长度值 $150\,\mu m$,即圆弧在 Y 轴上的投影长度。加工指令记为 NR4,因圆弧处在第四象限内,起割点在 Y 轴上,终点在 X 轴上。

切割 JH 段,因 E 点须圆角过渡,所以 DE 段从 J 点切割至 H 点为止。点 H 和 I 为过渡圆弧与线段 DE 和 IF 的切点,取过渡圆角半径 $O_1H = O_1I = 0.15$,则 $HE = EI = 0.15/\tan(180-\beta)/2 = 0.15/1.422 = 0.105\,5\text{(mm)}$。所以 H 点在坐标系 $J(0,0)$ 中的纵坐标为:$30 - 0.15 - 0.105\,5 + 0.09 + 0.084\,7 = 29.919\,2\text{(mm)}$。

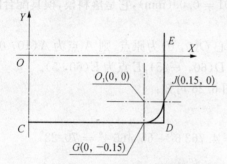

图 6.26 $\angle CDE$ 的过渡圆弧

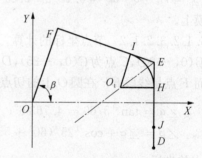

图 6.27 $\angle DEF$ 的过渡圆弧

以点 $J(0,0)$ 为原点,直线切割至点 $H(0,29.919\,2)$,参见图 6.27。计数方向为 GY,因 JH 段处在 Y 轴上。计数长度值为 $29\,919\,\mu m$。加工指令记为 L2,因 JH 段处在第一、二象限内,且沿 Y 轴。

切割 E 点过渡圆弧,以圆心 O_1 为原点,参见图 6.27 所示,起割点为点 $H(0.15,0)$,切割至终点 $I(0.050\,7,0.141\,2)$。计数方向为 GX,因 I 点靠近 Y 轴。计数长度值为:$0.15 - 0.050\,7 = 99\,\mu m$,即过渡圆弧在 X 轴上的投影。加工指令记为 NR1,因为圆弧处在第一象限内,且从 X 轴上起割。

切割 IF 线段,以 I 点为原点 $I(0,0)$,切割至 F 点。F 点的坐标计算如下:

$$X = [25.09\tan(\beta-\alpha) - 0.105\,5 + 0.032\,3]\sin\beta$$
$$= [25.09\tan(70.23° - 4.763\,6°) - 0.105\,5 + 0.032\,3]\sin70.23° = 51.657\,6\text{(mm)};$$
$$Y = [25.09\tan(\beta-\alpha) - 0.105\,5 + 0.032\,3]\cos\beta$$
$$= [25.09\tan(70.23° - 4.763\,6°) - 0.105\,5 + 0.032\,3]\cos70.23° = 18.566\text{(mm)}。$$

计数方向记为 GX,因线段 IF 靠近 X 轴。计数长度值为 $51\,658\,\mu m$,为线段在 X 轴上的投影。加工指令为 L2,因为 IF 处在第二象限内,如图 6.27 所示。

切割 FC 圆弧,以圆心 $O(0,0)$ 为坐标原点,起割点 F,在该坐标系下,点 F 的坐标计算如下：

$$X = 25.09\sin(90° - \beta) = 25.09\sin(90° - 70.23°) = 8.486\ 6(\text{mm})；$$

$$Y = 25.09\cos(90° - \beta) = 25.09\cos(90° - 70.23°) = 23.611\ 1(\text{mm})。$$

切割至终点 $C(0, 25.09)$。计数方向为 GX，因终点在 Y 轴上。计数长度为：$2 × 25.09 +$ $8.486\ 6 = 58.666\ 6(\text{mm})$，即 $58\ 666\ \mu m$，为 FC 在 X 轴上的投影长度总和。加工指令为 NR1，因圆弧 FC 的起点，F 点在第一象限内。

退回段 CB，起割点 $C(0, 0)$，退回点 $B(0, 4.91)$。计数方向为 GY，因 CB 位于 Y 轴上。计数长度值为 $4\ 910\ \mu m$。因 CB 为退出段，不需要间隙补偿，应减去补偿量。加工指令为 L4，因 CB 处在第四象限内。

MJ，程序结束。

6.4.2.3.2.2　组合模线切割程序单如下：

程序段序号	加工程序	程序说明
1.	B9910BB9910GXL1	OA 为引入程序段，穿丝起割。
2.	B9910BB39640GYNR1	凹模内孔加工。
3.	B9910BB9910GXL3	退出 OA 段，返回 O 点。
4.	拆下工具电极丝，从孔中退出。	
5.	BB30000B30000GYL4	工具电极丝中心从 O 点空走丝至 B 点。
6.	重新装丝。	
7.	BB4910B4910GYL2	切割 BC 段，BC 为引入程序段。
8.	B59940BB59940GXL1	切割 CD 段。
9.	B150BB150GYNR4	切割 D 点过渡圆弧。
10.	BB29919B29919GYL2	切割 DE 段。
11.	B150BB99GXNR1	切割 E 点过渡圆角。
12.	B51658B18566B51658GXL2	切割 IF 段。
13.	B84866B23611B58666GXNR1	切割 FC 圆弧。
14.	BB4910B4910GYL4	退出程序段，返回段 CB 至点 B。
15.	MJ	加工毕。

6.5　五指令 3B 代码程序格式与 ISO 代码程序格式间的转换

在 DK77 系列型线切割机床上，3B 程序格式与 ISO 程序格式间，可以由机床数控系统自动转换。所以编制好的一种格式程序，可经机床自动转换，并由屏幕显示出另一种格式的程序，十分方便。

6.5.1　3B 代码程序的直接输入和转换

单击控制台上［复位］键，光标置于显示屏右上方［显示切换标志］并双击，或双击 F10，进入代码编辑状态。

光标置于显示屏首行位置上,该行显亮,用键盘输入已编好的 3B 程序。每行输入一个程序段,并均以回车键单击结束。

整个程序输入结束,光标置于显示屏下边的[Q]按键并单击,机床数控系统将已输入的 3B 代码程序,自动地全部转换成 ISO 代码格式,并在屏幕上绘出加工件图形。

6.5.2 ISO 代码程序的转换和输出

双击显示屏右上角[显示切换标志],或双击 F10 键,屏幕上显示 ISO 代码程序。光标置于任一程序段上,系统进入编辑状态,再以光标移至显示屏下方的[□]按键并单击,系统自动将 ISO 代码程序转换成 3B 代码程序。根据屏幕上显示的输入菜单——如程序段显示、打印、存盘、穿孔或控制台输入等,可予以选用。

6.6 图标命令工艺程序的编制方法和切割操作工艺

以上所叙述的操作工艺过程是先在数控编程室内,充分读通零件图,然后根据图面要求,制订出详细的加工工艺规程,选定工艺参数。按五指令 3B 程序格式编制好数控线切割程序。经过模拟仿真校验合格后,通过 DNC 实时通讯主机输入 WEDM(电火花线切割机)控制系统后,即可安装工件,打开储丝筒,开启工艺液,进入切割加工。此时,机床屏幕处于加工控制状态下。

对于单件、小批量较简单零件,可采用机床具有的另一种更直接、简便的操作系统和方法,图标命令编程系统,在机床的编程屏幕上绘图和编程后,直接输入机床数控系统,进行切割加工。

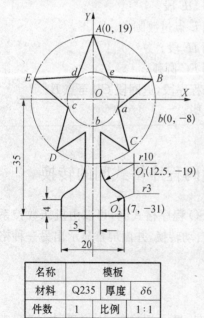

图 6.28 零件制造图之二

名称	模板		
材料	Q235	厚度	$\delta 6$
件数	1	比例	1∶1

6.6.1 编程及其操作方法

6.6.1.1 实例一。零件制造图之二的切割,以图 6.28 所示模板的切割工艺过程为例。

采用图标命令编程系统,在编程屏幕上直接编程和绘图。先把机床的控制系统屏幕,通过单击屏幕左上方的[TP]程序切换标志,或单击[ESC](Escape Character,换码符号)键,即换成编程屏幕。但这时机床仍将按设定的参数和状态运行,因为新编程序尚未就绪和输入机床内。

这时,在机床屏幕左侧已显示着 20 个图标。具体的操作方法和步骤如下:

6.6.1.1.1 光标移至点图标上,单击鼠标左键,系统进入点输入状态。然后,将光标移至键盘命令框,在其下方框内输入(0, 19),回车,完成了该点的输入,编程屏幕上显示该点呈"＋"形。

6.6.1.1.2　光标移至辅助圆输入图标上,单击左键,系统进入辅助圆输入状态,以 $A(0,19)$ 点为起点,$O(0,0)$ 为圆心,作辅助圆。

6.6.1.1.3　光标选择编辑-等分-等角复制,光标呈"田"字形。移至等分中心位置,即辅助圆圆心 $O(0,0)$ 上,单击左键,屏幕上出现参数框,将等分和份数均设为 5,单击 [YES],退出。光标移至 A 点上,呈手指状时,单击左键,得等分点 A、B、C、D、E 各点。

6.6.1.1.4　同理,以 $O(0,0)$ 为圆心,点 b 为起点,5 等分等角复制,得 a、b、c、d、e 各点。

6.6.1.1.5　光标移至直线输入图标上,单击鼠标左键,图标呈深色,系统进入直线输入状态。然后,将光标移至点 A,按下左键不松开,一直移至 e 点,再松开左键。单击 [YES]键,退出。得线段 Ae。

同理,连接 eB、Ba、aC、Cb 各线段。

6.6.1.1.6　作 $X=2.5$ 直线:光标选择编辑-平移-线段自身平移项;光标置于 Y 轴上,呈手指状,按下左键不放开,平移光标,见屏幕上参数框内显示平移距离达 2.5 mm 时,松开左键,单击 [YES]键,退出。与 Cb 线段正好相交。

6.6.1.1.7　同理,作 $Y=-35$ 直线,长 10 mm,其两端点分别为 $(0,-35)$、$(10,-35)$。从点 $(10,-35)$ 作一直线 $X=10$,长 4 mm。

6.6.1.1.8　在圆图标状态下,将光标移至圆心 $(7,-31)$,按下左键不放开,移至与直线 $X=10$ 在点 $(7,-31)$ 相切时,屏幕上显示出红色圆弧时,放开左键,按 [YES]键,退出。

6.6.1.1.9　同理,作圆心 $(12.5,-19)$ 的圆弧,与直线 $X=2.5$ 相切,且同时与小圆弧相切,参见屏幕显示框。

6.6.1.1.10　光标选择编辑-镜像-垂直轴镜像菜单,屏幕右上角出现镜像线提示时,光标移至对称线(Y 轴)上,光标呈手指状,单击左键,即完成整个零件图形的编辑。

6.6.1.1.11　在清理图标下,用鼠标右键选取并删除各辅助线段,屏幕上呈剪刀状光标,剪去无效线段。

零件制造图之二(见图 6.28)的编程操作做完,CRT 显示屏呈一完整的模板零件图形。

6.6.1.2　实例二　零件制造图之三的切割。如图 6.29 所示,以零件制造图之三的切割工艺过程为例,也采用图标命令编程系统编程,具体操作方法和步骤如下:

6.6.1.2.1　光标移至编程屏幕左边的圆图标内,单击左键,圆图标呈深色,进入圆图标编程状态。

然后,把光标移至屏幕上键盘命令框,在其下方框内输入 X 轴上的 3 个圆,输入格式如下:先输入圆心坐标 (X,Y),再输入圆的半径值 (R),单击回车键。即:$(0,0)$,10,回车;$(32,0)$,7,回车;$(-20,0)$,4,回车。

6.6.1.2.2　作 $Y=1.5$ 直线:光标选择编辑-平移-线段自身平移项将光标置于 X 轴上,呈手指状,按下左键不放开,平移光标,见到屏幕上参数框内显示平移距离达 1.5 mm 时,松开左键,单击 [YES]键,退出。所作直线与左右两圆相交为止。

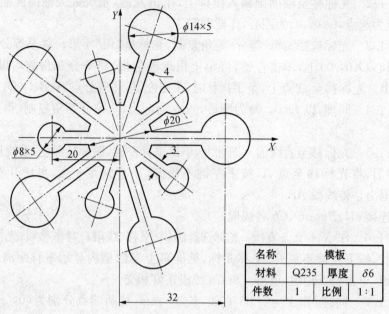

图 6.29　零件制造图之三

名称	模板		
材料	Q235	厚度	$\delta 6$
件数	1	比例	1:1

同理,作 $Y = 2$ 直线,与左右两圆相交为止。

6.6.1.2.3　光标选择编辑-镜像-水平轴镜像菜单,屏幕上右上角出现镜像线提示时,光标移至对称线(X 轴)上,光标呈手指状,单击左键,即得 X 轴上下对称的两直线。

6.6.1.2.4　在清理图标下,用鼠标右键(调整键)选取并删除多余线段,屏幕上呈剪刀状光标,剪去无效线段。

6.6.1.2.5　光标选择编辑-等分-等角复制,光标呈"田"字形移至等分中心位置,即坐标原点 $O(0, 0)$,单击左键,屏幕上出现参数框,将等分和份数都设为 5,单击[YES],退出。光标移至等分体上(32,0),呈手指状,单击左键(命令键),得全部等分图形。

6.6.1.2.6　在清理图标下,用鼠标右键删除掉多余线段,完成了零件图形的切割加工编程操作。

6.6.2　模拟切割和切割加工

以上通过切割加工实例,详细阐述了图标命令编程系统的操作方法和具体步骤。下面将叙述检验已编程序正确性的模拟切割操作方法和步骤。最后阐述对工件的切割加工。

光标在编程按键-切割编程上单击左键,屏幕上左下方出现工具包图标,取出丝架状光标,屏幕右下方显示"穿丝孔",提示你选择穿丝孔位置。位置选定后,按下左键不放开,并移动光标至切割的首条线段上,当移至交点处上,光标呈"×"状,在线段上时为手指状。放开左键,该点处出现一指示牌"△",屏幕上出现加工参数设定框。这时,可对孔位、起割点、补偿量、过渡圆弧半径等,作相应的修改和选定。按一下[YES]键认可后,参数框消失。出现路径选择框,路径选定后,光标单击[YES]键认可后,屏幕上的火花图形就沿着所选定的路径,进行模拟切割,至终点时,显示[OK],模拟切割过程结束,表明了所编程序完全正确。

完成了零件的全部编程工作后,该程序直接送入控制台,机床自动进行对工件的切割加工。

习　题

1. 数控脉冲电火花线切割加工时,你是如何监控加工状态正常与否的? 观察什么? 如何判断?

(1) 从操纵台控制面板电流表上监控加工状态:

(1.1) 电流表指针不停地后摆退回,表明了什么? 如何调整之?

(1.2) 电流表指针不停地前摆前冲,表明了什么? 如何调整之?

(1.3) 电流表指针恒定不变,又表明了什么状态?

(2) 从 CRT 示波仪荧光屏上监控加工状态:

(2.1) 当看到放电波形中,加工波形密度大,而开路波形和短路波形很弱时,它表明了什么?

(2.2) 当看到放电波形中,加工波形很弱,而开路波形和短路波形密度大时,又表明了什么? 如何调整之?

2. 如图 6.30 所示,在国产 DK77 型机床上,要切割直线段 OA,试:

(1) 列出其 5 指令 3B 格式程序段?

(2) 图 6.30 是什么视图? 从机床的什么位置观察?

(3) X 轴、Y 轴的正方向指向哪里? 观察者站在哪里?

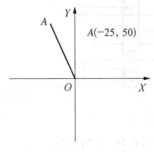

图 6.30　习题 2 示意图

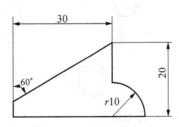

图 6.31　习题 3 示意图

3. 图 6.31 所示为一线切割加工零件图,试:

(1) 按该零件图的尺寸编程。

(2) 按电极丝直径 $\phi 0.12$ mm 和单侧放电间隙 0.01 mm 编程?

(3) 按机床图标命令编程系统进行编程,并在荧光屏上进行绘图、模拟切割和最后切割加工。

4. 你怎么会发觉切割过程中发生了断丝? 这时候你看到了什么? 听到了什么? 根据什么原理它会报警? 如何检测之?

5. 图 6.32 所示为一副嵌镶块加工件,其配合间隙如图 6.32 所示。切割时所用的电极丝直径 ϕ0.13 mm,单侧火花间隙宽度为 0.01 mm。试:

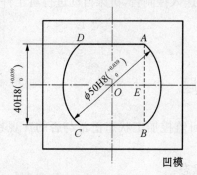
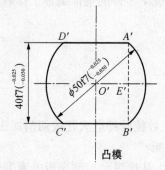

凹模　　　凸模

图 6.32　嵌镶块加工

(1) 计算其线切割时的工艺尺寸和间隙补偿距离。

(2) 计算其各几何单元的节点坐标值。

(3) 按五指令三 B 格式程序段编程。

(4) 按图标命令编程系统编程。在荧光屏上绘图、模拟切割和切割加工。

6. 图 6.33 所示为上丝操作,根据此图所示:

(1) 哪个是储丝筒?

(2) 哪个是上丝电动机?

(3) 哪个是介轮? 它们各起什么作用?

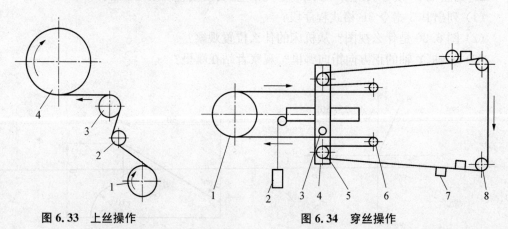

图 6.33　上丝操作　　　　图 6.34　穿丝操作

7. 图 6.34 所示为穿丝操作,按图中所示:

(1) 哪个是储丝筒?

(2) 哪个是张丝支架和固定支架的插销?

(3) 哪些是导轮?

(4) 哪些是导电块?

(5) 从图 6.34 上可知,切割加工时电极丝是如何自动张紧的?

8. 在 WEDM-HS 机床上,经上丝和穿丝操作后,必须完成:电极丝找正操作、储丝筒行程调整操作、建立机床坐标系操作和脉冲电参数的选择操作,试分析:

（1）电极丝找正操作的目的是什么？

（2）如果不做这一操作，会产生怎样的后果？

（3）写出完成找正操作的步骤。

（4）储丝筒上电极丝是否全部参与切削加工？

（5）你看到了电极丝行程限位块（行程挡块）吗？

（6）上下两行程挡块间的距离，决定了什么？

（7）为什么要建立机床坐标系？

（8）你是怎样建立的？ 具体步骤如何？

（9）线切割加工时的脉冲电参数是根据什么来选定的？

9. 如何将加工程序输入 WEDM - HS 机床 CNC 系统？ 怎样正确性地自动校验该程序？ 怎样让机床进行模拟运行？ 这时工作台上装上了工件吗？ 是脉冲放电操作吗？

思　考　题

一、判断

1. 脉冲电火花线切割加工时，放电区域内连续浇注工艺液，起消泡、冷却、润滑、清洗、防锈作用 ………………………………………………………………… （　　）

2. 脉冲电火花线切割加工时，工具电极与工件间不直接接触，而两者间产生间歇性的火花放电 ……………………………………………………………… （　　）

3. 单位时间内，电极丝中心线在工件上切过的面积（mm^2/min），称为电火花线切割的切割速度 ………………………………………………………………… （　　）

4. 每安培电流的切割速度，称为电火花线切割的切割效率 ……………… （　　）

5. 每切割工件 10 000 mm^2，电极丝直径的减小量，称为电火花线切割电极丝损耗量 …………………………………………………………………………… （　　）

6. 快走丝的线切割加工精度（尺寸精度、形位精度）可达 0.01～0.02 mm 左右 ……………………………………………………………………………………… （　　）

7. 通常切割情况下，钼丝损耗量≤ϕ0.01 mm/每切割 10 000 mm^2 ………… （　　）

8. 水包油乳化液的介电常数比水大，比煤油小；冷却能力比水弱，比煤油强；洗涤性比水和煤油都好，故明显提高了切割速度 …………………………… （　　）

9. 新配的工艺液和用久的工艺液都不理想，唯有用了一段时间，但脏污不大的工艺液最好 …………………………………………………………………… （　　）

10. 工艺液冲水不均，浓度不匀，加工出的表面会有明显的凹凸条纹 ……… （　　）

11. 与切削加工相比，线切割加工效率低下，成本高，故不宜加工形状简单，材料一般的批量工件 ………………………………………………………………… （　　）

12. 数控脉冲电火花线切割加工适用于加工品种繁杂、规格多、数量少的模具，精密零件或试制品，以及切削加工难加工的材料 ………………………… （　　）

13. 线切割机床的工作台装在置于滚动导轨上的横滑板上，分别由步进电动

机通过丝杆-螺母副,使工作台或横滑板作直线进给运动 ……………………（　　）

14. 数控线切割时,每当发生短路,切割电流急剧减小,电极丝会沿所经轨迹快速退回 ……………………………………………………………………（　　）

15. 具有自适应控制功能的数控装置,能按工件切割厚度自动调整预置进给速度和电参数 ………………………………………………………………（　　）

16. 电极丝中心线须垂直于工作台定位面（工件装夹基准）,每次加工前都须作电极丝垂直度校验 ………………………………………………………（　　）

17. 快走丝线切割机床的走丝速度通常＜10 m/s,过大,振动大,精度低,粗糙度差,易断丝 …………………………………………………………………（　　）

18. 线切割加工硬质合金时比切割 Cu、Al 及其合金的加工过程稳定,切割效率也高 ……………………………………………………………………（　　）

19. 数控线切割加工不锈钢、磁钢时,比切割淬火钢的表面质量好 …………（　　）

20. 线切割加工不同材料时,因其熔点、汽化点、导热系数(λ,kcal/m · h · ℃)的不同,而使加工效率也不一样 ……………………………………………（　　）

21. 除了按设计要求备料外,凡线切割的坯料,都须经过消除内应力和退磁处理,以免线切割时发生变形和开裂 ………………………………………（　　）

22. 凡以线切割加工为主要加工工艺的冷冲模具,设计时,尽可能选用 CrWMn、Cr12Mo、GCr15 等钢号,因为它们的坯料在预加工中留下的残余应力小 ………………………………………………………………………………（　　）

二、填空

23. 当工具电极接＿＿＿＿电源的＿＿＿＿,工件接＿＿＿＿,进行＿＿＿＿加工,称为＿＿＿＿加工。根据＿＿＿＿走丝速度的大小,分为＿＿＿＿切割机（WEDM - HS,Wire Cut Electrical Discharge Machine - High Speed）和＿＿＿＿切割机（WEDM - LS,Wire Cut Electrical Discharge Machine - Low Speed）两种机床和两种方法。

24. 电火花线切割机床的各运动部件,由＿＿＿＿和＿＿＿＿驱动时,称为＿＿＿＿电火花线切割加工。

25. 高速走丝线切割机床常采用线径＿＿＿＿的＿＿＿＿作为工具电极。

26. 快走丝线切割机床的走丝速度为＿＿＿＿,且＿＿＿＿运动。

27. 慢走丝线切割机床常采用＿＿＿＿的＿＿＿＿作为工具电极。

28. 慢走丝线切割机床的走丝速度为＿＿＿＿,且＿＿＿＿移动。

29. 电火花线切割加工所能达到的表面粗糙度值,在快走丝机床上,可达 Ra＿＿＿＿;在慢走丝机床上可达＿＿＿＿,最佳值为＿＿＿＿;而快走丝机床的最佳值为＿＿＿＿左右。

30. 快走丝时,如采用水类工艺液（如自来水、去离子水、蒸馏水等）,因其洗涤性＿＿＿＿,排屑＿＿＿＿,放电间隙状态＿＿＿＿。故加工表面又＿＿＿＿又＿＿＿＿,切割速度＿＿＿＿,易＿＿＿＿。

31. 水类工艺液的冷却能力＿＿＿＿,冷热变化＿＿＿＿,钼丝易产生＿＿＿＿,容易＿＿＿＿。

32. 煤油工艺液的介电常数_____，击穿间隙消耗能量_____，分配到正极上的能量就_____，而切割速度_____。

33. 煤油的导热系数(λ,kcal/m·h·℃)较_____，冷热变化影响_____，且润滑性_____，电极丝磨损_____，而不易_____。

34. 水中加入皂片或软皂，形成_____，切割速度_____，因为工艺液_____，容易_____，而_____了放电间隙，_____放电状态。

35. 线切割工艺参数的选择，在保证_____的前提下，以提高_____，降低_____为原则。

36. 线切割工艺参数中的电参数，主要包括了_____、_____、_____和_____；机械参数主要为_____和_____。

37. 脉冲宽度是指脉冲电流的_____。通常为_____μs(微秒)，光整加工时可减小至_____以下，表面粗糙度可达_____。

38. 所谓脉冲间隔是指相邻两个脉冲之间的_____，通常为 4~8 个_____值。过小，会引起_____，形成_____而_____钼丝。

39. 开路电压，常取脉冲电路_____时的_____为准。快走丝机床的开路电压值为_____。

40. 放电峰值电流是衡量单个_____大小的标志。增大电流，切割速度_____，表面粗糙度_____，电极丝损耗_____，通常<5 A，最高不超过 40 A(快走丝机床)。

41. 放电波形，电火花线切割机上有两种波形可供选用，即_____和_____。参见图 6.35 所示。快走丝切割常用前者，加工效率_____，稳定性_____；后者适用于薄工件和_____之用。

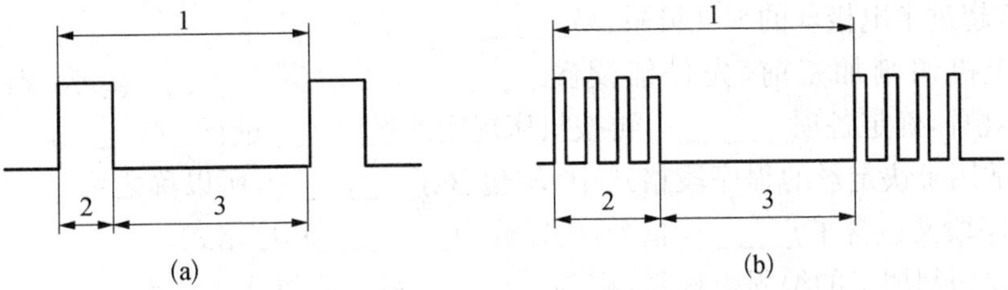

图 6.35　脉冲波形

1-脉冲周期；2-脉冲宽度；3-脉冲间隔

42. 预置进给速度_____，超过工件上可能的_____，会出现频繁的_____现象，电流表指针_____，极间伺服电压_____，切割速度_____，表面粗糙度_____，工件切缝两侧有_____，易_____。

43. 预置进给速度_____，远滞后于工件上的_____，极间偏于_____，工件切缝两侧出现_____。

44. 预置进给速度后，试切时，边观察_____和_____，边调节_____，以使两者的指针_____，从而，使进给速度_____、_____，达到_____工作状态。

45. 只要适当调节脉冲参数，在同一台线切割机上，可以连续完成_____、

233

_____和_____加工工序。

46. 高速走丝的_____将_____带入_____,以消除掉_____、冷却_____,不致因杂质的导电性而引起工艺液_____的下降而_____。

47. 脉冲电源_____放电,就有足够的时间导走每次放电所产生的_____和冲走_____。

48. 脉冲电火花线切割机床的典型结构,由_____、_____、_____、_____和_____等组成。

49. 线切割机床的_____,由电动机通过联轴节带动_____;由_____控制正、反向往复运动,使_____以恒定张力和_____移动,以保证_____的_____和_____。

50. 快走丝线切割机床能自动控制钼丝和工件间的运动,其进给_____常采用_____和_____;而超精密线切割机床常采用_____和_____。

51. 线切割机床的工艺液系统,由_____、_____、_____、_____等组成。

52. 快走丝线切割机的钼丝直径为_____mm。太细,通过的电流_____影响_____;太粗,切缝_____,_____工件切割量,也影响到_____。

53. 按照国家标准(国标)规定,下列机床型号:DK7725 表示了什么意义:
D——机床类别代号_____机床;
K——机床特性代号_____;
7——组别代号_____;
7——机床型别代号_____;7 为_____;6 为_____;
25——基本参数代号,表示 X 向_____mm。

54. 电极丝的_____应适当。_____,电极丝不呈一直线,切出的表面不平直;_____,超过了电极丝的弹性极限,易_____。

55. 上机切割加工前,先仔细读懂_____,了解其_____要求,选择并制定_____规程,确定各项_____,再按机床规定的_____进行_____。

56. 常用于快走丝的程序段格式中,均包含了_____,所以称之为_____格式。而每一程序段又包含了_____指令,所以称为_____程序格式。

57. 线切割加工的编程坐标系,都为_____系。取机床工作台_____为坐标系 XOY 所在_____;左右为_____轴,向_____为正;前后为_____轴,向_____为正。

58. 线切割加工直线段时,以直线段起点为_____,其 X、Y 值表示了该线段的_____坐标;切割圆弧时,以_____为_____,其 X、Y 值表示了该圆弧的_____坐标,单位为_____,取绝对值。

59. 三 B 代码程序段格式如下:BX BY BJ G Z,其中:
B——_____;
X,Y——_____;_____;
J——_____;_____;
G——_____;

Z——＿＿＿＿＿＿；＿＿＿＿，＿＿＿＿。

60. 线切割工件在机床工作台上定位、安装、夹紧时,必须同时进行＿＿＿＿,使工件的尺寸基准和位置、形状基准与工作台平面和＿＿＿＿＿轴线相互＿＿＿＿＿或＿＿＿＿。在工件的＿＿＿＿、＿＿＿＿、＿＿＿＿三个方向均仔细＿＿＿＿。这样,才能保证切割表面与＿＿＿＿间的＿＿＿＿精度。

61. 国产 DK77 型系列机床上的控制面板,包括了:(1)＿＿＿＿面板、(2)＿＿＿＿面板和(3)＿＿＿＿面板。由上述面板中的＿＿＿＿,显示脉冲电源的加工电压。通常空载电压为＿＿＿＿;＿＿＿＿显示加工电流,通常为≤＿＿＿＿;手动可调＿＿＿＿,可调整脉冲频率的大小,以改变＿＿＿＿;＿＿＿＿可显示菜单和加工信息;＿＿＿＿可用于输入程序和指令;以及接通电源的＿＿＿＿和当加工中出现故障需关机的＿＿＿＿;还有自动图标处理(Automatic Picture Treatment,APT)编程中使用的＿＿＿＿等。

62. 手控盒主要用于手动＿＿＿＿,以定位、校正坐标位置。只要按键盘上的＿＿＿＿,就进入＿＿＿＿控制模式。其分四档移动速度:0 为＿＿＿＿;3 为＿＿＿＿;再按方向键,工作台即开始＿＿＿＿。

63. 上丝时,开启张丝电动机＿＿＿＿,丝盘以恒定转矩将丝＿＿＿＿地绕在＿＿＿＿上。

64. 在上丝和穿丝时,务必将电源控制柜面板上的急停按钮＿＿＿＿并＿＿＿＿;启动时,应先将＿＿＿＿释放开,再按＿＿＿＿。

65. 储丝筒电动机有五档转速:(1)档最低,用于＿＿＿＿;(2)档和(3)档用于切割＿＿＿＿的工件;(4)档和(5)档用于切割＿＿＿＿的工件。

66. 开机时,打开电源柜左侧的＿＿＿＿,接通＿＿＿＿,释放＿＿＿＿,按下＿＿＿＿,控制系统开启。按一下＿＿＿＿上的任意＿＿＿＿,CRT 荧屏上显示加工＿＿＿＿画面。

67. 关机时,先按下＿＿＿＿,再关掉机床左侧的＿＿＿＿。

68. 当出现死机或加工错误,无法返回＿＿＿＿时,可同时按下 Ctrl、Alt 和＿＿＿＿三键,重新启动 CNC 系统。

三、选择

69. 电火花线切割时用的工艺液是(　　)。它们对切割工艺指标,尤其是切割速度影响(　　)。

　(1) 电解质;　　　　(2) 电介质;　　　　(3) 很大;　　　　(4) 不大。

70. 线切割加工是依靠两极间间歇性的(　　),工件切口表面局部瞬时高温,使之(　　)而形成切缝。

　(1) 辉光放电;　　　(2) 电弧放电;　　　(3) 火花放电;　　　(4) 机械切割;

　(5) 熔化、汽化。

71. 在工艺条件相同情况下,线切割加工工艺液的使用寿命,对加工效果最佳的是(　　)。

　(1) 新鲜纯净的工艺液;　　　　　　(2) 用了 2、3 天(20 hr)的工艺液;

　(3) 用久了的工艺液。

72. 线切割时,除了采用分度夹具和磁性夹具外,最常用的是( )夹具。

(1) 三爪卡盘;   (2) 机用平口虎钳;   (3) 螺丝-压板;   (4) 四爪卡盘。

73. 线切割加工的程序格式,有 3B、4B、5B、ISO 和 EIT(Electronic Industries Association),其中慢走丝常用 4B 格式;快走丝常用格式为( )。

(1) ISO;   (2) 5B;   (3) EIA;   (4) 3B。

74. 如图 6.36 所示,在国产 DK77 型机床上,切割直线段 OA 时,$\angle AOX = 30°$,$OA = 200 \text{ mm}$,其计数方向为( )、计数长度为( )、加工指令为( )。

(1) X 轴;   (2) Y 轴;   (3) 173 200;   (4) 100 000;

(5) L1;   (6) L4。

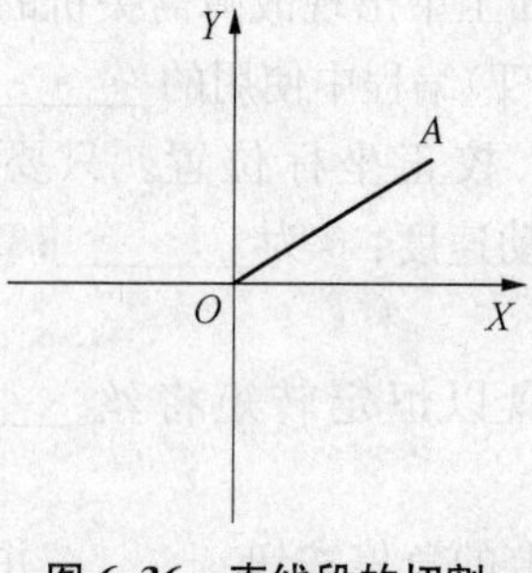

图 6.36   直线段的切割 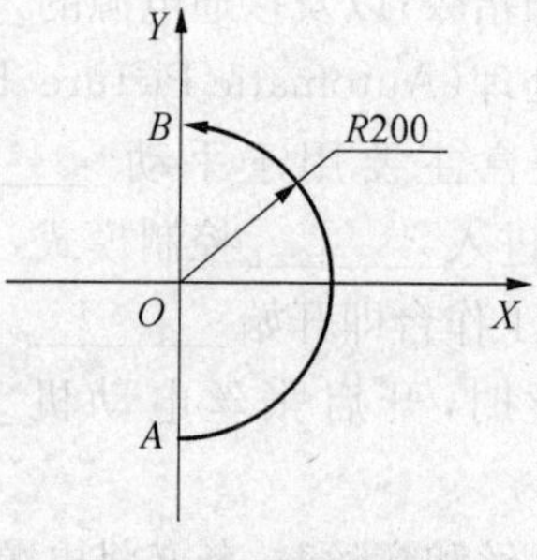   图 6.37   圆弧的切割

75. 如图 6.37 所示,在国产 DK77 型机床上切割圆弧 AB 段时,加工半径为 $R = 200 \text{ mm}$,其计数方向为( );计数长度为( );圆弧加工指令为( )。

(1) X 轴;   (2) Y 轴;   (3) 400 000;   (4) 200 000;

(5) NR1;   (6) NR4。

76. 如图 6.38 所示,在国产 DK77 型机床上,切割圆弧段 CD 时,加工半径为 $R20 \text{ mm}$,其计数方向( );计数长度( );加工指令( )。

(1) X 轴;   (2) Y 轴;

(3) 047 320;   (4) 060 000;

(5) NR1;   (6) NR3。

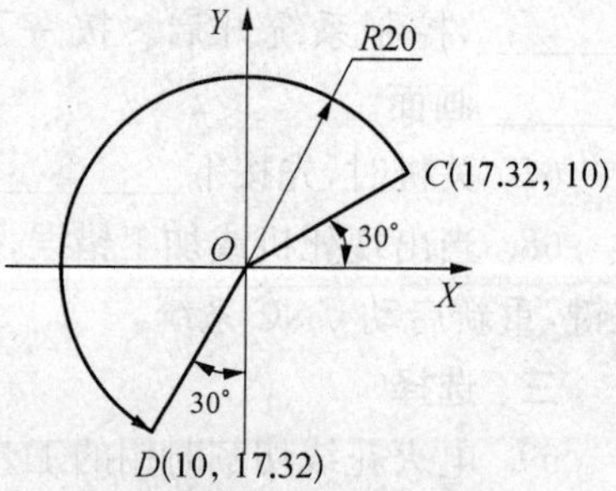

图 6.38   圆弧 CD 的切割

77. 线切割时,工件的找正有两种方法:即( )。

(1) 机上百分表或机上划针找正;

(2) 机外百分表或机外划针找正;

(3) 机上百分表或机外划针找正;

(4) 机外百分表或机上划针找正。

78. 将电极丝移至切割起始点(起割点)位置,采用了下列各种方法,其中错误的是( )。

(1) 目测法;   (2) 火花法;   (3) 自动找中心法;   (4) 试切法。

79. 储丝筒操作面板上的断丝检测开关( )时,可检测是否断丝。当运丝回路的导电块间出现短路现象时,表明所检测的回路( )。

(1) 闭合;   (2) 开断;   (3) 正常;   (4) 已断丝。

参考文献

1. 任晓虹. 数控编程技术及应用[M]. 北京：国防工业出版社,2010.
2. 杨建明. 数控加工工艺与编程[M]. 北京：北京工业大学出版社,2006.
3. 袁宗杰. 数控仿真技术应用教程[M]. 北京：清华大学出版社,2007.
4. SIEMENS Co. Ltd. 用户文献. SINUMERIK 802D 数控系统 车床 编程与操作手册, 2000.
5. TROOP 系列. 用户文献　8WPC 型数控脉冲电火花线切割机编程操作手册,2000.
6. 王爱玲. 数控机床加工工艺[M]. 北京：机械工业出版社,2006.
7. 张伟. 数控机床操作与编程实践教程[M]. 杭州：浙江大学出版社,2007.
8. 明兴祖. 数控加工综合实践教程[M]. 北京：清华大学出版社,2008.
9. 李蔚. 现代制造技术工程训练[M]. 西安：西北工业大学出版社,2008.
10. 全国数控培训网络天津分中心. 数控机床[M]. 北京：机械工业出版社,1997.
11. 晏初宏. 数控加工工艺与编程[M]. 北京：化学工业出版社,2001.
12. 机械工业全国数控培训网络. 数控机床结构与编程[M]. 北京：机械工业出版社, 1997.